安得仓库千万间,大庇天下货物俱欢颜

谨以此书献给所有参与中国物流仓储基础设施建设的朋友们

多高层物流建筑优化设计与施工

邵平　郭海英　杜旭　王鹏　刘爱雪　王骏鹏 ❯ 编著

OPTIMAL DESIGN
and
CONSTRUCTION of
MULTI-HIGH-RISE
LOGISTICS
BUILDINGS

同济大学 出版社
TONGJI UNIVERSITY PRESS
·上海·

内 容 提 要

本书汇集了物流仓库主流开发商、设计院、承包商、专业公司等十多年的物流仓库工程设计、施工的经验,包含物流仓库总图设计、建筑设计、机电设计、给排水设计、消防及排烟设计、结构设计、软土地基处理,以及甲壳框架体系在多高层物流仓库中的应用,多高层物流仓库不同进深柱距经济性比较等方面的内容,结合大量工程案例,对其进行分析总结,所总结的经验对提升物流仓库工程设计和施工质量,降低工程成本有较强的工程指导意义。

本书可作为物流仓库开发商、设计院、施工单位和工程管理公司等人员的参考资料。

图书在版编目(CIP)数据

多高层物流建筑优化设计与施工/邵平等编著. —
上海:同济大学出版社,2024.4
ISBN 978-7-5765-1010-2

Ⅰ.①多… Ⅱ.①邵… Ⅲ.①物流-高层建筑-建筑
设计 ②物流-高层建筑-建筑施工 Ⅳ.①TU249

中国国家版本馆 CIP 数据核字(2024)第 066318 号

多高层物流建筑优化设计与施工
邵 平 郭海英 杜 旭 王 鹏 刘爱雪 王骏鹏 **编著**
责任编辑 宋 立 **助理编辑** 陈妮莉 **责任校对** 徐春莲 **封面设计** 唐思雯

出版发行 同济大学出版社 www.tongjipress.com.cn
　　　　　(地址:上海市四平路 1239 号 邮编:200092 电话:021-65985622)
经　销　全国各地新华书店
排　版　南京文脉图文设计制作有限公司
印　刷　上海安枫印务有限公司
开　本　787mm×1092mm　1/16
印　张　20.75
字　数　466 000
版　次　2024 年 4 月第 1 版
印　次　2024 年 4 月第 1 次印刷
书　号　ISBN 978-7-5765-1010-2

定　价　108.00 元

参与本书编写的单位和人员：

　　NE 新宜：郭海英、王鹏、刘爱雪、王骏鹏、冯军、蒋道清
　　上海同建强华建筑设计有限公司：杜旭、安亚文
　　上海建研地基基础工程有限公司：张禹
　　上海欧本钢结构有限公司：吴艺超
　　GLP 普洛斯：付春印、辛思远、朱鸿斌
　　江苏天力建设集团：黄坚英
　　四川鼎兴消防工程有限公司：毛文平
　　重庆恒特地坪工程有限公司：张华东

感谢分享相关工程资料的朋友们，特别感谢以下朋友：

　　GLP 普洛斯：徐辛怡、梁盛强、张旻、王宗共、李嘉义、连玉
　　NE 新宜：游光攀、徐小辉、赵势钧、王梓宇、王涛
　　上海精典规划建筑设计有限公司：王周前、陈常顺
　　锦都建设集团：黄亮
　　沪江钢构：陈明、陶劲松
　　上海裕满建筑工程管理有限公司：王海军
　　上海惠必普工程咨询有限公司：伍尚恩
　　士兴（福建）钢结构有限公司：魏劲
　　广州翔安钢结构工程有限公司：陶成山
　　上海欧本钢结构有限公司：汪华

本书主审：曾朝杰

序

　　前几天同济大学校友朱合华院士致电我,希望我为同济大学校友们所写的一本物流建筑优化设计专著写序,朱院士认为我对物流建筑更为熟悉,能引导读者更好地使用本书。于是,我打开书稿,翻看了目录和正文内容,又与作者直接进行了电话沟通,由此基本了解了本书的缘起及行业现状。

　　读完全书后,我发现物流建筑设计是作者们擅长的内容,他们在结构优化领域有足够的研究与心得,且具有土木工程师强烈的社会责任感。该书不仅有结构优化在物流地产中应用的内容,还包括了建筑、机电的优化设计,以及地坪、软土地基处理等方面,内容非常丰富且深入浅出。本书对物流建筑的设计有着很大的参考价值。

　　作者邵平先生深耕物流地产十几年,对物流建筑工程技术有深刻的理解和研究,长期服务于物流地产领军企业普洛斯、新宜中国;郭海英女士是总图设计专业高材生,在物流建筑总图优化设计方面有丰富的实战经验;杜旭在工业与民用建筑领域长期从事结构顾问及优化设计工作。

　　中国电子商务和物流快递的高速发展已渗透到大众日常生活的方方面面,使消费者在家也能轻松购物,享受便捷生活。电子商务对区域经济的发展起着至关重要的促进作用,硬件的齐备就更加不可或缺,物流仓库作为经济发展的网络节点,在国计民生中的作用愈发显著,与发达国家的人均物流仓库面积相比,国内物流地产还有很大的发展空间。诸位作者在几年前就开始策划,如何结合同济大学的优势专业——土木工程,汇集物流建筑开发商、设计院、总包单位、专业分包商十多年的经验教训,写一本关于物流地产的专著,向大家阐明一种美观、低碳、人文、韧性的物流仓库设计方法及建造方式,助力设计、建造与物流开发商一荣俱荣,寻求和谐共生的发展方向。

　　作者对《易经》颇有心得,曾对我说:《周易》乃民族瑰宝,《易经》终卦为"未济"卦,就是讲,作为人或物的终极,终是"没有达到臻境或顶峰",即百分百圆满的人物或事物是不存在的,在达到顶点或终极之前,多少都会有点遗憾或产生螺旋式上升的曲折,同时也警示我们,圆满彼岸的"难在",在演进的征程中,"革命尚未成功,同志仍须努力",要持"未济"之观,方有改善之望。仅就本书要义而言,仍有很多工作可做,本书工作,也是抛砖引玉,属"未济"之篇,固然能为物流事业的降本增效贡献同济学子应有之力,但更昭示济民济世之路的漫长,故仍在"未济"之时,吁"同济"之事。然哉此言,故引录于此。

　　是为序。

汪大绥

全国工程勘察设计大师

华东建筑设计研究院资深总工程师

癸卯年仲夏

前言

中国现代高标物流仓库的开发建设已持续了 20 年，整个行业的发展进入了精耕细作的阶段。土地费用和人工成本的不断上升，材料价格的波浪上行，ESG 环保理念的深入人心，国家相关设计、施工规范的步步从严，客户对优化货物存储空间、降低运营成本、提升装卸货效率的极度追求，是每一位现代物流仓库开发建设者都需要面对的现实挑战，如何在有限的工程成本内设计、施工性价比最优的仓库，如何有效缩短施工周期，方方面面都需要各方参与者贡献一份智慧，积滴水成江海。

工程设计、施工的优化不是一味地降低工程标准、选择中低端材料或设备品牌那么简单。优化应该是在充分了解不同类别客户的功能需求和运营痛点的基础上给出解决方案；应该是在不违反设计规范的前提下通过合理布局和精细化设计获得最合适的设计方案与关键设计参数；应该是设计时避免过度设计且兼顾施工的成本和便利性；应该是在项目开发建设的同时想到如何降低园区后期物业管理、维保的成本；应该是敢于打破条条框框的束缚去实践新理念、新工艺、新材料；应该是所有参与者都能以开放的心态踏上头脑风暴的旅程。

在这漫长的头脑风暴旅程中，我们见到了繁星点点：甲壳框架体系（波纹钢板组合框架结构）这一创新体系将模板与配筋合为一体以适用于多高层重载工业与物流建筑；贝雷架施工工艺与装配式混凝土结构的有机结合解决了纯装配式混凝土结构梁柱节点偏弱的隐痛；"井点塑排真空预压软土强夯"将多种软土地基处理方法有机融合在一起，以有效减少深厚淤泥软土地基的深层与浅层后期工后沉降；为避免软土地基上建筑地坪的锅底式不均匀沉降所遵循的仓库防火分区内不设地基连梁的设计准则；等等。

本书基于现代高标仓库主流开发商、设计院、专业承包商、供应商等公司过往十几年的仓库设计与施工的实战经验和教训，开展全面的分析总结，将成果分享给所有志同道合的朋友，希望能有抛砖引玉之效。

编者

2023 年 10 月

目录

第1章
物流仓库总图设计

1.1 概述

在物流建筑设计相关规范中,物流的定义为根据实际需要,将物品的运输、存储、装卸、搬运、物流加工、配送、信息处理等基本功能实施有机结合,并实现物品从供应地向接收地的实体流动过程。物流仓库即物流建筑,是进行物品收发、存储、装卸、搬运、分拣、物流加工等物流活动的场所。所以物流仓库区别于普通仓库、中间仓库,是需要实现物、人、车、机械设备、设施的协作、活动的共存空间。

国内高标准物流仓库建设经过近二十年的高速发展,自始至终都是以满足市场需求和客户功能为初心,提供安全高效的存储、装卸空间。从货物流转模式看,物流仓库需要实现的功能主要包括两大类:越库(Cross docking)模式和在库模式。物流仓库园区的布置也是基于这两种模式的运作特点来做分析和设计的。从建筑高度和货物垂直运输方式来分,物流仓库可分为:单层库,建筑高度在 24 m 以下的多层坡道库、多层电梯库,建筑高度在 24 m 以上的高层盘道库、高层电梯库。从使用功能上可分为:普通物流干库,分拣作业型仓库,立体库,保税型物流仓库,危险品库,冷库等。另外还有一些特殊类型的物流仓库,如全自动立体库、立体冷库、气调库等。

一个物流园区除了仓库外,还需配备门卫房、消防控制室、办公区、展示空间(如需)、设备间、物业管理房、餐厅、垃圾房、便利店、自动售卖机、吸烟亭(无烟园区除外)、大小车位(包括新能源车充电桩车位配备)、公共卫生间等。另外,物流仓库园区除了满足基本的仓储、配送、加工等功能需求外,有些园区还可能需要具备检验、信息管理、金融及技术服务等功能。随着这些衍生功能的嵌入,大型物流园区逐渐进化成为功能全面、人性化设施齐全的综合性园区,甚至是一个小型社会网络体。

近年来,在物流项目的设计、施工及后期的租赁使用过程中,经常会听到"高标准物流仓库"这个词,并将其作为行业内衡量物流仓库品质的一个最基本的标准。高标准物流仓库的主要标签包括:①库内地坪与室外装卸货道路的高差为 1.3 m;②满足丙二类仓库所需的消防设施及功能要求;③装卸货区有大雨篷和尽可能多的停车位(滑升门),以及停车位配备液压升降平台;④满足至少 40 ft(约 12.192 m)集卡行驶、转弯、倒车的装卸货路面/大平台;⑤库内净高至少 9 m;⑥首层地坪和楼层板面设计均布活荷载,且需满足 6 层高位货架要求(一般首层为 3 t/m²,二层及以上为 2.5 t/m²);⑦配备智慧物流园区管理的设施和软件;等等。本书将主要阐述此类物流仓库的设计和施工。

1.2 物流仓库基本布置形式

物流仓库的形式随时间发展:2012 年以前,以单层库为主,有少量双层库;2012—2017年间,北京、上海、广州等经济发达地区以双层库为主,个别有三层库,深圳则基本建四层库;2018 年以后,北上广基本以三层库为主,个别为四层、五层的高层库,深圳基本上是六层以上的高层库。除昆山、东莞、太仓这些经济发达、物流繁忙、地理位置相对优越的城市外,其他大多数城市还是以单层库和双层库为主。

在土地资源紧张、土地价格高企的情况下,物流仓库项目的仓库层数越来越多,对设计的挑战也越来越大。工程人员在做物流仓库园区总图设计前,通常需要进行项目选址的可行性研究分析和相应的工程尽调,结合当地的产业发展和土地规划对拟建物流仓库园区进行准确的功能定位,评估其潜在的物流业态是否满足甲方的开发要求;除了仓库功能适用性外,还要考虑项目的经济性。可通过区域位置、交通、地形地貌、土地成本、场地初勘报告、工程开发成本测算及投资回报测算(受地价、成本、租金等影响)等方面来整体评估需要设置什么类型的仓库。表 1.1 列出了对不同区域物流仓库项目投资回报率的要求供大家参考。

表 1.1　不同区域物流仓库项目的投资回报率要求

投资回报率要求参考			
城市分级	最低 YOC	核心资产收购/退出资本化率	分级标准
一线城市	6.25%~6.75%	4.50%~5.50%	北京、上海、广州、深圳及主要卫星城市(昆山、东莞、佛山等)
二线城市	6.50%~7.50%	5.00%~6.25%	城市基础排名前 20,区域中心城市或卫星城市(嘉兴、惠州、太仓等)
三线城市	7.00%~7.75%	5.50%~6.50%	除以上的其余目标城市

注:YOC = 未来一年运营净收入/投资总额。投资测算中另外一个重要指标是内部收益率(IRR),一般在 12.5%~14%之间。但不同开发商会有自己的测算模型,需满足的数据会有些许差异。

根据以上初步分析来确定项目地块仓库建筑类别和园区布局时,不同类别物流仓库建筑的几种基本布置如下。

(1)单层库:一般面对面装卸货净距离为 45 m(如有外月台则另加外月台的宽度),单面装卸货为 30 m;每栋仓库允许占地面积≤24 000 m²,每个防火分区面积≤6 000 m²,仓库之

间的距离根据建筑防火规范要求或货车运输通道要求设置,如只是消防通道则考虑设置为
10~12 m 即可。仓库净高根据功能要求及每家开发商的标准差异有所区别,目前较普遍的
有 9 m 和 10.5 m 两种,10.5 m 净高比 9 m 净高的造价贵约 50 元/m²。其基本布置的形式
及剖面示意如图 1.1 和图 1.2 所示(A1 库是单面装卸货,设置了外月台;A2 库是双面装卸
货,一侧有外月台,另一侧为内月台)。

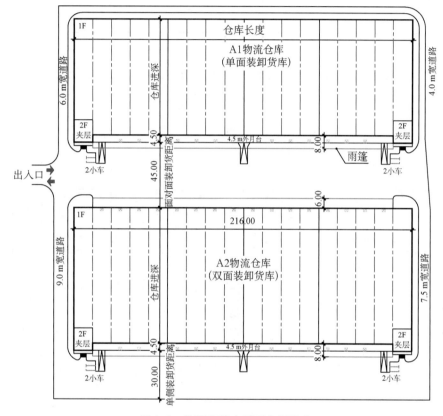

图 1.1　单层库基本平面布置形式

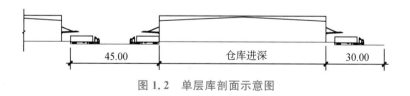

图 1.2　单层库剖面示意图

高架自动立体库,总高在 24 m 内的也可以作为单层库设计;E 型库(也称为指廊库)、公
铁联运、零担库的仓库进深都比较小,一般为 40~60 m,且需要多面装卸货,后面章节将详
细介绍 E 型库。

(2)双层和多层库(建筑高度 24 m 内):每栋仓库允许占地面积≤19 200 m²,每个防火
分区面积≤4 800 m²,仓库的装卸货距离、建筑之间的距离和单层库一样。双层库上下两层
的净高一般均为 9 m;多层库的层高根据实际需求进行设计,一般底层仍设置为 9 m 净高,如

果第三层为电梯库,则高度相对最低,当仓库建筑限高 24 m 时,第三层最多为 6 m 净高。还有可能受土地容积率限制,为了避免层高超 8 m 双倍计容而设置成 7.9 m 层高。一般底层装卸货区域单面装卸货距离约为 30 m,二层及以上层以≥32 m 为宜,面对面装卸货如是装卸货大平台形式,即当底层和二层及以上层装卸货位置上下一致时,则建议净距离≥48 m。其基本布置的形式及剖面示意如图 1.3 和图 1.4 所示,大平台上下范围内无外月台,各仓库底层另一侧设置外月台。

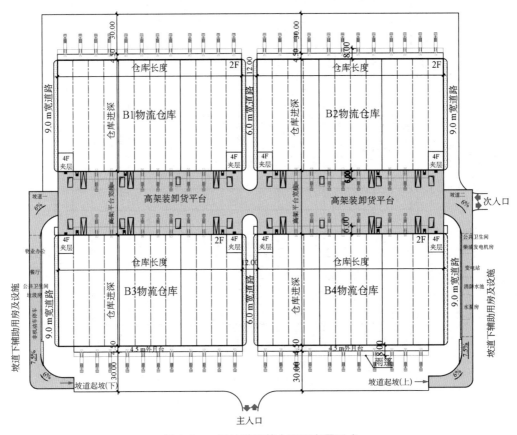

图 1.3　二层坡道库基本平面布置形式

图 1.4　二层坡道库剖面示意图

　　另外,电梯库设计时需要注意货梯的位置和数量,建议根据潜在客户需求提前咨询并分析确定,电梯的位置还要考虑是否和防火墙处防火卷帘门位置有冲突,通常有两种布置形式:电梯靠防火墙侧对装卸货区(图 1.5)、电梯靠防火墙正对装卸货区(图 1.6)。

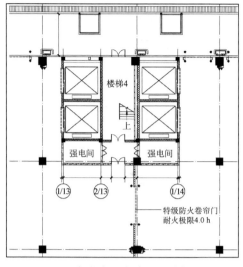

图 1.5　电梯靠防火墙侧对装卸货区

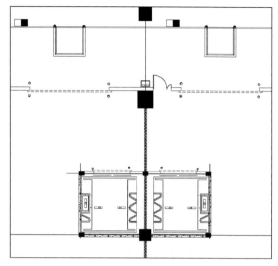

图 1.6　电梯靠防火墙正对装卸货区

对于电梯正对装卸货区的设置,在有外月台的情况下,电梯门有时会直接设在外墙处,这样车辆停靠到外月台边即可装卸货。

(3)高层库:每栋仓库允许占地面积≤16 000 m²,每个防火分区面积≤4 000 m²,高层库的装卸货距离和双层及多层库一样。高层库的库间距离根据建筑防火规范要求为 13 m,在设计时,考虑外立面的凹凸效果、高层建筑登高面的要求等因素,会适当放大库间距离。高层库根据实际需求,一般底层设置为 9 m 净高,没有限高要求的情况下其他楼层基本也以 9 m 净高为准。如果三层及以上为电梯库,则高度相对设置较低,当地块有限高要求或容积率有上限时,同样层高也会设置小一些。其基本平面布置形式及剖面示意见图 1.7 和图 1.8。

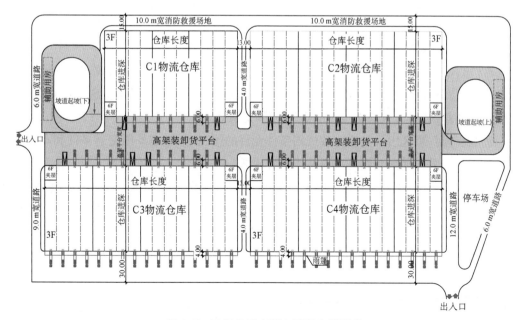

图 1.7　三层盘道库基本平面布置形式

图 1.8　三层盘道库剖面示意图

高层库设计时需要特别注意以下几点。

① 登高面的设计:一般登高场地与库边有 5 m 绿化带或空场地,登高面如有雨篷,则其宽度仅可设置 4 m 宽。如有大平台作为装卸货区,那么仓库登高面设置在库的另一侧。

② 平台上设置司机及作业人员的辅助设施,如公共卫生间、供水设施、客梯、吸烟亭等。

③ 平台的排烟、疏散设施不应影响装卸货区作业。

④ 当建筑高度超 32 m 时,部分施工图审图要求设置消防电梯。

在拿到土地红线图并确定仓库层数后,就要根据地块形状布置仓库。根据市场使用情况看,大多数客户比较能接受 80 m 左右进深的仓库,此类仓库装卸货运营效率比较高。仓库的柱距需根据雪荷载、货架布置、机械设备、经济性等因素来定,一般为 11.4~12 m;北方寒冷区域雪荷载特别大时,可设置为 9 m(轻钢结构屋面檩条可以选用桁架式檩条来满足较大柱距的要求);跨距根据结构计算、经济性分析来看,多层库、高层库底层在 10~12 m 之间,顶层轻钢结构屋面抽柱后在 20~24 m 之间相对比较经济。所以,仓库总图在设计时可根据实际地形情况参考这些数据,并以其作为模数布置仓库,尽可能实用、经济。

1.3　园区出入口、装卸货区、道路、行车坡道、叉车坡道及外月台设计

1. 园区出入口设计

园区出入口布置设计:园区交通设计必须和园区出入口、地块周边市政道路交通联合考虑,园区内人车分流,主次道分明,以单向环形路线设计为佳,也特别要注意避免路线迂回。简短、高效的路线安排,应该至少可提高 10% 的运输效率。

具体设计时,园区出入口在市政规划条件允许的情况下,考虑外围交通条件和车辆流线及开口便利性,需在规划允许开口道路段设置出入口,一般出入口宽度为 12 m,转弯半径宜设置为 15 m,在场地局促的情况下内侧转弯半径须不小于 12 m。关于出入口数量,以面积为 10 万 m² 左右的园区为例,以设置两个出入口为佳;更大体量的园区根据可开口情况、仓库布置情况(主通道位置,装卸货区域位置,坡道、盘道位置),适当增加园区开口数量。

当可设置园区开口的市政道路比较窄(仅单车道或双车道时)或道路贴着红线导致车辆转弯困难时,可考虑将出入口宽度增至 13~18 m。当园区仅有一处可开口时,设计时也可考虑将岗亭或门卫设置在中间,在其左右各开一个 12 m 宽的开口,分别作为一进一出单向行驶口。出入口的宽度也可以通过专业软件(AutoTURN)模拟车辆行驶轨迹来确定,模拟

时建议选用 22 m 及以上长度的货车。在开口条件允许的情况下，为了更好地实现人车分流，设计时可单独设置车辆和行人的出入口。当然，开口宽度和数量也会受当地交通审查部门的限制，如上海、杭州允许开口的最大宽度是 11 m，且不允许超过 3 个开口。超大体量的物流园区需要做交通影响评价报告，并需通过专家评审。

园区出入口道闸设计：园区主入口大门采用不锈钢无轨电动伸缩门或段滑门。门高 1.5 m，具有手动、电动双重控制功能，且配置有警示灯等；另外需加电动道杆，控制立柱分设在入口道路两侧，其底部可设置 150 mm 高混凝土基座。靠门卫侧单独设 1.5～2 m 的人行、非机动车专用通道，考虑到人行通道与园区和市政道路间的高差，为方便非机动车和人员的进出，在人行通道的两端均应放坡至园区内外道路而不是设置台阶踏步。

园区设计开口时应注意以下几点。

（1）开口离开城市道路交叉口的距离，不同级别道路的要求不一样，一般为 50～80 m。

（2）如园区开口附近有桥梁，需考虑引桥离开出入口的距离和标高，一般出入口到引桥的起坡点距离是 30～50 m。

（3）同一条道路上两个相邻出入口间直线距离，特别是隔壁地块或对面地块，不同的企业出入口最好能拉开间距，避免车辆交叉干扰，一般两个出入口距离为 30～120 m。如果对面地块是同一个项目或同一家企业且有业务往来，则可以和规划部门沟通后正对着开。

（4）设计时也需特别注意道路中间市政绿化隔离带、路灯、电线杆、管井等市政设施的位置，尽量不要和园区开口有冲突。

上述提及的各种开口距离均以当地技术规程、规划及交通审批部门要求为准。

2. 装卸货区域设计

装卸货区操作及货车回转场地的布置设计：在前面的园区总平面布置设计中已经初步提及装卸货区域的距离。一般以 40 ft（约 12.192 m）集卡车辆作为设计模拟基础，其设计原则为：地面上的单面装卸货距离为 30 m，面对面装卸货距离为 45 m；多高层仓库以大平台作为装卸货区时，考虑大平台结构柱对车辆的不利影响可适当增加宽度，一般单边装卸货的大平台则考虑 32 m（平台下柱子距离布置从库边算起依次为 12 m＋20 m），或从在平台接口上下车方便性及柱距一致性考虑而设置 36 m（平台下柱子距离布置从库边算起依次为 12 m＋24 m）；面对面装卸货的大平台宽度至少为 45 m，考虑集卡车辆回转顺畅可增至 48 m。因在大平台货车的回转受到结构柱的影响，所以大平台下货车通道宽度尽量不小于 20 m。当通道尺寸较小或希望车辆进出更方便时，也可采取抽柱的形式。另外，如仓库设置外月台，则需在上述数据基础上增加外月台的宽度（装卸货大平台区域一般不设外月台，设置外月台会增加工程成本且减少仓库面积）。

地面装卸货区/操作区及货车回转场地的设计、施工与道路（非消防道路）及货车停车场的一致，设计、施工的注意点如下。

（1）应可以承受 40 ft（约 12.192 m）集卡车辆的碾压，地面做法根据场地地质条件计算确定；装卸货区场地要求不出现明显的差异沉降，绝对沉降量控制在 100 mm 以内（地下给排水管线施工需考虑沉降差的不利影响）。

（2）区域内管道检查井（其位置应尽可能避开集卡车辆行驶路线）周边设置八边形隔离缝，隔离缝范围内路面应二次浇筑。为控制裂缝的产生，调整横缝或纵缝的间距，保证单个板块的面积不超过 25 m²。合理设置缩缝和胀缝，在缩缝中设置拉杆，伸缝中设置传力杆。

（3）在铺筑的路面和绿化区域之间设置路缘石或路缘石加排水沟；在货车停放区及大货车转弯处设置 300 mm 高的重型路缘石，在其他区域设置 150 mm 高的路缘石。

高架平台作为装卸货场地，具体施工设计要求如下。

（1）在高架装卸货区的下方有库区的情况下，高架装卸货平台的做法是结构层＋防水层＋建筑面层。

（2）高架装卸货区下部无库区的情况下，与仓库结构间一般应设缝脱开，为降低工程成本，通常采用结构板一次成型随抹随光，表面设置集卡行车的减速带防滑设施。

（3）高架装卸货平台采光通风洞口及疏散口的设置尽量避开装卸货区域，并应设置防撞和防坠设施。

（4）三层及以上的平台需考虑高架装卸货平台区域操作人员、司机人员的洗漱与如厕需要，适当设置公共卫生间、吸烟亭、休息场地，特别是大体量作业型的高层坡道/盘道库。

装卸货场地的布置从经济性角度考虑，如果仓库单体面积一样，面对面装卸货要优于单面装卸货、单面装卸货优于双面装卸货（主要从可以多布置仓库面积上来衡量）。特别是高架平台不计租赁面积，而其建造成本不低，所以摊入仓库面积的比例越少越好。考虑到不同类别客户的需求，虽然仓库双面装卸货投入成本大，同样地块面积下可设计出的仓库面积小，但对于后期租赁来说灵活性大，适用性广。特别是快递快运类客户，需要有更多装卸货面（停车位）来满足其作业要求。基于满足不同客户运营需求及尽可能设计出较大的仓库面积等因素，目前的物流园区总图布置通常会考虑将园区部分仓库甚至所有仓库都在底层设置双面装卸货，而对于上层仓库通常都是单面装卸货（设置高架平台作为装卸货场地）且不设外月台。

3. 园区内道路设计

道路布置设计：一般园区内集装箱卡车可设置直行单行车道 6.0 m 宽，直行双行车道 9.0 m 宽，作为进出主要道路或唯一道路可设置到 12.0 m 宽，道路转弯处局部加宽。通常内部道路布置时以 40 ft（约 12.19 m）集卡行驶为主，国内物流园区超 20 m 长的货车也不少，基于每天进出园区车辆的统计数据来看，箱长 53 ft（约 16.15 m）集卡的占比在 10%～35% 不等，故供大车行驶道路的内侧转弯半径须保证至少为 15 m（图 1.9）；消防车道直行可设置为 4.0 m 宽，消防车道须环通，消防车道内侧转弯半径可设置为 12 m（或根据项目规划要求）。

道路设计与施工要求：非消防道路设计与施工详见上述装卸货场地做法。根据项目地基条件，为节省工程费用，仅用作消防通道的路面可不配筋。另外，一次性浇筑成型的装卸货大平台和大平台下方的路面可不设防滑刻槽。

4. 仓库行车坡道设计

行车坡道按建筑形式分为直坡式和盘道式，一般两层库的坡道设置为直坡式，两层以

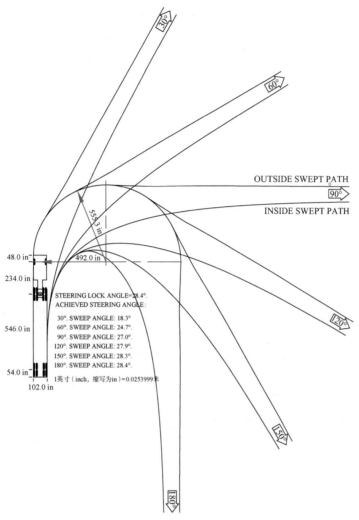

图 1.9　22.4 m 超长车辆在地面上转弯半径示意图

上仓库的坡道通常设置为盘道式。坡道转弯半径内径不小于 15 m,坡道转弯处外圈车道局部扩宽。坡道转弯后与二层装卸货场地连接的直行高架车道宽度也不宜小于 15 m。行车坡道按车流情况分为上下行单向坡道和上下行双向坡道,单向直坡道净宽不宜小于7.5 m,双向直坡道净宽不宜小于 10.5 m。盘道通常不宜布置单根坡道,坡道宽度较直坡道需适当放宽,一般以 12 m 为宜。若因地块条件限制或当整个仓库的体量不是很大时也可设置单盘道,盘道宽度不宜小于 16 m。坡道纵向坡度宜取 6%～8%,直行段不宜大于8%,转弯处不宜大于 6%,北方地区坡道再适当放缓 1%～2%。行车坡道车速宜在5 km/h 以内。

　　在设计仓库货车坡道和盘道时需注意起坡点的位置,应尽量靠近园区出入口,以减少上层装卸货车辆在园区内绕行的距离/时间以及可能对底层装卸货区域作业造成的不利影响。货车进入行车坡道和到达平台的车流线方向应保持一致,方便车辆上坡及保持转弯时的连贯性。高层库的盘道一般占地较大,设计时尽量利用边角地块。

以上数据为经验值,行车坡道的设计应以园区用地情况等自身特点为依据,设计时应进行多方案比较,确保行车通畅。坡道设置需综合考虑坡度、宽度、转弯半径,可使用专业软件(AutoTURN)模拟车辆行驶轨迹后确定。模拟时可参见《车库建筑设计规范》(JGJ 100—2015),卡车和柱子/混凝土栏板间的安全距离可按 0.5 m 控制。卡车之间的安全距离按 1 m 控制。以下行车轨迹模拟图按软件可选择车长 25 m 的货车进行模拟,供设计人员参考。

1) 直坡道单向行驶车辆轨迹模拟分析

8.5 m 宽直坡道单向行驶车辆轨迹模拟图与 7.0 m 宽直坡道单向行驶车辆轨迹模拟图分别如图 1.10 和图 1.11 所示。两种坡道宽度所进行的车辆轨迹模拟分析的结果是:直坡道的宽度为 7.0 m 时,需要在上坡处加大转弯半径到 24 m 及以上,方可满足 25 m 长卡车单向行驶的要求;而 8.5 m 宽度直坡道,转弯半径为 15 m 就可以满足 25 m 长卡车单向行驶要求。

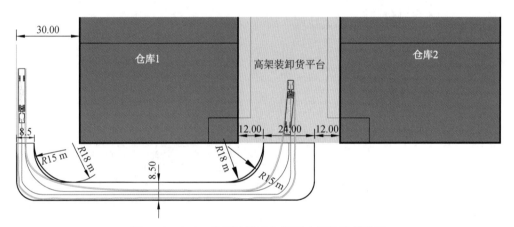

图 1.10　8.5 m 宽直坡道单向行驶车辆轨迹模拟图

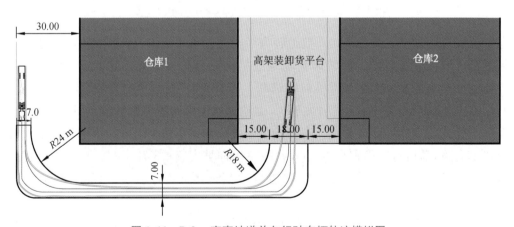

图 1.11　7.0 m 宽直坡道单向行驶车辆轨迹模拟图

2) 直坡道双向行驶车辆轨迹模拟分析

双向行驶车辆轨迹模拟分析的结果是:直坡道的宽度为 12 m 时,需要在上坡处加大转弯半径到 24 m 及以上,才可满足 25 m 长卡车双向行驶要求(图 1.12);或者将上坡处的宽度由 12 m 加大到 15 m 及以上才能满足(图 1.13)。当然,在双向行驶过程中,仅让一辆在转弯处行驶,另一辆在直坡段等待也可以解决此问题。

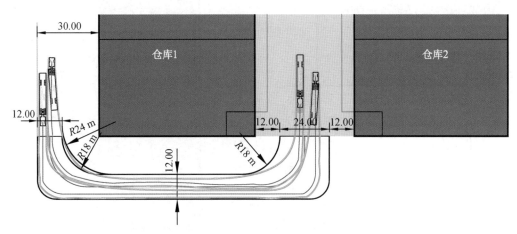

图 1.12　12.0 m 宽直坡道双向行驶车辆轨迹模拟图

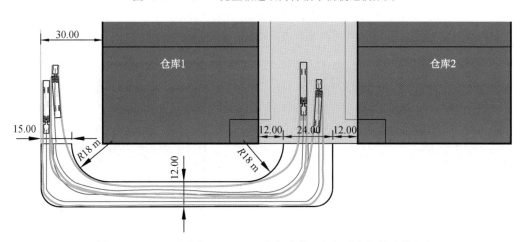

图 1.13　12.0 m(坡道入口 15 m)宽直坡道双向行驶车辆轨迹模拟图

　　3) 盘道单向行驶车辆轨迹模拟分析

　　盘道单向行驶车辆的轨迹模拟分析的结果是:盘道在宽度为 9.0 m、内侧转弯半径为 18 m、直段为 25 m 时无法满足 25 m 长卡车单向行驶要求(图 1.14)。需要加宽盘道到 10.0 m 及以上才能满足,此时直段最少为 15 m(图 1.15)。如半径改为 15 m,则盘道需要加宽至 10.5 m,直段最少为 20 m 才能满足 25 m 长卡车的单向行驶要求(图 1.16)。

　　4) 盘道双向行驶车辆轨迹模拟分析

　　盘道双向行驶车辆的轨迹模拟分析的结果是:盘道在宽度为 15.0 m、内侧转弯半径为 18 m、直段为 25 m 时无法满足 25 m 长卡车双向行驶要求(图 1.17)。需要加宽盘道到 16.0 m 及以上才能满足双向行驶要求(图 1.18)。如半径改为 15 m,则盘道需要加宽至 17.0 m,才能满足 25 m 车辆双向行驶要求(图 1.19)。

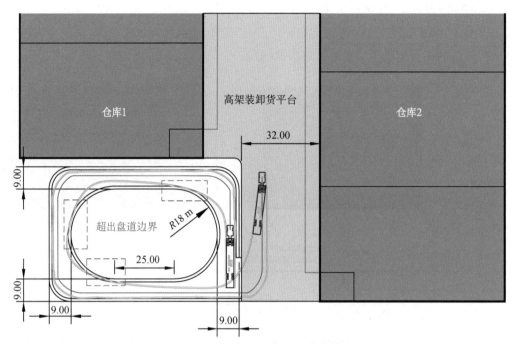

图 1.14　9.0 m 宽 $R18$ 盘道单向行驶车辆轨迹模拟图

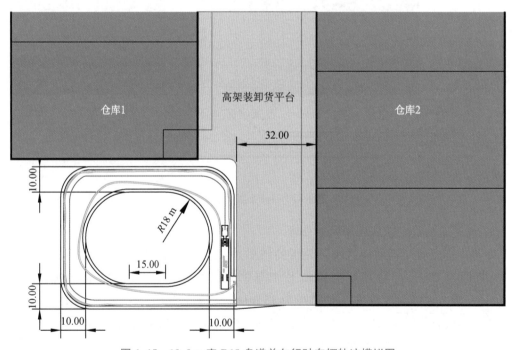

图 1.15　10.0 m 宽 $R18$ 盘道单向行驶车辆轨迹模拟图

以上行车轨迹模拟只是一个既定路线上的预测工具，基本按照极限情况考虑。实际情况下，卡车司机不大可能完全按照轨迹路线行进，所以需要考虑软件与实际不完全匹配而再留一些余量。

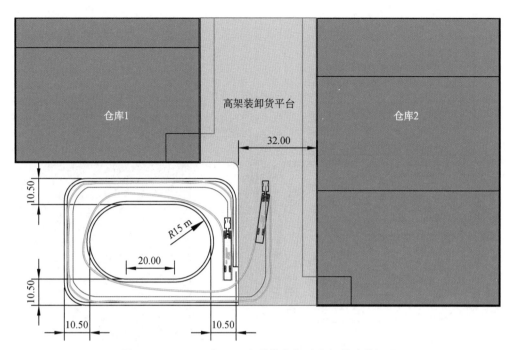

图 1.16　10.5 m 宽 *R*15 盘道单向行驶车辆轨迹模拟图

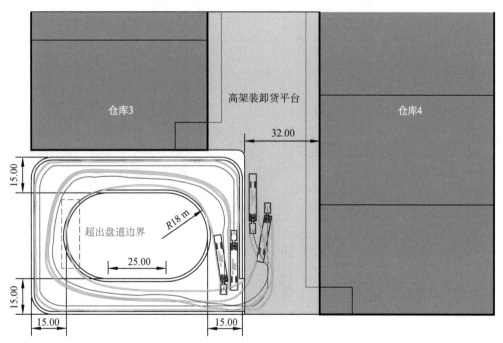

图 1.17　15.0 m 宽 *R*18 盘道双向行驶车辆轨迹模拟图

5. 行车坡道的施工设计

行车坡道的施工设计应注意以下几点。

（1）行车坡道与主体建筑物间应设缝脱开，行车坡道的最终沉降量需与大平台/主体结构匹配。集卡行车坡道道路与主体建筑连接的变形缝应从主体建筑外挑 500 mm 再设置；

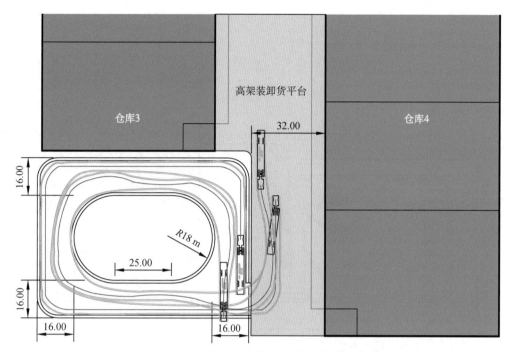

图 1.18　16.0 m 宽 $R18$ 盘道双向行驶车辆轨迹模拟图

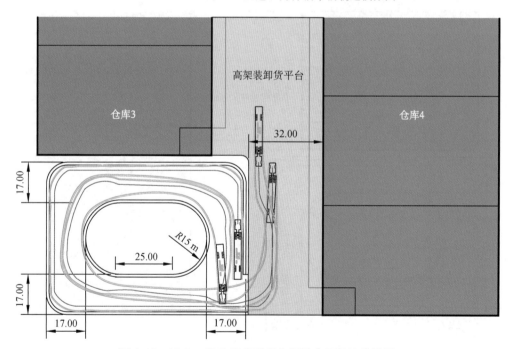

图 1.19　17.0 m 宽 $R15$ 盘道双向行驶车辆轨迹模拟图

直行行车坡道的两侧需设置钢筋混凝土挡板,挡板高度不应小于 1.1 m;环形单车行车车道需设钢筋混凝土挡板。混凝土挡板按清水墙施工工艺实施,为了有效控制不规则裂缝,可每隔一段距离在混凝土挡板上设置一个凹槽。

　　(2)行车坡道采用钢筋混凝土结构,设计时需充分考虑温度作用影响,并采取相应措施。常规行车坡道应可以承受40 ft集卡总载重为55 t内的正常通行。坡道结构板厚和配筋按结构设计计算确定。

（3）坡道面层建议采用沥青做法，沥青路面厚度按≥100 mm设置，且应符合《公路沥青路面设计规范》（JTG D50—2017）的有关规定；行车坡道下设有设备辅助用房等建筑物时，设备辅助用房应单独设置混凝土防水屋顶，不应直接将坡道结构板作为其下部设备辅助用房的屋顶，且设备辅助用房的墙体也宜与坡道结构脱开，避免因行车振动导致墙体开裂。当场地空间有限而无法使结构脱开时，需在建筑设计上考虑构造设缝，以尽量避免裂缝的产生。

（4）坡道和盘道的起坡处应设置排水沟以确保有组织排水。

6. 叉车坡道、外月台布置设计

室外叉车坡道宽度为4 m（净宽），配相同宽度滑升门或消防联动卷帘门，其坡度不大于10%，上部不设水平段。一般每个防火分区设置一个叉车坡道，考虑后续能灵活满足不同客户的使用需求，中间防火分区可设置可移动成品钢叉车坡道，成品钢叉车坡道宽度不小于2.5 m（参考本书第2章第5节）。对于设有通长外月台的仓库，两个或几个防火分区可共享一个叉车坡道，坡道和外月台接口处设置喇叭口。叉车坡道式样如图1.20所示。

外月台设置的宽度一般为4.5 m，高度为1.3 m，从现在的货物流转来看，如日日顺大件货运、京东大件货运、第三方物流、安能物流这种类型的客户希望有外月台以方便集卡、大货车侧停作业；其他快递、快运和城市配送等则比较注重有更多的装卸货车位和更宽敞的装卸货区域，而外月台并非必要。多层或高层仓库建筑在大平台装卸货情况下，如果设置外月台会导致平台宽度（仓库外墙间距离）增大，仓库面积减小，租赁面积工程单价增高，综合各方因素评估下来，非必要或定制要求情况下大平台侧不设外月台，后续如有客户需要可增设钢平台，钢平台灵活性强，使用也更方便一些（参考本书第2章第4节）。非电梯的多层或高层仓库外月台也可设置在底层非装卸货大平台一侧。设计需注意的是：外月台处的雨篷可适当加宽至8 m（除登高面外），内月台处雨篷的宽度不小于6 m；供城市配送的车辆均为小型货车（车长在10 m以内，6～8 m长居多），所以针对这一类车辆的装卸货月台的高度可设为1 m，装卸货场地宽度在18～23 m之间。当装卸货区域宽度不够时，可以采用锯齿形液压平台布局来解决大车停靠问题（图1.21）。

图1.20 喇叭口叉车坡道

图1.21 锯齿形液压平台布置

1.4 园区辅助用房、设施设计

辅助用房、设施布置设计：各个辅助用房、设施根据需求和路径、交通迂回最短原理归并整合、集中布置，方便人员活动，也尽量减少和货运、作业、人流、车流的交叉。在有坡道或盘道情况下，为了节约土地，通常会把辅助用房及设施设置在坡道或盘道下。物流园区常涉及的辅助用房和设施如下。

1. 门卫房

主门卫房内设置消控室时其建筑面积约 60 m²，连外挑连廊的尺寸可按 4 m/5 m×14 m（长度）布置；次门卫房的面积约 20 m²，次门卫房的设置有困难时可采用成品岗亭。物流园区为了增加仓库面积，会将仓库满布。此时如地块比较方正，门卫房设置时可能因无足够场地而无法满足建筑退让线要求，这需要在设计时充分考虑。不同区域规划对门卫房退让线和建筑物退让线可能有不同要求，需提前咨询规划。按照经验，北方区域基本要按照建筑退让线考虑，其他区域有些可以少于建筑退让线或无要求。

2. 开闭所、设备房（动力中心）

开闭所、设备房根据规划和当地配电情况设置，面积以 200 m² 居多，面积也可为 130 m² 左右和 300 m²，分别设计几种建筑参考尺寸：8 m×17 m，8 m×24 m 和 15 m×30 m，建筑尺寸的选择主要根据开闭所负荷的大小，可提前咨询供电部门。需要注意的是，设计院通常只设计开闭所的土建、照明、消防部分，设备、工艺布置等由当地供电专业公司设计，对于开发商来说，此部分类似代建，后续由供电部门管理。所以开闭所宜在近围墙处单独设置，方便后续管理，并尽量靠近园区变电房以方便接入。园区内自用设备房宜布置在整个园区中心位置，如能集中设置在一处则最佳，可使电缆线路最短，节约工程成本。但当园区较大、地形狭长时可考虑增设 1 处变电房，超大型物流园区变电房可能需设 3～4 处，变电房面积可为 150～200 m²。水泵房面积约 120 m² 并宜与变电房合建，连着的消防水池除北方地区设置在地下，其他地区建议设置在地上。消防水池体积设置：南方多层为 990 m³，高层为 1 200 m³；北方多层为 1 200 m³，高层为 1 450 m³。地上消防水池在面积指标测算有困难时，可设置成品水池。总图布置时，1 处变电房、水泵房和消防水池总面积设置为 600 m² 左右。

3. 宿舍楼（倒班楼、办公楼）、物业管理用房、餐厅、便利店

物流园区是货物聚集、流通的地方，需要人员操作、管理，所以物流园区中员工工作、生活的辅助用房和设施必不可少。但规划往往对这些设施提出要求，常见的为"配套建设生活服务设施用地面积占总用地面积的比例上限为 7%，建筑面积上限为 15%"，甚至有些区域不允许建宿舍楼（倒班楼）。另外，当地块周边有公寓或居民区等可出租住房时，则园区未必需要建或可少建宿舍楼。设计时应注意，宿舍楼（倒班楼）宜独立设置在采光较好位置，避开车流密集处，如有条件可单独设置人员出入口并用围栏隔开。

物业管理用房面积一般为 100 m² 左右，餐厅规模需根据园区大小、员工数量设置。在

园区无综合楼时,物业管理用房、餐厅可和设备房或门卫房合建。15～60 m² 的小卖部/便利店,需提供水、电和网络,可设置在物业管理用房、综合楼内,或与主门卫房合建。

4. 公共卫生间、垃圾房

园区内仓库总面积每 5 万 m² 或者每两栋物流仓库设一处独立公共卫生间,且每处公共卫生间的洁具数量至少满足如下要求:

(1) 男卫生间:蹲式便器 3 个、小便斗 3 个。

(2) 女卫生间:蹲式便器 3 个。

(3) 公用部位:洗手盆 2 个、洗涤盆 1 个。

遇特殊定制库客户或员工特别密集的情况,需要根据客户提供员工数量以复核公共卫生间洁具数量是否满足人员使用要求。在需要增加公共卫生间数量的园区可以考虑在坡道下、停车场侧或其他较隐蔽处增设公共卫生间。三层及以上仓库,考虑平台上作业人员的如厕问题,在平台上适当设置公共卫生间,可与疏散楼梯间合建,设置一个蹲式便器和一个小便斗。

垃圾房应设置在园区隐蔽处,宜单独设置,并需设置上水和污水排放设施。每个园区至少设置一个垃圾房。当园区总建筑面积超过 20 万 m² 时,建议根据场地及布置另增设垃圾房(可为简易成品垃圾房)。布置时注意垃圾房门口供垃圾车辆回转的道路、空间和位置,门口和道路高差宜放坡处理。

5. 机动车和非机动车停车区(场)

机动车和非机动车停车位通常在规划条件中也有要求,但在土地紧张稀缺、成本居高不下的情况下很难布置充足的车位。物流园区的优势在于装卸货区也可在非作业情况下作为停车区。停车区可在地块边角地方、靠近出入口区域设置。设计时集卡停车位按每个车位为 4.0 m×15 m 设置,数量上可按每防火分区不少于 1 个 40 ft 集卡车位;小型车辆停放按每个车位为 2.5 m×5.5 m 设置,数量上可按每防火分区不少于 2 个小车位。在仓库工具间前宜适当设置小型车位。当机动车设置场地尺寸有限时,可考虑斜置。因新能源汽车的普及,物流园区应考虑设置一定数量的充电车位,以满足绿色运营、节能减排的要求。

非机动车车棚按园区每 5 万 m² 仓库或者两栋物流仓库设置一处非机动车停车棚,停车位数量可按照 3 辆/千 m² 设置。非机动车车棚通常采用膜结构,并应设置防水充电插座,插座间距不应超过 2 m,且宜架空设置。

6. 围墙、吸烟亭、收发室(亭)、自动售卖机

整个园区周边除出入口外均应设置围墙,并设置电子围栏监控系统(可为 6 线制),须确保围墙与护栏的稳定性、安全性及耐久性,且能有效保护物流园区。沿路围墙一般选用透空形式,目前物流园区所选用的围栏大多是网片式和栅栏式,前者成本低一些,围墙底部一般需要设置条基地梁,这样整体防控效果较好,在工程成本特别紧张及园区内外场地标高差不大的情况下也可不设地梁。当城市规划部门要求围墙底部有墙裙和 2 m 高的立柱或有其他特殊要求的,则需按照规划要求进行设计,这样虽然增加了费用,但在防止周边雨水流入园区时可起到一定的作用。设计时经常忽视的地方是园区入口处围墙与门卫房、LOGO 墙的接口处,施工图上必须清晰表达出来,不能现场自由发挥,否则衔接口容易做错,非常不美观。

吸烟亭的位置应远离仓库,宜设置在每个装卸货场地的尽端(地面及装卸货大平台上)、机动车停车位、门卫、餐厅或公共卫生间附近。无烟物流园区不需考虑设置吸烟亭。自动售卖机可设置在餐厅内、平台端部非走车区域、机动车和非机动车停车区域、大门口等人员出入较集中的区域,并预留用电插座。为避免外卖和快递人员在园区中穿梭影响运营,可在园区出入口处设置收发室,收发室可以和门卫房合建,面积约 10 m²,无条件情况下也可设置成品收发亭。

7. 园区道路标示及设施、标识标牌

所有园区道路交通及停车场标识标牌设置均应符合当地交通法规的相关要求。每个路边消火栓前的路缘石一般涂成红色。用于标志、标识及交通划线的油漆或涂料应符合国家建筑标准设计图集 22MR601《城市道路——交通标志和标线》要求,且色彩鲜明,黏附性强,易于清洗。

主要标志、设施包括以下三类。

(1)园区进出口处、主干道转弯处需设置道路减速带,减速带一般选用耐用的铸铁成品,安装时需在铸铁减速带成品下方铺垫不小于 5 mm 厚的橡胶垫,以减轻车辆振动、噪声。如果园区紧邻居民区则建议选用橡胶材质的减速带。

(2)消防车通道标志、交通管理和控制标志、禁止通行标志、限速标志和其他各种交通设施标志及园区交通指示牌。

(3)道路转角处设球面转角镜。

标识标牌除了有方便人们识别方向、快速了解各区域位置信息、准确找到车辆停靠位置及提醒警示等功能外,还能够帮助物流企业树立良好的品牌形象和信誉,提升物流园区的整体形象,起到美化园区的作用。现代企业一般都有自己的视觉识别系统,标识标牌样式、尺寸、材料、制作等要求可参考此系统,设计人员按需设计即可。物流园区涉及的主要有室内、室外两大系统。

(1)室外标示系统:企业标识立柱、园区入口企业标识(需要和出入口、门卫一起设计)、地图信息标识、道路导向标识、停车场导向标识、室外禁烟标识、室外警示标识、室外消火栓标识、仓库号码标识、企业大型标识建筑。

(2)室内标示系统:物业管理用房企业形象墙、工具间门牌、功能房门牌、洗手间门牌、室内禁烟标识、消火栓报警阀标识、疏散图标识、仓库楼层号码标识。

1.5 园区竖向设计和绿化设计

1. 竖向设计

物流园区竖向设计受周边道路标高及地块、地形地貌影响较大。总的原则是要满足当地的规划要求,避免周边雨水倒灌进园区,在满足场地排水的前提下,整个场地土方填、挖方量应基本平衡。对于原始场地比周边道路高的地块,道路坡度应满足车辆安全进出园区要求,且建议尽可能少挖土。

一般园区入口处的室外场地道路标高原则上不低于周边市政道路中心标高 0.2 m,园区入口处坡度不大于 1.5%,个别困难区域尽量不超过 3%。面对面装卸货时地面或楼面装卸货区场地坡度宜向装卸货平台方向倾斜。单面装卸货时也可向外侧方向倾斜,但注意控制坡度以防货车停靠时溜坡。华东、华南地区及中西部的坡度不大于 2.0%,北方地区坡度不大于 1.0%,可根据实际情况相应调整。室外道路坡度不大于 6%。特别是在如重庆、长沙等地场地落差很大的项目中,这时园区道路需设置一定的坡度,或根据高低落差因地制宜作阶梯式布置仓库,这样可以最大程度减少填、挖土方量和挡土墙的工程量。阶梯式布置虽然大大降低了土方量和挡土墙的工程量,但因仓库体量大,特别是有双面装卸货需求情况下则无法实现面对面装卸货的形式,且因梯段道路无法共用需增加道路,从而使可布置仓库面积减少,土地利用率就比较低,因而这种布置比较适合地块较小、单边装卸货库的项目。如地块落差非常大(超过 10 m),梯段可采用不同层数的布置形式,在物流规范中有提到,剖面示意图和实例照片如图 1.22 和图 1.23 所示。

图 1.22　剖面示意图

图 1.23　案例图片

对于园区外四周道路高差大的项目,园区竖向设计和出入口位置关系很大,需妥善选择合适的出入口位置。个别市政道路标高较高的出入口可设计一段反坡。另外,从目前各地区项目实施情况看,北方项目排水普遍不佳,建议适当提高园区内场地设计标高。

2. 绿化设计布置

园区绿化布置,除了满足规划条件中的要求外,设计人员还应树立成本意识,了解一般绿化(草皮 + 少量灌木点缀)的价格远远低于地面硬化所需费用,所以在总图设计中绿化布置总的原则是:非必要的区域、场地以绿化为主,在满足仓库、道路总体布置及规划的前提下可适当提高绿化率,美化园区的同时也更加经济。可充分利用土地边角地块做绿化,也可采取一些小措施,如办公区前的绿化设计,每个办公区前可有约 100 m² 的绿化(图 1.24、图 1.25)。若是坡道或盘道库,那么其底部较难利用的空间也可作为绿化用地(图 1.26、图 1.27)。在非重要的道路转弯外侧处也可不用直角而设置弧形以增加绿化面积(图 1.28、图 1.29)。在停车区域或非机动车停车区周边可充分利用局部空地作为绿化区(图 1.30)。

图 1.24　办公区前绿化 1

图 1.25　办公区前绿化 2

图 1.26　坡道下方绿化

图 1.27　坡道下景观水池及周边绿化

图 1.28　装卸货区域边绿化

图 1.29　护坡绿化与道路转角绿化

物流园区常规的绿化率要求在 10% ~ 20% 之间。要求比较高的是广东省,基本上以不低于 20% 为标准,北京为不低于 15%,并且其计算要求和验收标准也非常严格,如距建筑外墙 1.5 m 和道路(路宽大于或等于 3 m 的)边线 1 m 以内不能算绿化面积,植草砖需折算或不能算作绿化面积等。有些区域甚至需要设置集中绿化和公共开放空间(深圳有此要求,考虑成本一般以绿化为主),还可能涉及覆土厚度不同而折算绿化面积不同的问题、屋面绿化面积折算问题和垂直绿化

图 1.30　助动车停车区周边绿化

面积计算问题。故这些区域项目的绿化设计应事先与规划部门及绿化和市容管理局沟通并在设计时留有一定余量。如规划指标要求绿化率超 20%,则项目方案较难实现,土地利用率较低,很难通过投资测算。设计时一般库边绿化带宽度需考虑管线的铺设,建议在 3.5 ~ 5 m 之间。对于靠围墙处绿化带,建议宽度不少于 1.5 m。围墙无退红线要求时应考虑围墙的基础尺寸,设计时应保证基础外侧尽量不超红线。

对于园区绿植的选择,需根据当地绿化管理部门的要求确定植物品种,并基于当地气候条件、土壤类别、后期养护、成活率及补种替换成本等因素予以综合考虑。草皮类别应适应当地土壤和气候条件,物流园区的绿化基本上以草坪为主,可选择"百慕大",并追播"黑麦草",对于在园区内光照较少的位置,可选择"日本麦冬"。北方寒冷地区可直接选用冷季型草如"高羊矛""黑麦草""早熟禾"等。乔木可选择香樟、高杆红叶石楠、桂花等。北方地区乔木可选合欢、栾树、银杏等。灌木有红花继木球、小叶女贞球、金边黄杨等。北方地区可配置大叶黄杨球、铺地柏、金叶女贞之类。乔木和灌木胸径、球茎、高度等也需按要求设计。种植土要求 pH 值为 5.5 ~ 7.5,疏松且不含建筑和生活垃圾。种植土深度要求:草坪大于 30 cm,花卉大于 50 cm,乔木大于 80 cm。为了节约成本,大多数情况下,设计时会以草皮为主,点缀灌木,乔木很少。常碰到的问题就是最后绿化验收时无法通过,所以提醒设计人员在做绿化设计时需要提前了解当地的验收标准,特别是对数量及株距的要求,施工时也切记不要偷工减料,随意削减乔木数量。

为提升物流园区企业形象,一般在主要临街面或重点展示区域(如出入口、集中绿化区域、办公区域等)集中布置形象良好的乔木或灌木及花草,注重不同色彩、层次,高低错落搭配,以达到良好的展示效果。园区道路旁的狭长绿化区域,宜以草坪为主加适当小灌木的组合布置,形成简洁连续的绿化界面。非大车行驶的道路边绿化带可考虑设计下沉式绿地,满足海绵城市要求的同时也可让园区的绿化形式更加丰富。如能利用原有地形中的树木、池塘做一些景观升级也是非常不错的选择。

1.6　仓库面积计算原则

面积计算是物流项目中很重要的部分，主要有两大方面数据：一是对外面积；二是内部测算面积。所谓对外面积即落在报规图纸、施工图纸及相关文件中的面积。内部测算面积是物流仓库项目有别于其他地产行业的特点之一，这也是由物流地产行业的投资策略和经营模式决定的。内部测算面积对于物流开发商的投资测算非常重要，它可以影响投资方向、设计方案，甚至决定项目能否最终落地。

对外面积计算原则主要遵循三个方面，按其先后顺序如下：

(1) 当地规划部门相关要求。

(2) 地方技术规定、规程、标准、设计通则、面积计算规则等。

(3)《建筑工程建筑面积计算规范》(GB/T 50353—2013)。

当相关规范、规定有冲突或存在不明确的地方时，还应以当地规划部门意见为主，需要强调的是一定要以现行规范、规定为参考。主要的面积数据即经济数据指标有：占地面积、建筑密度、建筑面积、计容面积、容积率、绿化(地)面积、绿化(地)率、大小车位和非机动车车位等。

在面积计算过程中容易出问题的是：

(1) 二层及以上的仓库的装卸货大平台、盘道、坡道的占地和容积率面积计算，有按投影面积全算的，有按一半算的，也有以高度 2.2 m 以上再算的，甚至还有不算面积的。在容积率和建筑密度有要求或限制的情况下，最不利的影响是方案设计无法把仓库面积做到最大化，从而使得投资测算回报差。

(2) 特殊计算规则如深圳、浙江的面积计算规则。

(3) 绿化面积的计算。

(4) 车位、充电桩，不同地区可能因土地性质不一样，车位数量和充电桩占比的设置要求也不一样。(注：在规划要求超出常规的情况下，可考虑将装卸货区域补充为停车位计入指标。)

内部面积测算中最重要的一个指标是租赁面积，这是物流仓库项目开发中一个特殊的内部测算数据，在项目投资回报测算中影响最大。没有相关规范来约定租赁面积的计算，仅仅是物流仓库行业的一致默认原则，一般包含如下几种类型的面积：

(1) 仓库每层投影面积。

(2) 仓库夹层面积。

(3) 雨篷计入一半投影面积。

(4) 综合楼(宿舍楼、倒班楼)每层投影面积。

(5) 虚拟雨篷面积，即当装卸货大平台和内退区域可以作为雨篷时，则可以折算一部分面积当作租赁面积(区域比较好、库比较稀缺的地方会由此计算，可按照 3 m、4 m、4.5 m 宽或宽度的一半计入租赁面积)。

（6）公共建筑、设施、辅助用房均不可计入租赁面积，出租情况较好的园区也可以和租户商量此部分公摊面积均分计租。

（7）当一个物流园区是客户定制整租时，除物业管理用房和门卫房外均可计入租赁面积。

需要注意的是，大部分物流园区项目是以上述前四种作为租赁面积，其他几种在针对一些特殊项目时方可计入。另外，目前市场上冷库的租赁是以存入的托盘数量、吨位、冷库的体积来折算租赁面积，面积算法有些许不同。

另外一个内部测算面积指标是建筑面积，在此不得不提的一个词语就是业内人员津津乐道的"得库率"。通常认为：得库率 = 租赁面积/建筑面积。实际上这样的计算方式存在很大偏差。前面已经提到建筑面积的计算因装卸货大平台、高架通道、坡道、雨篷、辅助设施等的不同计算方式而会产生差异较大的结果，特别是坡道和大平台的计算，是不计面积，计一半面积，还是全计面积，不同的计算方式少则差异几千平方米，多则上万平方米，因建筑面积计算方式不一样得到的得库率数据也不一样，故不足以作为项目方案优差比选数据，条件不对等也就没有对比意义。这种"得库率"计算仅适合于早期的单层库和电梯库，或者用于同一个项目相同计算规则下不同的方案作对比。

那么到底有无相关数据可以衡量不同项目方案的可出租面积的占比呢？对于不同的项目、不同的面积计算方式，可以通过以下比值来分析：出租面积率 = 可租赁面积/土地面积，其中土地面积为净可用地面积（除去如道路征用地、绿化征用地等面积），表 1.2 和表 1.3 所列是一些相关经验值，供设计师及投资者参考。

表 1.2　出租面积率参考表

编号	仓库类型	出租面积率	备注
1	单层库	0.55～0.60	数据主要影响因素：①地形整齐、方正程度；②规划条件及计算规则限定情况；③周围市政交通、环境情况；④方案中装卸货面数量，平台、坡道占比；⑤辅助办公、宿舍楼等布置要求
2	二层坡道库	0.93～1.03	
3	二层坡道库+第三层电梯库	1.33～1.45	
4	三层盘道库	1.27～1.39	
5	四层盘道库	2.00～2.11	

表 1.3　同等计算条件下得库率参考表

编号	仓库类型	建筑面积/土地面积	得库率	备注
1	单层库	0.57～0.6	0.98 左右	左侧面积估算条件：①基于地块比较方正，双面装卸货库比例不高于40%，二层及以上库全部采用大平台的形式，且不考虑规划条件的情况下；②基于大平台按照每层投影全部计入，坡道计入一半的计算规则
2	二层坡道库	1.05～1.2	0.86～0.89	
3	二层坡道+第三层电梯库	1.70～1.75	0.88～0.91	
4	三层盘道库	1.60～1.65	0.78～0.83	
5	四层盘道库	2.15～2.25	0.73～0.76	

另外需要提醒的是预测绘面积和产证面积,这两个面积指标一般情况下基本一致,主要是指建筑面积。但这两个面积不一定会和原规划上或施工图上的面积完全对应,有的差异非常大,在物流项目中差异点主要在雨篷、装卸货大平台、坡道、盘道、高架通道的面积计算上,因规划审批部门和测绘部门各自有其计算规则,所以导致前后面积不一致,建议在项目实施前就和当地这几个部门提前沟通以便得到比较准确和统一的计算规则,明确最终的建筑面积,否则可能会影响前期投资模型或在项目退出时不被相关基金投资公司所接受。

1.7 总图设计关注事项及案例

1. 总图设计其他注意事项

总图设计时还应注意以下几项。

(1)建筑退让线要求:规划条件中除了建筑退线要求外,通常也有要求围墙退红线的,如没有要求退,建议设计时考虑围墙的底部构件/基础的退让。一些北方项目在验收时遇到因围墙柱墩超红线而验收不通过的情形。盘道和坡道有可能被认定为是构筑物而不需要退红线,这对方案是极其有利的,可以此增加仓库面积,提高土地利用率。

(2)限高要求:对应规划条件中的限高要求,主要问题是建筑高度的计算规则。设计时通常以地面到屋面一半处的距离为建筑高度。但也有需要计算到屋脊和女儿墙,或者按照檐口高度 + 1/2 的檐口凸距离来计算。特别是机场、空港区域的建筑计算更严格,高度需要按照最高点计,受此影响较大的是屋面上的消防水箱,设计时需要提前考虑这些因素是否影响仓库的建筑高度。

(3)地块周围建筑物、构筑物对项目设计的影响:地块周围对方案影响较大的建筑、设施有加油站、变电站、甲类仓库、储油罐、红线边地下管道及电缆、地上高压线等,这些会因其体量和级别不同而退线要求不一样,设计前一定要了解清楚。相邻地块已有建筑需要和拟建建筑保持一定距离,也需提前考量。还有一点要注意的是坟墓,就算在地块外的坟墓也要有所考虑,如坟墓贴着红线需注意避让,正对园区开口的也最好能重新考虑出入口位置。

(4)地块周围河道、沟渠对设计的影响:涉及园区内管线跨河而建路桥的,需要得到河道有关管理部门的认可。

(5)南方与北方物流项目总图布置差异:南北物流项目设计差异主要来自气候条件。除消防水池外,北方项目如有采暖需求则需要设置锅炉房和燃气调压站。考虑北方冬季寒冷,滑升门一般选用小尺寸的复合板滑升门(2.75 m 宽×3.5 m 高),如设外月台也尽量设置在南侧或东侧。其他专业上的差异不在此展开描述。

(6)物流仓库中间防火分区夹层办公区设置:在以往的物流仓库布置中,一般会在每个防火分区各设置一个面积为 150～200 m² 的夹层办公室,但从这些年实际租赁使用情况来看,夹层办公室需求量没有这么大,租赁整栋或一层的租户希望办公区是集中设置的。只租赁使用个别防火分区的客户本身量不大,也就不需要单独的办公区,一般会在库内自行设置一个临时办公区。所以在考虑设置夹层办公区时,可以取消中间防火分区的夹层,将雨篷和外月台(如有)通长设置,这样既可以降低成本也能增加装卸货车位。仅留的仓库两端的办公区域如希望有更多的装卸货车位,也可将底层作为叉车进出区,只留夹层作为办公用。快递、快运类客户现场作业人员很多,如开始设计时物流园区有此类意向客户,可以在仓库的端头设置一处集中办公区域(仅留夹层,底部还是可供装卸货或叉车进出的区域)。

(7) 建筑密度和建筑系数:在物流项目设计中一般只会遇到建筑密度这个建筑占地指标,但个别项目也会碰到有建筑系数限定要求。建筑系数指项目用地范围内各种建(构)筑物占地总面积与项目用地面积的比例。有这个限定要求可能对设计有利的地方是看坡道和装卸货平台是否同意按照构筑物算,这样退线和容积率可少算一些。不利的地方是若特殊项目需要将外月台计入建筑系数,如指标不达标则有可能方案无法通过。

(8) 一栋库的占地和防火分区面积尽量做足,减少外墙及防火墙的面积占比,减少高架大平台的面积占比。同时,考虑每个防火分区的开间柱距数量,尽可能多地增加装卸货车位,一般设计时最好一个防火分区内能有 4 个及以上开间柱距。当难以满足时,一个防火分区也最好不少于 3 个柱距,且平面布置时将开间柱距较少的防火分区设置在中间,该分区也不建议设办公夹层。

(9) 人车分流设计方面的技巧:物流仓库园区的交通非常繁忙,且都是大型货车、挂车。出于对园区内工作人员的安全考虑,也为了车辆出入通畅,提高运输效率,应该对园区内交通实行人车分流设计。一般主次干道有非机动车车道和人行道,交叉口有人行横道,人员通道尽量设置在次干道及消防车道内。行人、非机动车和机动车能够各行其道,互不影响。在设计总平面图时建议考虑设计一张人车分流交通流线图(需含货运、消防、人流三条流线,确保人车分流的交通安全性)和一张人行道及交通导视图(含交通标识、划线和企业视觉识别系统中部分室外标识的位置。在人员与货车交会处应设置人行横道线以及减速带,人员经常行进的路线上宜在道路边设置 1～1.2 m 宽的人行通道区域,并在人行通道区域设置地面警示划线及固定的隔离防撞桩与车行通道隔开)。

2. 物流仓库总图布置经验、技巧及案例分析

案例 1:增加装卸货区域的布置设计

底层双面装卸货为主的仓库,在土地布置有富余的区域,可利用地块作局部三面,甚至四面装卸货,第三、四面装卸货区域宽度可考虑设计为 18～23 m,供城市配送小货车作业。以下为广东某项目二层坡道库相关总图案例比较,原方案总图及剖面示意图分别为图 1.31 和图 1.32,优化后方案总图及剖面示意图分别为图 1.33 和图 1.34。

两个方案对比分析:因项目地块形状不规整,场地狭长且宽度错开,总图布置比较

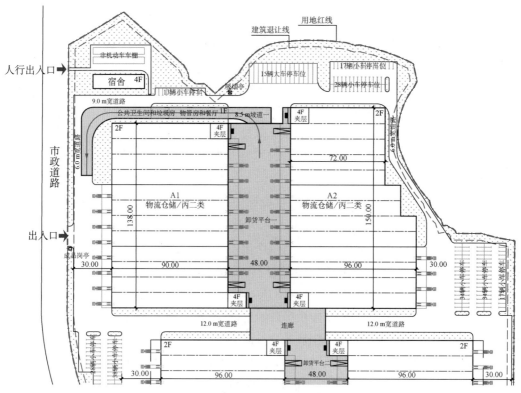

图 1.31　原方案总图

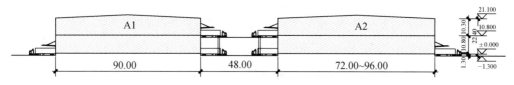

图 1.32　原方案剖面示意图

困难。原方案为较传统的两层坡道库设计方式,两栋面对面装卸货库,通过高架大平台实现,底层为局部双面装卸货,二层为面对面单边装卸货库。优化后的方案仍然为两栋两层坡道库,二层也为面对面单边装卸货库。优化方案的优点:①底层利用不规整场地增加了装卸货面,两个库均为三面装卸货(其中一面为小车装卸货面);②增加了仓库面积约 1 006 m²,租赁面积因雨篷的增加而增加;③设备房调整设置在地块的较中心位置,可只设置一处,电缆和管线较短,更加经济;④经测算,优化方案比原方案造价至少减少 100 元/m²(建筑面积)。优化方案的缺点:①二层车辆上下坡稍有距离,没有原方案直接;②利用一层仓库屋面作为二层装卸货区时,此区域底层仓库的净高约为7.5 m,且雨水管经库内故需要注意防水。总的说来还是优化方案更适合后期租赁使用,也更节省造价。

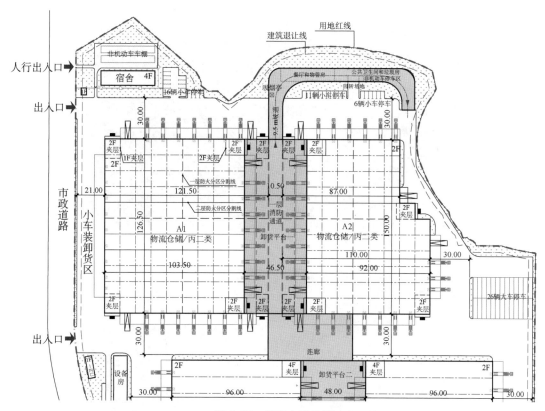

图1.33　优化方案总图

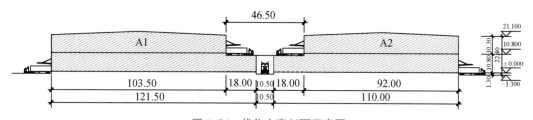

图1.34　优化方案剖面示意图

案例2:建筑密度有限制的布置方案

当建筑密度有限制,需要在55%以内且平台必须全面积计入占地面积时,方案以一层仓库屋面当二层装卸货平台的设计比较经济(图1.35、图1.36、图1.37),这样可使有限的建筑密度得到充分利用而不被大平台所占有。但需注意的是四层及以上面对面装卸货的布置不太适用这种方式,因为这种设计会导致装卸货大平台占比更大,测算反而不经济。

图 1.35　二层库方案 A(底层办公区外凸)

图 1.36　二层库方案 B(平台中间增加人行连廊)

图 1.37　三层库

分析：一层仓库局部屋面作为二层装卸货大平台的布置方式能有效控制建筑密度，面对面高架平台装卸货时装卸货面采光好，车辆进出比较方便，造价相对低廉。缺点是二层、三层楼面上的作业无法很好互动，而且如果地形受限（进深不够），面积反而会少于基本布置的形式，也就是说不能适用于所有地形。在此类设计中可以作一些局部优化，如底层办公区凸出设计以增加面积（图 1.35），如考虑人员方便，在较长平台中间增加人行连廊（图 1.36）。

案例 3：建筑高度和容积率有限制的布置设计

建筑高度和容积率限制：在规划条件中有容积率上限的约束，特别是层高超过 8 m 需双倍计容，或每超 2.2 m 算一层并计算这层面积，只能通过降低层高的方式来解决。以下是高度为 24 m 以内三层库的剖面图（此项目一层省略了 1.3 m 高差的设置）（图 1.38）和高度为 30 m 以内三层库剖面图（图 1.39）。

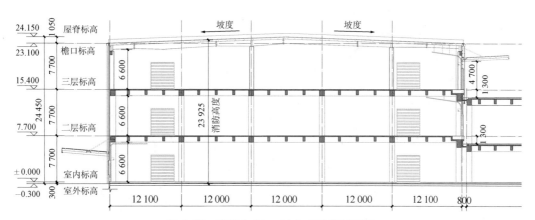

图 1.38　高度为 24 m 以内三层库剖面图

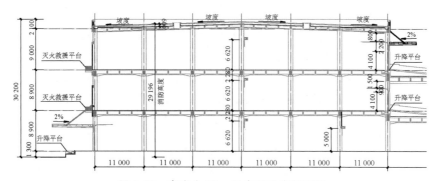

图 1.39　高度为 30 m 以内三层库剖面图

案例 4：厂房和物流仓库综合设计方式

从以下的项目布置总图和剖面示意图看（图 1.40、图 1.41 和图 1.42），主要以底层为厂房,2F—4F 为物流仓储,故底层需要预留行车牛腿并抬高一层高度。厂房无需设置通长大雨篷,室内外高差设置 0.3 m 即可。

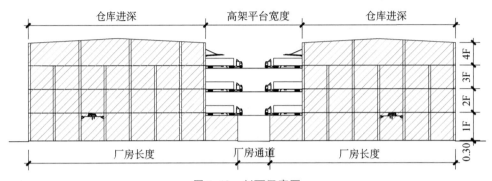

图 1.40　剖面示意图

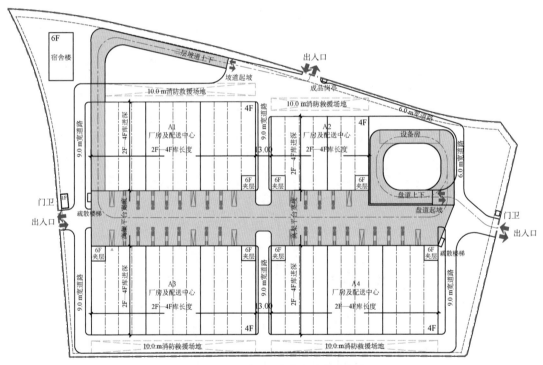

图 1.41　2F—4F 物流仓库功能布置图

此方案利用大平台下一层局部区域作为生产车间,因厂房所需车辆通道宽度不大而可适当增加车间面积。考虑到不同厂房客户的需求差异,可以把建筑底层重新分割成不同大小空间,以适应不同客户的需求。目前这种业态混合型建筑类型的市场需求越来越多,其难点是因没有相关规范支撑,无法对建筑物定性,因此后期报批报建及审图都是难关,甚至需要专家论证评审,好在市场上已有不少此类建成项目可以借鉴。

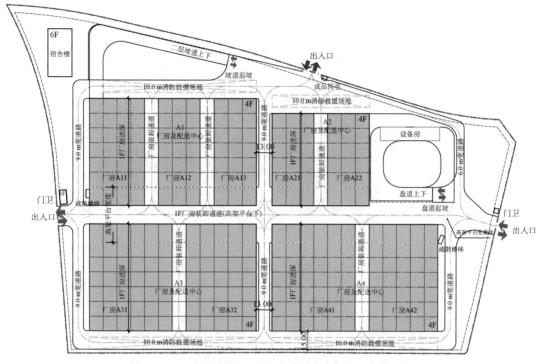

图 1.42　1F 厂房功能布置图

　　工业厂房与物流仓库的混合业态类建筑可以满足各方要求:满足政府对于产业和税收的要求;满足制造业企业对厂房空间尺度、材料垂直运输等方面的使用需求;满足投资人的退出需求;满足开发商在工业用地上建仓库的合规性要求。厂房在整个项目中的体量占比是平衡各方需求的关键。首层按厂房设计可以减少约 1 m 厚的回填土量,在降低工程成本的同时,也可减少首层地坪后期可能的工况沉降量。

　　案例 4 把厂房设置在底层,在实际案例中还有一个比较热门的概念叫"工业上楼",且在不少地方已有按此概念实施的项目。"工业上楼"类项目在新加坡和中国香港发展得比较成熟,如新加坡某工业大厦(图 1.43、图 1.44 和图 1.45),高架平台和通道宛如地面,猛一看以为是在平地上,让人眼前一亮。楼上的交通就靠类似物流仓库的盘道和高架大平台及高架通道实现。但实际上,很多区域无法直接复制此类项目,"工业上楼"项目很难满足重型加工设备荷载、高度及国内消防规范中空间限制等要求,与大多数制造企业无法匹配。同时,"工业上楼"和当地产业有很大关系,设计时不能生搬硬套,还需要做更多分析和研究,在此就不再展开。

图 1.43　新加坡某工业大厦

图 1.44　新加坡某工业大厦顶层高架

图 1.45　新加坡某工业大厦盘道

案例 5:凸出夹层办公区的设置

前文已提到关于中间防火分区取消办公夹层的设置。但也有一些项目为了增加面积,通过规划或投资测算要求而把办公区部分凸出来,如图 1.46 和图 1.47 所示。其优点是增加了仓库租赁面积,避开装卸货大平台占用指标而减少仓库面积。缺点是局部影响车辆通行,装卸货车位少,后续此处底层无法改为装卸货区,灵活性差。

图 1.46　夹层凸出效果图

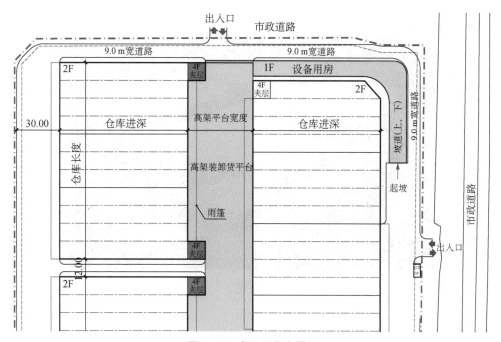

图 1.47　夹层凸出布置图

这种布置方式适用于一些土地面积不大但土地价高,高架平台要求全部计入占地面积且建筑密度超规划要求(超得较少)的项目,仓库功能定位不以快递、快运类客户为主。设计时需考虑在车辆回转、上下区域不做凸出设置,凸出区域进出室内的外楼梯与夹层并排平行设置,尽量不影响车辆通行。

案例6:内退一个跨距增加面积的设置

为了增加装卸货车位或仓库面积,可采用一层内退的设置:一般而言做这种总图布局就是考虑平台另一侧也设成装卸货面(图1.48),或者坡道位置挡住了部分装卸货面而局部做了内退(图1.49)。内退设计的不足之处是在后期使用中,较难实现大车侧停装卸货。

图1.48　一侧一层内退增加装卸货面

图1.49　一层因坡道遮挡而局部做内退

案例7:坡道、盘道的不同设计布置

三层两根直坡道库如图1.50所示,盘道、坡道上跨建筑如图1.51—图1.54所示,绕库盘道如图1.55所示。

　　三层直坡道上下的布置方式因省下盘道占地面积而使仓库面积增加不少,到达二层及三层也非常直接、方便。其缺点是:二层和三层之间无法较便利互动,必须在一层转换;三层坡道较长,造价不菲;可能要牺牲部分装卸货面,底层无法实现双面装卸货。另外,二层坡道进出口需注意避开三层坡道的柱子,可能要考虑抽柱使出入口更宽敞。这种类型的库也比较适合有限高要求、每层无法做到净高均为 9 m 的项目,此时可适当减少两层的高度以减少三层坡道的长度。

图 1.50　三层仓库两根直坡道库

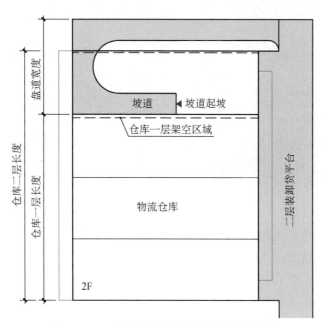

图 1.51　二层仓库坡道上跨建筑案例平面图

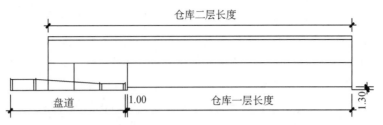

图 1.52   二层仓库坡道上跨建筑案例剖面示意图

图 1.53   二层仓库坡道上跨建筑案例效果图

图 1.54   盘道上跨建筑案例效果图

　　盘道、坡道藏于物流仓库内的设计并不少见,实际上就是借鉴了多、高层停车库的设计思路。这种一般布置在可开出入口受限制的狭长地块,也比较适用于二层坡道加第三层电梯库的形式,既可以增加仓库面积,又可以遮挡行车坡道以获得一定的装饰效果。

　　图1.54所示案例的盘道、坡道设计思路和案例6一样,充分利用盘道、坡道的上部空间,以获得一定的使用功能和建筑立面效果。另外,如果底层仓库层高设置较高,上面各层仓库适当减小高度的情况也比较适用,这样盘道的尺寸会因楼层层高降低,坡度缓而可以设置得稍微小一些。

为了避免盘道单独占用土地,还有一种盘道绕库的模式可以参考(图 1.55)。一般在总图布置时如果出现一栋比较小的仓库(每层不超过两个防火分区),可尝试用这种形式设计,但经济上不一定合算,需要多个方案分析比较。

图 1.55　绕库盘道案例效果图

案例 8:"E 型库"

"E 型库"俗称指廊库,主要是快递快运和机场类库需要考虑其进出货模式,为了加快货物周转和配送而设置的仓库形式,与通常的物流仓库相比有更多的装卸货车位,如图 1.56 所示。

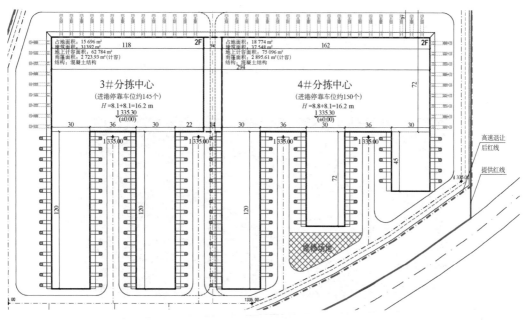

(a) 平面图

(b) 效果图1

(c) 效果图2

图 1.56 "E 型库"

案例 9：前店后仓类型的物流仓库

考虑电商类的直销运营模式，在仓库的一端设置卖场、展厅、洽谈、体验等功能区，另一侧为仓储功能区，客户看中货物后可直接提货或送货，加快交易。前店后仓类型的物流仓库如图 1.57 所示。

图 1.57 前店后仓类型的物流仓库

案例 10：保税物流仓库(B 型)

保税仓库,是指由海关批准设立的供进口货物储存而不受关税法和进口管制条例管理的仓库。对于物流开发商来说,一般开发建设的是 B 型保税物流仓库(图 1.58 是广东某 B 型保税物流仓库)。B 型是指可由多家保税物流企业在空间上集中布局的公共型场所,是海关封闭的监管区域,即海关对 B 型保税物流中心按照出口加工区监管模式实施区域化和网络化的封闭管理,并实行 24 小时工作制度。

(a) 俯瞰效果图

(b) 立面效果图

图 1.58　广东某 B 型保税物流仓库

B 型保税物流仓库设计布置主要特点和要求如下:

(1) 物流中心保税仓储面积(除检验库外),东部地区不低于 50 000 m²,中西部地区和东北地区不低于 20 000 m²。

(2) 给海关单独使用的监管仓库(检验库):其面积一般不低于 2 000 m²,库内设局部管理办公区和独立出入口,并与其他区域分隔。

(3) 验货场地:中心卡口附近应设有验货专用场地,其面积视具体情况而定。验货场地应配有可供海关使用的验货平台,需配置与 H2000 联网的电子地磅系统和必备的照明设施等。

（4）卡口通道设施:设置供货车、客车及人员进出的专用通道。专用通道至少需 3 条,应分别设置进中心货车通道、出中心货车通道和客车及人员通道。图 1.55 所示的项目中设置了 3 进 3 出的 6 条通道。

（5）监管用房:在货车通道中间应设立海关监管用房,其面积不小于 20 m^2,宽度不小于 3 m。

（6）海关大楼:需要设置一栋单独的海关大楼,大楼不在海关围网内,需靠近出入口设置,且有单独进出口、停车位等。海关大楼内部功能区主要有申报厅、办公用房和休息用房等,其具体面积大小需要根据海关提供的工作人员数量来确定。

（7）其他特殊要求:如海关围网有具体要求,需区别于一般围墙;如专门的巡逻通道,中心内沿隔离围墙设有供海关监管、巡逻的专用通道,其宽度及照明也有相关要求;还有就是监控系统,需报海关总署审批确定。

1.8　日本多高层物流仓库简介

日本东京、大阪等城市寸土寸金,大部分物流仓库项目占地面积不超过 100 亩(1 亩 ≈ 666.67 m^2),园区内绿化率要求不高,很少有类似于中国的一些超大规模物流园区,所建仓库层数一般不少于 4 层。图 1.59—图 1.62 是几个物流园区布置实例。

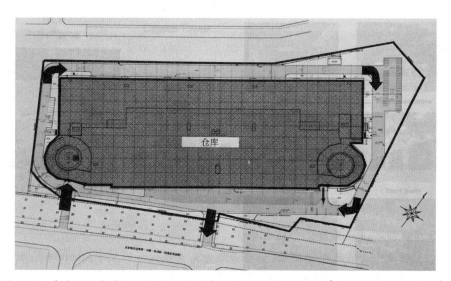

图 1.59　东京四层盘道库总图(屋面为停车场,场地面积 5.1 万 m^2,建筑面积 11.9 万 m^2)

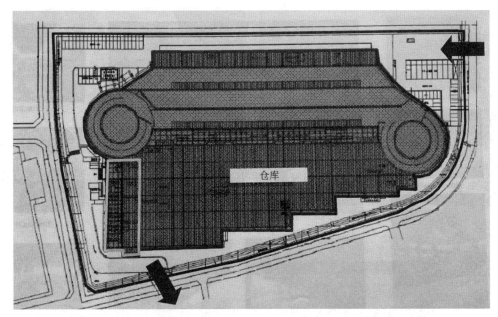

图 1.60　东京六层盘道库总图(场地面积 3.2 万 m², 建筑面积 10.3 万 m²)

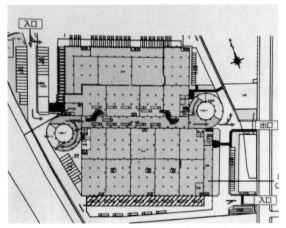

图 1.61　日本五层盘道库总图(库长 150 m、进深 80 m, 面对面通道宽度 15 m)

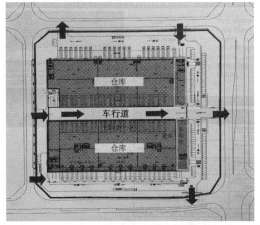

图 1.62　日本四层电梯库总图(场地面积 3.36 万 m², 建筑面积 6.91 万 m², 黄色为集中办公楼)

　　高层仓库的层高约 7 m, 货车的长度一般在 10 m 左右, 其圆环形盘道的占地面积和尺寸远小于国内高层库为满足 20 多米长货车行驶所需的盘道尺寸及转弯半径(图 1.63)。

　　日本高层库单面装卸货通道的宽度约 13 m(图 1.64 和图 1.65), 面对面仓库间的装卸货通道的宽度为 14～15 m, 在仓库的一个进深柱距范围内(约 13 m), 卡车装卸货车位的楼板标高与库外车辆通道标高是一样的, 内月台的高度为 1 m, 飞翼车可以在车辆通道上侧面装卸货(图 1.66), 其他车辆可进库内停靠在内月台装卸货(图 1.67)。

图 1.63　高层库之圆形盘道

图 1.64　楼层车辆通道及装卸货区(宽度约 13 m)

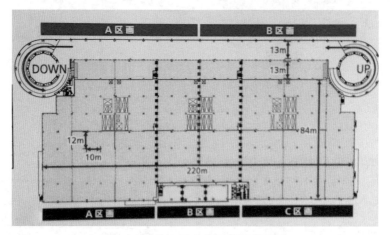

图 1.65　某五层仓库标准层平面图

图 1.66　飞翼车在通道上侧面装卸货

图 1.67　集卡进库内装卸货

　　图 1.68 为日本某高层仓库设计参数。日本高层仓库各层的有效高度一般是 5.5 m (图 1.69 和图 1.70),可放置 3 层货架(每层货架的高度为 1.7 m,3×1.7 m＝5.1 m),楼板

均布活荷载为 15 kN/m²，柱距为 11～12 m（进深）×10 m（开间）（图 1.65），货架间叉车通道宽度一般不大于 2.8 m（图 1.70），仓库开间柱距范围内的大尺寸滑升门的高度为 4 m，防火分区隔墙的底部均设置防火卷帘门（图 1.67），内月台下方凹槽空间可以堆放周转的托盘等物品（图 1.67 和图 1.69）。

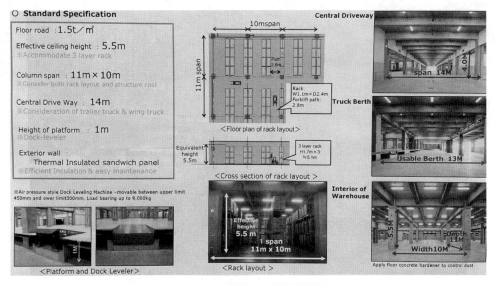

图 1.68　某高层仓库设计参数

图 1.69　某五层仓库剖面图

图 1.70　叉车通道宽度一般不大于 2.8 m

日本是一个地震频发的国家，其高层仓库在进行结构设计时大多采用基础隔震措施（图 1.69 和参考本书第 5 章第 4 节），结构体系通常是全钢结构或装配式混凝土结构（PC 结构),其装配式混凝土构件预制工艺成熟,预制梁外观精良。日本高层库 PC 结构梁柱如图 1.71 所示,高层库 PC 结构主次梁节点如图 1.72 所示。

图 1.71　日本高层库 PC 结构梁柱　　　　图 1.72　日本高层库 PC 结构主次梁节点

从施工工艺角度而言,日本高层库盘道混凝土路面的防滑措施简约耐磨,不易破损,值得借鉴(图 1.73)。屋面钢结构彩钢板的波峰与波谷间的高差大、不易漏水,屋面不需要设置采光带和排烟天窗(图 1.74)。

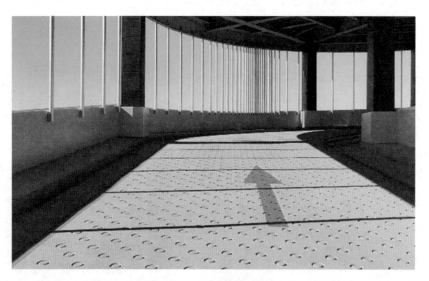

图 1.73　盘道混凝土路面防滑措施耐磨、不易破损

日本高层仓库的办公区通常是集中布置,顶层一般为餐饮区。仓库外立面通常采用夹芯板或蒸压轻质加气混凝土隔墙(Autoclaved Lightweight Concrete,ALC)板,保温隔热效果良好,整个仓库的外立面简洁、线条流畅(图 1.75)。物流园区功能配置齐全,有的园区为了满足一线女工的需求还会设置小型幼儿园。

图 1.74　日本高层库钢结构屋面

（a）鸟瞰图

（b）夜景图

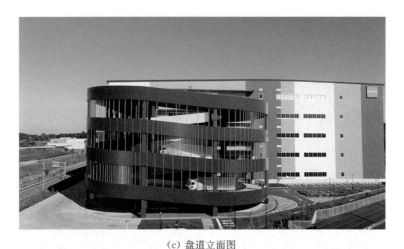

（c）盘道立面图

图 1.75 日本某五层盘道库

1.9 结语

大型多高层物流仓库园区的道路、坡道或盘道设计需要充分考虑以下因素：考虑货车在园区内行驶的流畅性，避免交通瓶颈；应尽可能实现货车在园区内的行驶距离最短；减少不同目标库区间车辆的不利影响，以及车流与人流之间的影响，提升装卸货效率。园区和库区所提供的设施应满足大部分客户对仓库净高、楼板荷载以及消防安全等方面的要求，同时满足基本的货物存储、装卸功能和园区工作人员的日常需求。

园区仓库布局在满足货车快速装卸货等基本功能的前提下，应将仓库面积最大化以满足投资回报的测算要求。对于将工业厂房与物流仓库有机糅合在一起的项目，应在不同业态、不同功能和不同设计参数与指标间达到某种平衡，兼顾各方利益，使得利益最大化。

园区内雨水的快速排泄是保证客户正常运营的基本条件，设计时应充分考虑地形地貌、场地标高与市政道路、排水管之间的高差，在成本与功能间寻求平衡。施工时应确保路面、装卸货大平台的排水坡度，避免出现局部区域积水的现象。

以人为本、以货为本、数智化、物联网、低碳排放、太阳能利用、雨水和中水收集、相关资源的回收与再生利用等都将对未来大型综合物流园区的设计施工产生深远影响，而发达国家的多高层仓库的先进设计与施工理念也会有助于我国物流仓库设计与施工技术的进步和发展。

第2章
物流仓库建筑设计

2.1 物流仓库的发展历程及建筑特点

1. 物流仓库的发展历程

古代阶段：中国很早就有仓库，古代最初的商业仓库称为"邸店"，兼具商品寄存和旅店功能。随着社会分工的进一步发展，专门用于储存商品的"塌房"逐渐独立出来，成为商业仓库的雏形。

近代阶段：随着19世纪商品经济的发展和商业活动范围的扩大，中国的商业仓库进入了近代阶段。19世纪中国称商业仓库为"堆栈"，主要位于东南沿海地区，如上海、广州等地，最初仅用于堆存货物并替商人保管。随着业务扩大，堆栈业逐渐分为多个类别，如码头堆栈、铁路堆栈等，但寿险于当时社会经济，堆栈发展水平较低。

社会主义阶段：中华人民共和国成立后，对旧中国的仓库进行了改造和接管。铁路、港口仓库由交通运输部门接管，私营仓库则逐步实现公私合营。工农业生产和商品流通的发展，对仓库管理提出了新的要求。这一阶段仓库建筑、装备和管理得到了显著发展。

现代化阶段：进入20世纪以后，随着信息技术的快速发展和全球化的推进，物流仓库进入了现代化阶段。仓库管理系统的应用使得仓储作业更加智能化和高效化，仓库设施也逐步实现了自动化和智能化，大型的物流园区和物流中心开始出现，成为物流仓储的新模式。同时，伴随着现代物流的快速发展，物流网络的建设和发展加快了全球货物的流通速度，提高了运输效率。跨国物流、电子商务物流、冷链物流等新兴物流模式的出现为仓库带来了新的发展机遇和挑战。

数字化和智能化阶段：进入21世纪以来，数字化和智能化成为物流仓库发展的主要趋势。物流企业利用先进技术，如大数据、人工智能、物联网等，对仓库的管理和运营进行优化和改进。智能仓库的出现使得仓储作业更加高效、安全和环保。

绿色可持续发展阶段：当前，绿色可持续发展成为全球物流仓库的重要目标。物流企业开始关注节能减排、环保技术应用、绿色供应链管理等方面的工作，推动物流仓库向低碳、环保、可持续的方向发展。

今天的物流仓库是用于存放和分拣货物,以实现货物的集中管理、加工、分拣、组装和配送等功能的建筑物。物流仓库除了提供存储功能以外,还提供如分拨分拣、货物包装、轻加工、商品展示、物资调配等多种需求场景服务,是物流体系中的重要环节。

2. 物流仓库的建筑特点

(1)大空间需求:物流建筑需要提供大型存储和操作空间,通常需要具备一定高度、宽敞的空间,以容纳货物、设备和机械。

(2)物流作业流程:物流建筑需要充分考虑物流流程的优化,例如货物的分拣、运输和配送等,需要充分利用空间、设备和技术手段来提高运作效率。

(3)货物安全:物流建筑需要具备一定的安全措施,保障货物的安全性和完整性,例如做到防火、防盗和防潮等。

(4)人员安全:长期以来,仓库一直是劳动密集型场所,依赖人工进行装卸、搬运等作业,导致劳动力占用大、易发生事故。物流仓库的人员安全涉及机械化设备、危险品、作业环境、培训意识、应急救援和健康保障等方面,需要综合考虑和管理,确保人员安全。

(5)交通网络:物流建筑通常需要便于交通和物流网络的接入,例如靠近主要公路、铁路、机场、港口等交通设施,以方便货物的进出和运输。

(6)环保和节能:物流建筑需要充分考虑环保和节能设计,例如,使用可再生能源、优化建筑隔热、通风和照明等设计,以减少对环境的影响,同时也可以降低运营成本。

2.2 物流建筑设计要点

1. 物流建筑的设计要点

物流建筑设计涉及布局设计、货物储存、运输设施、环境控制、安全设计、可持续性设计和灵活性设计等方面。

(1)布局设计:物流建筑需要通过合理的布局设计来提高物流效率和降低成本,包括最小化运输距离、优化货物流动路径和提高储存空间的利用率等。

(2)货物储存:物流建筑需要提供适合不同种类货物储存的空间,包括货架、仓库和库房等。在设计中需要考虑货物储存的密度、安全性和便捷性等。

(3)运输设施:物流建筑需要提供适合不同运输设备的交通设施,包括卡车、拖车、叉车等。在设计中需要考虑运输设施的通行能力、装卸效率和安全性等。

(4)环境控制:物流建筑需要提供适宜的作业环境,以保证货物和工作人员的安全和舒适,包括温度、湿度、通风和照明等。

(5)安全设计:物流建筑需要提供安全设施,以保护货物和工作人员的安全,包括防火、防盗、监控和警报系统等。

(6)可持续性设计:物流建筑需要考虑环境保护和资源利用的问题。在设计中需要考虑节能、节水、减少废弃物和垃圾的产生等可持续性因素。

(7)灵活性设计:物流建筑在设计中需要考虑建筑的灵活性和可扩展性,以适应未来业务的发展和变化。

后文将结合物流建筑设计中的一些具体要素展开阐述。

2. 层高与柱距的选择

在仓库建筑设计中,柱距、层高与仓库的功能、建设成本密切相关。以下是主要的影响因素:

(1) 结构成本:国内目前主流高标物流仓库净高大多为 9 m,部分仓库净高可达 10.5 m,净高的调整一般根据标准货架层高 1.5 m 进行浮动。楼层净高愈大则高位货架所能存放的托盘愈多,楼板所承受的荷载也愈大,对应的梁板柱尺寸、配筋愈大。柱距愈大则梁的尺寸及配筋将显著增加。为满足高标仓库的层高和跨度设计要求,一般选用预应力混凝土结构,而预应力钢筋增加了施工难度和周期,且后张拉施工工艺易导致楼板产生裂缝,一般通过项目实际进行控制。

(2) 功能性:仓库的开间柱距应与货架尺寸、叉车通道的宽度相匹配,通常取值为 11.5~12 m,进深柱距一般也在 11.5~12 m 范围内,进深柱距对货架布置影响不大。柱网过于密集的话会导致空间整体观感不佳,减少存储空间利用率,影响客户的运营效率。冷库一般按存储的托盘数量/吨位来计算,因而希望仓库净高尽可能大些。有些项目为避免建筑面积两倍计容,则将层高控制在 8 m 以内。对于多高层仓库,层高愈高则坡道、盘道所需的占地面积、构件尺寸和工程成本也相应增加。

(3) 外观效果:柱网的设计还会影响到建筑的外观效果。柱网密度和布局可以影响建筑的形态、比例和整体感觉。柱网可以成为建筑的视觉特征之一,因此,在设计时需要注意建筑外观的视觉效果。

3. 尺度与经济性

实际设计中需要将尺度和经济性二者相结合考虑,兼顾功能性和经济性。根据仓库定位类型(干仓、冷库)和货架布置方式设定基本层高。同时需要结合不同的规划条件进行选择,例如建筑总高度控制、容积率的计算方式等。柱网的选择根据装卸货车位的数量、主要装卸车辆规格、叉车通道布置以及货架的规格等因素来确定。

单层物流库一般采用(11.5~12) m×(24~28) m 的柱网,由于结构相对简单且无上层荷载,进深方向较容易实现大跨度形式。早期物流仓库的开间柱距选用过 9 m,因其不利于货架布置和运营,现已很少选用。

多层与高层物流库的柱网尺寸多集中在(11.5~12) m×(11.5~12) m 范围。顶层屋面因大多采用轻钢结构屋面,可采用隔跨抽柱形式,实现双倍进深跨度。如果屋顶设为小车停车场,那么柱距保持不变。

仓库的进深设置不宜过大,进深过大可能导致库内最不利位置的疏散距离超出规范要求,需要额外设置逃生通道,这样既减少了库内使用面积又增加了工程成本,且过大的进深还会降低库内进出作业效率。此外,根据场地条件及功能、结构布置的需要,往往局部采用变柱跨、结构缝双柱(一般设在防火分区隔墙处)等处理方式。

2.3 物流建筑立面设计

随着电商物流的兴起,以及社会消费力和消费需求的提升,对传统的仓库建筑提出了新的品质要求。

1. 物流建筑立面个性化

现代物流建筑的立面设计需要更加注重个性化和人文属性(图2.1)。传统物流仓库建筑通常是封闭的,缺乏人文关怀和人性化设计。现今此类建筑的立面设计越来越注重与周围环境和城市形态的融合,强调建筑与城市之间的互动。建筑的立面设计不仅要满足工业生产的功能需求,还要注重建筑的公共性,考虑对城市形象和周围环境的影响,因此工业建筑的立面设计更加具有人文关怀和城市美学价值。

图2.1 三层库园区整体鸟瞰效果

物流建筑的立面设计需要更加注重可持续性。随着环保意识的不断增强,物流建筑的立面设计需要更加注重节能减排、环保可持续等方面。例如,在立面设计中,可以采用节能玻璃、保温围护外墙、屋面太阳能板等节能材料,通过合理的自然通风设计、光线控制等手段来降低建筑的能耗,从而减少对环境的影响。

物流建筑的立面设计更加注重数字化和智能化。随着信息技术的不断发展,工业生产的数字化和智能化程度越来越高。建筑的立面设计也需要相应的发展,通过数字化设计、智能化控制等手段,提高建筑的生产效率和运营效率。

2. 物流建筑立面材质

经过市场参与者和设计师多年的共同努力,现代物流建筑的立面早已摒弃了以往低矮简陋、彩钢瓦一统天下的形式,逐渐形成体量规模由小往大、由低往高,立面效果由简陋往丰富,由满足功能向追求品质的方向转变(图2.2)。

仓库外墙常用的建筑材料如下:

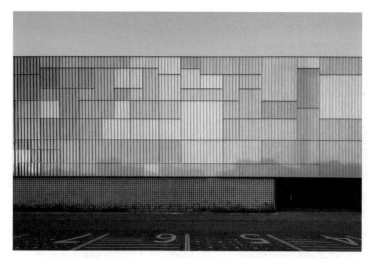

图 2.2　色彩丰富的仓库立面
（杭州萧山国际仓库,摄影:RAWVISION studio、DONG 建筑影像）

（1）外墙保温板:金属岩棉夹芯板、ALC 板等。

（2）金属板材:彩钢板＋保温棉/岩棉、局部铝板、不锈钢板等。

（3）玻璃幕墙:单层玻璃、中空玻璃、夹层玻璃等。

（4）面砖:陶瓷面砖、水泥面砖、石材面砖等。

（5）面层涂料:真石漆、外墙涂料、饰面石材、饰面木材等。

（6）其他:清水混凝土、装饰砌块、玻璃钢等。

这些材料各有优缺点,选择时需要根据建筑的特点、使用环境和预算等因素综合考虑。砌块墙因容易开裂、人工成本高、施工过程需要不同工序配合、砌筑时间长等原因已很少用于多高层物流仓库。从成本角度而言,彩钢板＋保温棉/岩棉的外墙做法最普遍;ALC 板和岩棉夹芯板在高层仓库中用得也比较多,其稳定性和保温隔热性能更好。

对于单层、多层仓库的彩钢板＋保温棉外墙,为了库内的整洁美观,一般在层高范围内统一铺设彩钢板内衬。如成本压力较大,建议至少在裙墙上方的一个檩条间距范围内设内衬板及收边,以利于低位管线和电气暗盒隐蔽安装,满足基本功能和观感要求。

高层库的外墙做法:除了费用相对较高的岩棉夹芯板和 ALC 板外,彩钢板＋岩棉＋内衬板也是选用较多的一种做法。此外,还可以考虑一类更经济的做法,即在外墙彩钢板内侧涂刷防火涂料＋保温棉＋内衬板(也可以只在裙墙上方一个檩条间距范围内设内衬板),相关外墙做法宜事先与当地审核机构沟通并在取得认可后选用。

3. 常见材料加工特点及优势

经过各类型物流项目的使用和市场考验,现对其中三类最常见也是最具代表性的立面材料,结合其各自特点及优势进行逐一说明。

1）压型彩钢板

压型彩钢板是一种以表面喷涂了彩色涂料的薄型钢板为基材,在压力模具作用下成型的建筑材料。它具有轻质、强度高、防腐、美观、环保等优点,被广泛应用于工业建筑等相关领域。压型彩钢板如图 2.3 所示。

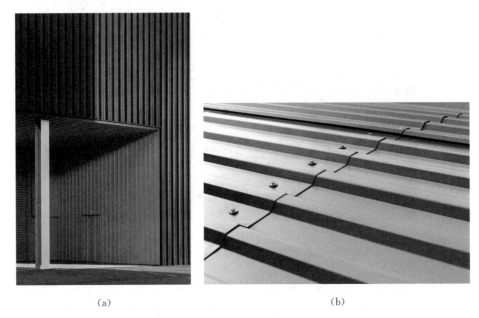

（a）   （b）

图 2.3　压型彩钢板

压型彩钢板材料加工特点体现在以下几方面。

（1）强度高：彩钢板表面采用涂层处理，具有较高的耐腐蚀和耐磨损能力，增加了钢板的使用寿命。

（2）成型性好：彩钢板采用卷材成型工艺，可以根据需要定制不同形状的板材。墙面板一般由工厂定制，屋面彩钢板大多在现场压制。

（3）重量轻：彩钢板重量较轻，可以减轻建筑物的自重。

（4）装饰性强：彩钢板表面采用独特的涂装工艺，可以根据客户的需求定制不同颜色和图案（图 2.4）。

图 2.4　通过彩钢板色彩、板型、铺装方式搭配出现代仓库立面

压型彩钢板材料性能优势表现为以下四个方面。

（1）高效性：压型彩钢板加工速度快，可以快速完成大量生产任务。

（2）精度高：压型彩钢板采用自动化生产线生产，能够保证产品质量的稳定性和精度。

（3）可定制性强：压型彩钢板可以根据客户需求定制不同尺寸、形状和颜色的产品。

（4）耐用性好：压型彩钢板表面采用专业涂层工艺，能够有效提高产品的耐用性和抗腐蚀性能。

现代压型彩钢板的发展体现在以下几个方面。

（1）材料升级：现代压型彩钢板的材料相较于传统彩钢板更加成熟可靠，如采用高强度的镀锌钢板、铝锌合金钢板等作为基材，并经过特殊的处理和涂装工艺，因此具有更好的耐久性、抗风压性、防腐性和美观度。

（2）技术创新：现代压型彩钢板的生产技术在不断创新，如采用先进的 3D 设计和数控切割技术、采用高效的卷板成型机等，大大提高了生产效率和产品质量，同时也拓展了产品的应用领域。

（3）多样化的应用：现代压型彩钢板的应用领域越来越广泛，如建筑屋顶、墙体、隔断、门窗等，工业用途的仓库、车间、货架、管道等，农业用途的温室、畜舍等，以及交通用途的车站、码头、机场等。

（4）环保意识提高：现代压型彩钢板的生产和应用越来越注重环保，如采用无铅、无铬、低挥发性有机化合物（Volatile Organic Compounds，VOC）等环保型彩涂料，强化废水、废气的处理和资源回收，以及推广可回收利用的再生型压型彩钢板等。

物流仓库建筑应用的彩钢板厚度一般在 0.4～0.6 mm 范围内，其中屋面板大多选用 0.6 mm，外墙板一般选用 0.53 mm，内衬板选用 0.4 mm。门框、窗框的钢结构收边件应选用厚度不小于 0.7 mm 的彩钢板以保证细部效果。此外，对应不同的使用部位，彩钢板的表面处理亦有不同选择。屋面板和外墙板应考虑耐候性和耐久性，多采用高耐候聚酯（High Durable Polyster，HDP）涂层。内衬板或室外雨篷底板，可选用不饱和聚酯（Polyethylene，PE）涂层。

板型与成品板的刚性强度密切相关，小波纹、大波纹的外墙板因其自身结构刚度高，且自攻螺钉固定点位均在波谷处，通过横铺、竖铺及色彩的搭配可以产生很好的立面效果，广泛应用于现代物流仓库的外墙面（图 2.5）。竖铺压型板因其得板率高，对成本控制有利，但因成品板偏柔，且固定打钉处位于外凸两肋之间，容易发生凹陷，特别在室外阳光下会将局部变形的缺陷放大，因而有些项目通过将此类竖铺压型板内外面反装反打的处理手段，将自攻螺钉集中打在压型肋的凹槽处，来改善固定点凹陷变形的问题。

综上所述，压型彩钢板应根据项目特点、应用范围以及所在地的气候条件（如风压、雪荷载、是否为沿海台风区等）进行选择。

（a）   （b）

图 2.5　大、小波纹板横铺

　　压型彩钢板作为工业建筑最常见的外墙围护材料，经过多年的发展，体系已经相当成熟，材料厂家和大型钢结构公司都有各自成熟的做法，其差异性更多体现在对细部节点的处理上。彩钢板材料本身既作围护层，同时兼作防水层，因此板块连接、开洞等构造细节的处理显得尤为重要。这也是目前各大厂家和专业承包商着力体现各自系统优势的地方。

　　借助彩钢板丰富的板型和海量的色彩选择，通过组合、拼接等手法，可创造出无尽丰富的立面效果。需要注意的是要避免凹凸异形或过于细碎的拼接。考虑现场的加工条件，这些类型的裁切加工困难且安装质量难以控制，易产生接缝不平整问题以及渗漏水隐患，设计中宜尽量避免。伴随施工技术的进步和工艺的更新，彩钢板材料的应用优势将得到更广阔的发挥空间。

　　2）金属岩棉夹芯板

　　金属岩棉夹芯板是一种新型的建筑材料，由岩棉芯材和彩钢板面板组成，如图 2.6 所示。岩棉芯材是一种无机非金属材料，具有优良的隔热、保温、隔音、防火等性能，广泛应用于各类建筑外立面（图 2.7，图 2.8）。金属岩棉夹芯板则将岩棉芯材和钢板面板紧密地结合在一起，形成具有多重优良性能的新型建筑材料。两侧最外层的金属面，兼具装饰和耐候防护的作用。其表面处理可采用 PE 涂层、HDP 涂层、聚偏二氟乙烯（Polyvinylidene Difluoride，PVDF）涂层等，根据不同需要选择不同的处理方式。金属岩棉夹芯板颜色变化丰富，可选自由度极高。物流仓库中应用的岩棉夹芯板，多用于外立面局部重点区域点缀，外板厚度一般为 0.5～0.7 mm，内板厚度一般在 0.4～0.6 mm 范围内。

　　金属岩棉夹芯板加工特点如下：

　　（1）热成型性能好，可以制成各种形状的板材。

　　（2）可以进行裁切、冲压、钻孔和打孔等多种工艺处理。

　　（3）重量轻、强度高，方便搬运和安装。

　　金属岩棉夹芯板性能优势如下：

　　（1）保温性能好，能有效减少建筑物的能耗。

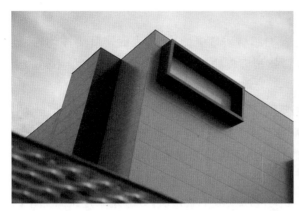

图 2.6　金属岩棉夹芯板

（2）抗风压性能强，适用于高层建筑。

（3）耐久性好，不易受潮、变形、腐蚀等，能够长期保持表面的功能和美观。

（4）隔音、隔热性能良好，可以提高建筑物的舒适性。

（5）安装简便，施工周期短，能够有效降低建筑物的建造成本。

（6）具有良好的防火性能，能够提高建筑物的安全性。

图 2.7　采用金属岩棉夹芯板的高层仓库外立面

图 2.8　金属岩棉夹芯板办公区入口外墙

现代金属岩棉夹芯板的发展体现在以下方面。

（1）材料升级：现代金属岩棉夹芯板的岩棉芯材质量更加稳定，表面密度更加均匀，吸水率更低，耐水性、耐久性、防火性能更优秀。钢板面板的品种也更加丰富，有多种不同的涂层、颜色和纹理可供选择。

（2）技术创新：现代金属岩棉夹芯板生产工艺不断创新，如采用先进的高速自动连续生产线，使生产效率和产品质量得到大幅提高；使用多种防火、防水、防腐等材料对板材进行表面处理，增强了产品的使用寿命和可靠性；采用 CAD 设计和精密切割技术，使产品精度更高，更加适应各种建筑设计要求。

（3）应用领域拓展：现代金属岩棉夹芯板的应用领域不断拓展，如应用于建筑行业中的屋顶、墙体、隔墙、隔音层等。

（4）环保意识提高：现代金属岩棉夹芯板的生产和应用越来越注意环保，如采用无氯氟烃(Chlorofluorocarbons，CFCs)环保型发泡剂、无甲醛环保型胶水、低 VOC 环保型涂料等环保材料；岩棉芯材也采用回收材料或矿渣等环保原料，减少对环境的污染。

基于以上内容，金属岩棉夹芯板在表面平整度表现上优于压型彩钢板，在分隔尺度上优于铝单板。可以通过外板实现近似铝板外墙的效果，且分隔单元更大、拼缝更少、平整度高。实际项目中多用于仓库办公区外立面，以提升质感。需要提醒的是金属岩棉夹芯板的接口处应有足够的刚度，避免板材在运输、吊装过程中出现变形、凹陷。

3）ALC 墙板

ALC 墙板是一种新型的建筑材料，ALC 板外墙如图 2.9 所示，其主要特点和优势如下。

图 2.9　ALC 外墙板

（1）轻质化：ALC 墙板的密度一般在 $500 \sim 700 \text{ kg/m}^3$ 之间，比传统混凝土轻许多，可以降低墙体的自重，减小建筑结构荷载，降低基础建设的成本。

（2）高强度：ALC墙板具有很高的强度和刚度，可以承受一定的荷载和外力，增强建筑的整体结构稳定性。

（3）防火性能好：ALC墙板的主要原料为水泥、石灰和硅质材料等，具有良好的防火性能，不易燃烧，能有效预防火灾事故。

（4）隔音性能好：ALC墙板具有良好的隔音性能，可以有效地隔绝噪声和外界环境的干扰，提高住宅居住质量。

（5）保温性能好：ALC墙板中的气孔结构能有效地减少热传递，具有良好的保温性能，可以节约能源、减少空调冷暖的损失，提高住宅的舒适性。

（6）施工方便：ALC墙板的板材形状规则、大小一致，可以直接使用螺栓连接，施工方便快捷，能够大大缩短建筑施工周期。

（7）环保性好：ALC墙板的主要原料为水泥、石灰和硅质材料等无害材料，不会污染环境和影响人们身体健康。

ALC墙板常规尺寸和成品如图2.10所示。

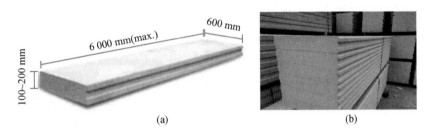

图 2.10　ALC墙板常规尺寸和成品

ALC墙板在我国的发展经历了以下几个阶段。

（1）实验研究阶段：20世纪60年代初，中国开始对ALC墙板进行实验研究。当时，由于生产设备、工艺水平等因素的限制，ALC墙板的质量不高，不能满足实际需求。

（2）技术改进阶段：20世纪70年代初，中国开始大规模生产ALC墙板，经过技术改进，ALC墙板的质量得到了较大提高，开始在一些工业建筑中得到应用。

（3）广泛应用阶段：20世纪80年代末和90年代初，随着技术的不断提高和市场需求的增加，ALC墙板开始广泛应用于住宅和公共建筑等领域。此时，ALC墙板的质量和性能已经达到了较高水平，可以满足不同场合的建筑需求。

（4）持续创新阶段：21世纪以来，随着科技的不断发展以及人们对建筑材料质量和性能要求的提高，ALC墙板开始持续创新。目前，ALC外墙板的性能已经得到了较大提高，可以满足不同场合对于墙体强度、隔音、隔热、防火等性能的需求。

ALC墙板作为一种新型的建筑材料，具有轻质化、高强度、防火性能好、隔音性能好、保温性能好、施工方便、环保性好等方面优势，对于高层物流仓库以及对外围护防火性能及热工性能均要求较高的项目，ALC墙板外墙是一种理想的选择。在物流建筑中，用于外墙面的ALC墙板厚度一般在150～175 mm范围内，板块内部配有纵向钢筋，以增加板材强度。

ALC墙板外墙通过涂料的色彩搭配可以丰富立面效果和展示企业文化要素,也很容易通过重新粉刷外墙涂料来恢复昔日的容颜,ALC外墙板的平整度和垂直度是安装质量控制的关键,需要事先调整好主次结构的安装精度和垂直度(混凝土柱/钢柱、檩条)。

除建筑外立面,ALC墙板也常常用在物流建筑的室内部分,如防火分区隔墙、内部空间隔墙、钢构件的防火包裹,以及一些无承重的空间顶板。用于室内的内墙ALC墙板厚度根据不同的应用区域有不同的选择,一般普通内隔墙可选用100 mm。对于有耐火要求的区域,如防火隔墙、防火墙,一般厚度为125～150 mm,应结合具体要求选用。需关注的是不同厚度的墙板对应的最大加工长度不同。例如,125 mm厚ALC墙板一般最大长度为4 500 mm,150 mm厚ALC板最大长度为5 500～6 000 mm。由于ALC墙板横铺接缝处需设置构造柱,越短的板材意味着需要越多的拼接和越多的构造柱,这点在设计时宜综合考虑成本因素后选用。除横铺外,如层高比较接近板长模数,也可选用竖铺安装的方式以减少构造柱的数量。由于ALC墙板竖铺防水性能不及横铺,竖铺一般用于室内。

利用ALC墙板的优异耐火性能以及高效的单元化安装特点,可以同时满足功能和工效方面的要求。与砌块防火分区隔墙、库内设备间的砌体墙、现浇顶板相比,ALC墙板可以大幅度提高施工效率,降低人工成本以及缩短工期。

除了上述三类材料以外,幕墙玻璃、铝板和清水混凝土等装饰型材料,也越来越多地出现在物流建筑的外立面。玻璃幕墙和彩钢板的虚实对比,可从视觉比例上打破大体量建筑的单调感;而加入铝板、清水混凝土等具有较强质感表现力的材质,则可进一步提升外立面的丰富度和建筑的人文属性。

4. 立面元素与构造处理

对于大体量物流建筑,立面设计通常结合以下方面进行考量。

(1)材料的选择:材料的质地、颜色和纹理可以对建筑的立面效果产生很大影响。在选择材料时需要考虑其与周围环境的协调性,同时也要考虑其与建筑功能的适应性。例如,金属板材、玻璃幕墙等现代化材料可以创造出现代感强的立面效果,而天然石材、木材等材料更适合与自然环境相结合的建筑(图2.11,图2.12)。

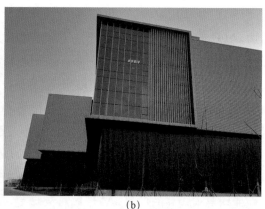

(a)   (b)

图2.11   幕墙、条窗与压型彩钢板组合

图 2.12　ALC 墙板外墙与集中办公区玻璃幕墙

（2）形体元素和线条组合：立面形体元素和线条组合设计，可以使大体量建筑更具有立体感和表现性。例如，在立面设置凹进突出的形体，或采用曲面、斜线条等元素，都可以为建筑立面赋予韵律及层次，从而提升其表现性。

（3）光影的运用：光影的巧妙布局，可以使建筑立面更加生动有趣。例如，在立面上设置线性光带、点光源、洗墙灯等光源设施，能够在夜间营造出丰富的光影效果，使建筑立面更具魅力。

（4）植被的运用：在建筑立面中运用植被可以为建筑增添生机和活力。例如，在屋顶、墙面等位置设置花卉绿化植被，可以为建筑增加活力与人文气息，同时也可以提供更好的环境。

综上所述，合理的材料选择、立面形体元素和线条组合、人造光影和绿化植被的运用，可以为大体量物流建筑打造出更具有艺术感和人文关怀的立面效果，使建筑更加美观、生动、环保。

物流建筑中的一些独特的标志性元素，如装卸货雨棚、月台、救援钢平台、采光高窗等，可以通过不同的组合形式和细节处理手法，变换出不同风格的立面效果。例如，竖向贯通的立面竖线条窗，依托多层或高层物流建筑的体量特征，往往更能营造出挺拔感。同时需要在细节处理上结合具体的项目情况因地制宜处理，以呈现理想的立面效果。

2.4　物流仓库主要功能区及设施

1. 现代物流仓库（干仓）的主要功能空间

现代物流仓库（干仓）的主要功能空间包括收货区、货物储存区、拣选区、包装区、发货区以及办公区。

（1）收货区：收货区是物流仓库的重要组成部分，用于接收货物并开展初步分类、标记、验收和计量等工作。收货区通常配有货台、货架、传送带、叉车等设备，以便快速高效地处理货物。

（2）货物储存区：货物储存区是物流仓库内存放货物的区域。货物储存区通常分为不同类型的货架区，如平面货架区、重型货架区、自动仓库区等，以便存放不同种类的货物。货物储存区还应该考虑货物的安全保管，包括消防设施、防盗措施等。作为核心功能空间，货物储存区在建筑中面积占比最大（一般大于80%）；区内还应布置货架及叉车行走通道。地坪平整度、耐磨质量以及首层地坪可能的沉降、裂缝等是这一区域的设计与施工主要关注点。

（3）分拣区：分拣区是物流仓库内用于分拣货物的区域。分拣区通常分为手工分拣区和自动分拣区。手工分拣区需要配备足够的工作台、分拣车等设备，以便工作人员开展分拣工作。自动拣选区通常采用输送带、AGV智能搬运机器人等设备，以便自动化地完成分拣工作。分拣区结合装卸货场地和装卸货位布置，可采用集中或分散布置形式。货物通过收货区平台进入仓库，分拣区通常与收货区、存储区联系紧密，起到衔接内外区的作用。分拣区一般设施设备较为集中，需合理安排各设施设备及线管开关的位置。此区对净高要求较货物储存区灵活一些，因此一些功能夹层及设备平台也设在此区域。设计时需关注设备运行和空间净高度的对应关系，例如提升门、卷帘门的安装和开启的提升空间，避免与其他结构相碰。

此外，分拣区一般还设有叉车停放位以及一些设备辅助房间。如果为多层或高层电梯库，电梯及电梯厅一般也设置在此区，便于货物进出上下。

（4）包装区：包装区是物流建筑内用于包装货物的区域。包装区应该配备包装材料、封箱机、标识设备等，以便完成包装工作。

（5）发货区：发货区是物流建筑内用于发出货物的区域。发货区通常配备发货台、码头、装卸设备等，以便完成发货工作。

（6）办公区：办公区是物流建筑内用于办公管理的区域，国内的物流仓库大多是在每个防火分区内配置一个小办公室，很少有类似于日本高层仓库的集中办公区。库区内办公室一般分上、下两层，设置独立出入口和楼梯连接，与货物储存区、分拣区相邻，便于管理人员及时观察库区情况以及到达库内各处。对于装卸货停车位数量要求多的项目，可以只在中间的防火分区设夹层办公室，底部用于叉车通行及设置卫生间等。

库区内一般在每个防火分区都设置一个卫生间，为节省费用，夹层办公室不设卫生间。卫生间的布局和开门要兼顾办公区人员和库区操作工人的需求，应方便库区工人进出。装卸货大平台上设置的卫生间主要供货车司机使用。

此外，仓库内各分区还配有局部设备用房，如分区强弱电间、消防报警间及排烟设备间等。以仓库排烟设备机房为例，常规配置于多高层物流建筑，用于库区室内的消防排烟。排烟设备一般设在非顶层的库内分拣区或储存区的靠外墙位置，通过立面百叶洞口或出外墙排烟风管排出烟气。也有一部分项目会将机房平台设置在临近库区的室外空间，如多层装卸货大平台下方，采用吊挂形式。考虑人员后期维护和进出检修的需要，会附设垂直钢爬梯或结合室内疏散楼梯开设检修通道，甚至还有一些项目不设固定爬梯或楼梯，后期运营通过自行举升设备进出检修。

简而言之，物流建筑内的各功能分区应该根据具体的业务和运营管理需求设计，以便实现物流业务的高效运作。

2. 多高层物流仓库电梯设置

多高层物流仓库如果是电梯库或者是两层坡道＋第三层电梯的仓库,都需要配置货梯,某仓库货梯如图 2.13 所示。对于层数超过 3 层的高层盘道库,需要在库内或装卸货大平台的合适位置设置人员及消防电梯。

(a)　　　　　　　　　　　　　　　　(b)

图 2.13　某仓库货梯

货梯配置时,应该结合以下方面进行综合考虑。

(1) 货物种类和规格:不同种类和规格的货物需要通过不同类型的货梯进行运输。例如,对于较大或较重的货物,需要选用承载能力较大的货梯。因此,在货梯配置时,需要考虑物流仓库中所存储的货物种类和规格,以便选择合适的货梯类型。一般在物流项目中,承载力为 3 t 和 5 t 的货梯较为常见。货梯开门的净尺寸及轿厢尺寸也是客户关注的指标。

(2) 仓库空间布局:货梯在库内的位置应该考虑仓库空间的布局和分拣区域的分布,以便能够连接不同楼层的分拣区域。对于有外装卸货月台的电梯库,可以将货梯布置在月台外墙边,货梯在首层对仓库内外双向开门,叉车在月台上进出货梯非常方便,且在上部楼层电梯井的影响空间最小。货梯的位置应尽可能减少对仓库装卸货车位的影响,以便能够方便快捷地装卸货物。货梯通常布置在分拣区或发货区,优先布置在仓库防火分区隔墙边。如果整栋仓库是一个租户的话,设在防火分区边的货梯可以在两个防火分区双向开门实现共用。

(3) 对于一二两层坡道＋第三层电梯的仓库,建议装卸货大平台一侧的货梯的基坑布置在二层楼板处,不落入首层,这样可以扩大首层仓库的存储和操作空间,减少对装卸货车位的不利影响,并降低工程成本。对于进深较大的仓库,当首层仓库是双侧装卸货时,为了提高上层电梯仓库的运营效率,可以考虑在两侧都设置货梯而不只是将货梯设置在装卸货大平台的一侧。另外,对于防火墙两侧背靠背设置的货梯项目,可以在顶层电梯机房,设置共用检修钢梯以节省费用。

（4）电梯机房的设置高度应与物流仓库结构层高匹配，一般电梯机房采用独立顶，设置在顶层库区内，通过室内设置的检修梯进出。不同品牌、型号的电梯对于顶层井道和机房高度的要求存在一定差异，一般机房层高在 2.4～2.8 m 范围内。建议电梯供应商提前介入设计，在现场土建施工前确定电梯品牌和型号，避免后期出现较大的结构变更。

（5）运输效率：货梯的数量和位置应该能够最大程度地提高货物的运输效率。在多高层物流仓库中，应该设置多部货梯，并根据货物的流向和数量合理设置货梯的位置，以便能够快速、高效地运输货物。一般每个防火分区配置 2 部货梯。

（6）安全性：在多高层物流仓库中，货梯的安全性更加重要。货梯的承载能力、安全装置和操作面板等都需要符合国家相关标准和规范。同时，在使用前应该对货梯进行安全检查和维护，以保证货梯的正常运行和使用安全。

总之，在多高层物流仓库中进行货梯配置需要充分考虑货物种类和规格、仓库空间布局、运输效率、安全性以及成本和效益等因素，以便实现货物的高效运输和安全管理。同时，应考虑客户入驻或退租电梯库时，可能存在如货架等大尺寸设施进出电梯库的需求，因此应在山墙适当位置预留大小合理的设备进出通道或吊装门洞。

日本高层电梯仓库的货梯并不需要叉车进出，可以通过导轨将货物托盘导进、推出货梯，日本高层仓库内货梯装卸货模式如图 2.14 所示。国内一些客户特别是冷链类客户往往选用快速提升机而不是货梯来高效垂直传输货物，快速提升机如图 2.15 所示。

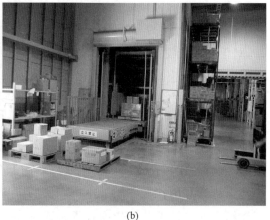

(a)   (b)

图 2.14　日本高层仓库内货梯装卸货模式

3. 内外月台和液压平台布置

仓库的内外月台是仓库最重要的进货、出货区域，仓库装卸货面停车位的多少、液压平台的数量以及月台室内外的高差都关系到客户的运营效率。不同类别的客户对内外月台的喜好不一，有的客户希望能在外月台上临时放置要进出仓库的货物，有的客户则要求将已建好的外月台拆除，通常情况下对于快递、快运（非大件）类业务不需要外月台的客户占多数。

仓库设置外月台必然会导致整个园区可建仓库面积减少。面对面装卸货大平台的下层和大平台上都不建议设置外月台，主要原因是施工难度大、可建仓库面积减少。对于首层双

图 2.15 快速提升机

侧装卸货的仓库,为了吸引某些客户,可以考虑在非装卸货大平台的一侧设置外月台。如果外月台因装卸货车位很多而成本压力大,那么每隔一定距离布置一个液压平台即可。

内月台情况下,特别是装卸货大平台下的内月台,一般每个开间柱距范围内最多只能停靠两辆集卡车,可设置两个液压平台,成本压力大时可以考虑液压平台基坑一用一备。两个液压平台基坑之间的距离及距滑升门门框的距离应满足集卡车停靠、开门装卸货的需求,需不相互影响,且不撞击门框或外墙。对于顶层及底层没有大平台混凝土柱影响的内月台,如果客户希望能在 12 m 开间柱距范围内停三辆车,则建议两个液压平台基坑布置在大尺寸滑升门的两端,中间剩余空间或许能停靠一辆中小型货车。

应避免开间柱距范围内只布置一个液压平台且布置在中间的设计思路,液压平台布置在内胎门洞中间如图 2.16 所示。图 2.17 所示是液压平台居中布置,备用平台基坑靠边布置,由于两个基坑间距离过近而影响后期使用。对于一些快递类的定制建造(Built-to-suit,BTS)项目,由于装卸货是通过传输带伸进车内完成的,往往不需要设置液压平台。

图 2.16 液压平台布置在内月台门洞中间

图 2.17 液压装卸货平台与备用基坑距离过近

钢结构外月台因安装和拆除都比较方便,故在许多园区的租赁改造中可予以实施。图 2.18 所示是安装后的钢结构外月台,图 2.19 所示是干库改冷库的钢结构外月台兼冷库穿堂,图 2.20 所示是白色家电类客户的货车需要侧向停车,便于夹抱机快速卸货,需要外胎,滑升门高度要求为 4.0~4.5 m。

图 2.18　钢结构外月台

图 2.19　干库改冷库钢结构外月台兼冷库穿堂

图 2.20　白色家电货车侧向停位需要外月台

4. 防撞及警示设施

防撞及警示设施对于物流仓库建筑的重要性,不亚于建筑结构本身。因为防撞及警示设施关系到建筑的功能性、日常运行的稳定性和使用安全性,这也是物流建筑区别于其他类型建筑的一个显著特点。

有关防撞及警示的做法,行业内不同企业、不同项目间都存在一些差异,但基本的设置原则是一致的。大体可分为防撞设施和警示设施。按设置位置可分为:室外场地和仓库库区。防撞设施的防范对象是园区/库区内运行的各类车辆,包括货车、叉车等。防撞设施保护的对象主要包括结构构件、内外墙体、楼梯、坡道、门窗、消防设施等各类易损建/构筑物。警示设施的提示对象,除了上述车辆外,还包括园区内人员以及非机动车。

常见的防撞设施如下。

(1) 防护角钢与混凝土外凸防护:内外月台的上角部位、混凝土叉车坡道翻边两侧、液压平台基坑周边、叉车坡道与库内地坪接缝处等混凝土边角易被碰撞、碾压破损处一般都设角钢防护。仓库内月台的混凝土梁板必须外凸 350 mm 左右以防集装箱车门撞击仓库外墙板。库内混凝土柱底部 1.2 m 高度范围内一般设置预埋角钢防护,也有的采用安装方便的橡胶护角。

(2) 防撞垫:液压平台基坑两边一般设置橡胶或废旧汽车轮胎制成的块状防撞垫,沿装卸货内外月台边可以设置条形橡胶缓冲垫。部分项目为了节省费用直接将废旧轮胎固定在装卸货平台侧边以防撞。防撞垫位置处如果设置反光胶条则有利于货车司机夜间停靠车辆。

(3) 防撞柱和防护栏杆:防撞柱和防护栏杆主要设置在滑升门或防护卷帘门门框两侧、货梯门边、消火栓箱边、仓库钢柱边、混凝土叉车坡道底部、雨水管、装卸货大平台车辆通道边的混凝土柱等易被车辆撞击的部位,防撞柱做法一般选用 120 mm 直径的钢管内灌混凝土,个别承包商为降低成本选用薄铁皮替代钢管则起不到防撞作用。库内墙边一般设置黄色 C 形檩条以警示叉车避免其失控坠落。所有的防撞构件如果能有反光功效则警示效果更好。

各种防撞设施如图 2.21—图 2.24 所示。

园区道路转弯处的路缘石和汽车坡道、盘道边一般每隔几米设置反光贴给夜间行驶车辆以导引。

在物流建筑中,警示标识和标线也是重要的防撞和警示设施。警示标识和标线通常设置在货车卸货区域和行人通道等地方,指示行人通行、机器设备操作、货车停放等,提醒人们注意安全。

图 2.21　混凝土柱迎车面防撞钢柱

图 2.22　内月台落水管防撞和外墙防撞凸梁＋橡胶垫

图 2.23　防撞橡胶垫

图 2.24　废旧轮胎防撞

物流建筑中的视频监控系统可以监测和记录园区道路、坡道及盘道、装卸货区域发生的安全事故,及时分析原因和责任方,也可基于园区运营繁忙程度或异常状况给出预警信息,以便及时采取防范措施。

以上是物流仓库中常见的防撞设施和警示措施,这些设施和措施能够有效保护园区和仓库内的货物和建筑设施、设备,降低事故的发生率,提高仓库的安全性和效率,延长仓库使用年限。

除常规防撞警示做法外,有条件的项目可以用一定高度的混凝土清水墙替代仓库裙墙,这样可以一劳永逸地解决墙体防撞问题。对于装卸货大平台下的车辆通道边的混凝土框架柱,一些项目的防护措施是沿柱边设置一定厚度的钢筋混凝土防护墩,这种做法成本较高,且会减小装卸货车位处两个柱子间的净宽,可以在柱子的迎车面两边设置高度 1 500 mm、直径 150 mm 的钢管混凝土防撞柱,防撞柱偏出混凝土柱边 50 mm 即可,既起到防撞功效又对柱间净宽影响最小。叉车坡道起坡处可采用混凝土切钝角加角钢防护替代防撞钢柱。诸如此类,通过应用场景细分,对防撞设施、材质、做法进行细节优化,满足运营使用的同时,进一步提升防撞设施的经济性和实用性。

注意水平向埋设的防护角钢,在混凝土浇筑过程中,常因混凝土振捣不到位,角钢与混凝土界面间存在空气造成空鼓缺陷,这样就会减弱角钢的防撞作用,因此可以事先在角钢表面事先钻些孔用来排气。

5. 物流建筑门窗

物流仓库中的门窗由于采光、通风的功能需要,其特征表现为尺寸大、坚固耐用、形式简洁。物流建筑由于体量大,需要更多的通风和采光。门窗选用铝合金、钢材等材质,以保证其具有较高的耐久性和安全性。门窗形式通常比较简约,以突出实用性和功能性。如果一个多高层仓库外墙上的窗都是固定的、无法开启,将导致库内空气新鲜度差而不利于员工身体健康,且在夏季高温天气整个库区内会非常闷热,因此建议各防火分区内的部分高窗可以设置为电动或手动开启,便于自然通风(图 2.25)。

图 2.25　高层仓库采用的幕墙竖窗

1）门窗常见类型

（1）月台装卸货门：月台卸货门是物流仓库中常见的门类型，通常位于月台装卸货进出口，可以是电动或手动开启的大尺寸铝板或钢板滑升门（大尺寸卷帘门因抗风性能不佳很少被选用），北方地区一般选用复合板滑升门。滑升门的高度一般是 3.5 m，有些客户可能需要 4～4.5 m 的门高（如为适应白色家电装卸货所用的夹抱机的情况）。冬季非寒冷地区的项目一般都希望滑升门的尺寸足够大以容纳更多的停车位，12 m 开间柱距时滑升门的最大宽度一般可达到 10.5 m，具体项目滑升门的宽度应基于柱距和柱子尺寸而定；冬季寒冷地区的项目一般选用 2.75 m×3.5 m 的复合板滑升门。冷库的门尺寸选择一般都以尽可能减少开门换气，控制耗冷量为原则，而通过库门的换气量与库门开启的时间、门洞的面积、外界热湿空气和冷藏间内空气密度差成正比。冷库门的尺寸应尽量减小，门的高度比门的宽度对冷气外泄的影响要大得多，冷库门的高度一般在 2.5 m 左右。

（2）卷帘门：卷帘门通常设置在叉车坡道处，宽度为 3.0～4.0 m（与叉车坡道同宽），高度为 4.0～5.0 m。此外，有些多高层电梯库项目，会在上部楼层山墙处设置卷帘门，以便后期大尺寸设施的进出吊装。

（3）平开人行门：平开人行门一般是物流仓库内的通道门，用于员工通行。它可以是手动开启的门或自动门，材质多为钢板。

（4）防火门：防火门通常安装在物流仓库内的防火墙或防火隔墙处，用于防止火灾蔓延。防火门需要具备耐火性能和密封性能，一般采用钢板组合耐火填充材料制作。从运营管理角度，逃生楼梯处的防火门平时应该是关闭的，其门锁应该是横杠式外推锁。仓库面对装卸货大平台的逃生门的横杠锁的安装一定是由库内向大平台外推的，仓库火灾情况下在装卸货大平台上人员应该从大平台上的疏散楼梯或坡道或盘道逃生，而不是进入库内的逃生楼梯。

（5）防火卷帘门：防火卷帘门通常设置在防火分区的隔墙上和电梯井开门位置，材质有钢质和防火织物卷帘。

（6）通风窗：通风窗可以增加物流仓库内的通风效果，通常是与滑升门位置对应的另一侧外墙上的高窗，保持室内空气流通。

（7）排烟天窗：排烟天窗在火灾时可迅速排出烟雾，且可以增加仓库顶层的采光效果，减少照明灯具的使用，环保节能。对于在顶层库内安装阁楼式货架的客户，考虑到库内员工工作环境的舒适度，屋面排烟天窗最好贴膜以减弱阳光照射。

（8）救援窗：目前救援窗的设计理念基本上都是固定窗，建议设计成摇头窗，可兼具通风功能。

2）门窗设计与立面提升

（1）窗布局：通过窗户的布局可以使立面更加整齐有序。例如，将窗户按照对称或等距分布的方式排列，可以增强建筑立面的美感和协调性。仓库外墙上窗的造型应与其实际功能充分融合。

（2）窗框：窗框的设计可以使立面更具特色。例如，采用与建筑主体颜色和材质相同的的窗框，可以使窗户和建筑主体融为一体，形成统一的整体效果。

（3）窗户装饰：在窗户上加入一些装饰元素，可以使工业建筑立面更加丰富多彩。例如，在窗框内加装金属背衬板、贴膜、百叶等，可以使窗户更具有装饰性。

（4）门：门是物流建筑的重要组成部分，其设计也需要考虑美观和实用性的平衡。例如，选择适合工业建筑特点的材质和颜色，比如型材玻璃门、黑色钢质门或银白色铝合金门可以提升建筑立面的质感和格调，也可以通过门的色彩变化来区分不同功能空间。

6. 冷库预留设计

（1）预留配电房、制冷机房、蒸发冷设备位置，当蒸发冷设备在辅助用房屋面时，注意预留至少 10 kN/m² 的屋面荷载。

（2）预留地下防冻胀通风管道或架空层，如后续采用丙二醇加热管，则需要考虑地面保温层是否做完，以免无法控制室内外高差。

（3）考虑屋面保温板的吊挂荷载。

（4）穿堂喷淋的预留标准参考物流仓库干仓设计喷淋系统，冷藏间无喷淋系统且不作预留，但需设置空气采样火灾探测器。

（5）冷库最好采用双电源，从变压器到机房配电柜电缆铺设套管，用电量可按 100～130 W/m² 预留。

（6）除穿堂辅助功能房间（卫生间、更衣间等）外，墙面及屋面无采光通风窗，如果无法确定其后续是否作为冷库使用，可预留窗洞。

（7）冷库库内照明需采用专用 LED 灯。

（8）注意预留后续保温板的位置。

（9）从冷库设计的经济性角度而言，为了减少消防设施费用，单层及多层冷库的占地面积一般控制在 9 000 m² 内（两个冷库分区各 3 500 m²，穿堂面积 2 000 m²），高层冷库的占地面积控制在 7 000 m² 内（两个冷库分区各 2 500 m²，穿堂面积 2 000 m²）。

（10）冷库设计施工的关键是保温、隔气防潮，以及尽一切可能减少冷量的损耗。

2.5　物流仓库外部作业设施

1. 坡道与盘道

多高层仓库的坡道、盘道是供大型集装箱卡车上下不同楼层进行货物装卸的道路系统。通常,高层库的盘道系统是仓库和停车场或其他运输节点之间的连接点,是物流仓库建筑中至关重要的组成部分,对于车辆进出园区不同仓库或楼层是否快捷、装卸货作业是否高效及客户运营成本有很大的影响。高层仓库盘道及钢架铝板装饰如图 2.26 所示。

(a)　　　　　　　　　　　　　　　　　　　(b)

图 2.26　高层仓库盘道及钢架铝板装饰

坡道、盘道系统的设计应满足以下要点。

(1) 布局合理:坡道、盘道系统(包括宽度、坡度、转弯半径等)的布局应该满足集卡车运输的需要,保证车辆能顺畅、安全通行。一般基于物流园区占地面积、整体仓库的体量、估算的货车流量和集卡车辆的长度等信息来决定是设置单坡道或盘道供货车双向行驶,还是设置双坡道或盘道供货车上下进出。

(2) 安全可靠:坡道、盘道系统应该设置合适的交通标志和警示标志,确保运输车辆在盘道系统内的行驶安全。此外,坡道、盘道系统还应该设置防护设施,如减速带、警示灯、护栏、反光板、导水槽、泄水沟等,以防止发生意外事故。

(3) 环保节能:坡道、盘道系统的设计应该考虑节能和环保的要求,选择适当的路面材料(一般选用沥青混凝土面层)和排水系统,保证雨水有组织地排放和环境卫生。

(4) 高效节约:坡道、盘道系统的设计应该能够提高物流作业的效率并节约成本,不能成为上下交通的瓶颈。如通过合理规划不同仓库和不同楼层车辆的通行路线,尽可能减少车辆在园区内的行驶距离和彼此之间的不利影响,从而提高园区物流作业效率并降低运营成本。

(5) 坡道、盘道接缝处应与下方的建筑物外墙适当错开,避免雨水沿接缝处渗漏污损建筑外墙,图 2.27 为坡道接缝应与办公区外墙错开,图 2.28 为坡道接缝处雨天滴水尿墙。

图 2.27　坡道接缝与办公区外墙应错开　　　　图 2.28　坡道接缝雨天滴水尿墙

2. 高架装卸货平台

高架装卸货平台作为多高层物流仓库建筑的重要交通和装卸货作业场地,结合坡道、盘道共同为现代高标准仓库提供快速装卸货平台。根据项目各自的用地条件,高架装卸货平台可为仓库提供单面或面对面装卸货空间。面对面装卸货高架平台一般与两侧仓库结构上是脱开的。设计施工时需要关注的是各层装卸货大平台的消防排烟、人员疏散、排水是否顺畅,雨水是否会渗漏到下层仓库或平台,货车司机的卫生间、高层库的人员垂直交通设施,以及消防管道吊装、灯具布置是否合理,室外叉车充电区域是否安全合理,以及相关建筑构件防撞措施等。

装卸货大平台上的排烟洞口兼具采光功效,洞口处应设置安全防坠网。雨水通过排烟洞口落入下层平台或路面可能会影响下层客户的操作(图 2.29),可以在保证有效排烟的前提下,在洞口上方设置采光顶盖以防雨;也可在排烟洞口边日常备用些防雨帆布,下雨前由园区管理人员摊开帆布盖住排烟洞口。

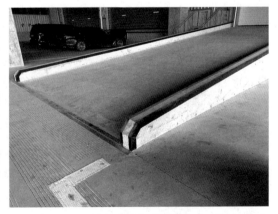

图 2.29　装卸货大平台下部作业区及通道　　　　图 2.30　叉车坡道起坡翻边切角、角钢

3. 叉车坡道

因仓库库内地坪或楼板与室外道路有 1.3 m 高差,物流建筑中设置叉车坡道,供叉车进

出库区,其可以承受叉车及货物的重量并有良好的防滑性能。叉车坡道通常有固定式混凝土坡道和移动式钢结构坡道两种,移动式钢结构叉车坡道的优点是可以满足不同客户调整叉车坡道位置的需求。在有外月台的情况下,叉车坡道的数量可以少一些(图 2.30)。

　　叉车坡道可以方便叉车进行货物装卸作业,减少物料在垂直方向上的搬运和转运时间,提高工作效率。但叉车坡道毕竟占了一个装卸货车位,为了提供最大数量的装卸货车位,可以考虑两个防火分区共用一个叉车坡道(有外月台情况下)。

　　成品钢结构叉车坡道在设计、制作和安装时要充分考虑如何保证与库内地坪、室外道路的顺滑对接,避免因约 1 cm 的钢板厚度高差导致叉车上下坡道时颠簸,损耗叉车轮胎(图 2.31)。另外,格栅式钢结构叉车坡道还可与装卸货大平台的排烟洞口结合起来设计,排烟洞口可以布置在格栅式钢结构叉车坡道下方,其洞口尺寸应控制在叉车坡道边梁内,洞口周边设置一定高度的混凝土翻边,防止雨水流入洞口(图 2.32)。考虑到钢结构叉车坡道一般为后期安装,施工过程中应在排烟洞口范围内设置安全防坠落设施。

图 2.31　钢板叉车坡道

图 2.32　钢格栅叉车坡道

2.6　物流仓库建筑防火

　　现代物流仓库建筑防火设计的重要性不可忽视,本书讨论的主要是丙类物流仓库。防火设计是保障货物财产安全和企业生产运营的重要环节,其主要目的如下。

　　(1) 遵守法律法规:现代物流建筑防火设计不仅是企业社会责任的表现,还是企业合法运营的必要条件。根据《中华人民共和国消防法》和相关法规,物流建筑必须进行防火设计、施工,且应符合国家和地方的相关标准及规定。如果企业没有进行防火设计、施工或者违反相关规定,将会面临处罚,承担法律责任。

　　(2) 保障人员及货物安全:物流仓库建筑内常会存放大量的货物和设备,如果发生火灾,可能会造成巨大的财产损失和人员伤亡。因此,在设计物流仓库建筑时,应考虑到建筑的防火设计,通过设置防火卷帘、防火门、逃生楼梯、消防喷淋等设施来控制火势蔓延,保障人员的安全。

　　同时,物流建筑内存放着大量的货物,如果发生火灾,不仅会造成财产损失,还可能会影响企业的生产和运营。因此,在设计物流仓库时,应考虑到货物的防火安全,通过设置防火隔离带、防火墙等设施来控制火势蔓延,保障货物的安全。

　　(3)提升企业形象:物流仓库开发商在建设物流仓库时,应严格遵守国家防火规范要求,提升企业的形象和信誉度。万一发生火灾,如果能够及时控制火势,减少人员伤亡和财产损失,就能够显示出企业的安全管理水平和责任意识,进而提升企业的形象。

　　以下介绍物流仓库中具代表性的几种建筑防火构造。

　　(1)防火墙:防火墙是物流仓库中常见的防火构造,它的作用是将建筑分割成若干个独立的防火分区,从而延缓火灾蔓延的速度,减少过火面积。防火墙通常采用轻质砌块墙或ALC板墙(图2.33),从施工便利性而言,ALC板墙施工要比砌块墙快得多。从防撞性来说,防火墙底部设置一定高度的混凝土墙更为有利。对于丙类仓库内的防火墙,其耐火极限不应低于4 h。日本的物流仓库内防火墙可用多道防火卷帘门替代(图2.34)。

图2.33　ALC板防火墙及消防卷帘门　　　　　图2.34　日本仓库内的防火卷帘门

　　(2)防火卷帘门:对于在多个防火分区运营的客户来说,跨区作业不可避免,防火隔墙上必须开设叉车通道,这一通道需设置防火卷帘门,它的作用是在火灾发生时隔离火灾现场,防止火势蔓延。防火卷帘门通常采用耐火材料制成,其耐火时限需与防火墙一致(图2.33)。

　　(3)防火玻璃:防火玻璃是一种防火构造,主要用于库内办公区的观察窗,它的作用是在火灾发生时隔离火灾现场,并且能够阻止火势蔓延。防火玻璃通常采用多层钢化玻璃或夹层玻璃制成,其耐火时间通常为1 h以上。

　　(4)防火涂料:防火涂料是一种可以涂刷在钢结构建筑构件表面的材料,分为厚型、薄型和超薄型,其作用是在火灾发生时形成一层耐火屏障,从而减缓火势蔓延的速度。厚型防火涂料通常采用特殊的无机材料,其耐火时限需要与所覆盖的建筑构件的耐火极限一致。

　　(5)防火板材:防火板材是一种采用耐火材料制成的板材,其作用也是在火灾发生时形成一层耐火屏障,从而减缓火势蔓延的速度。防火板材通常采用石膏板、水泥板或镁质板等制成,其防火等级通常为 1 h 以上。

(6) 多高层仓库内防火逃生楼梯的设计,在满足库区内疏散距离的情况下,应尽可能减少逃生楼梯的数量。对于相邻的两个防火分区,防火墙两侧的逃生楼梯可以共享,不需要设置两个逃生楼梯,这样可以提供更多的储货空间并节省工程费用。

总之,在物流仓库中,防火构造的选择应该根据实际情况综合考虑,以保证其安全性和经济性。同时,应定期进行防火设施的检查和维护,确保其能正常运行。

2.7　物流建筑室内装修

物流仓库建筑室内装修要考虑到实用性、耐用性、低成本和施工的便利性,同时也需要与工业风格相结合,以下是一些实现工业风设计的建议。

(1) 使用原生材料和工业材料。在工业风格的装修中,使用原生材料和做装饰减法是一个经济实惠且有效的方法。例如,使用素混凝土、木材、金属板材和管材等材料来打造工业风格的内饰;仓库内防火分区隔墙采用 ALC 墙板时如果色差不明显一般不再粉刷,外墙如果在层高范围内安装内衬板则洁净美观,成本有压力时也应在裙墙上一个檩条间距范围内安装内衬板并予以收边装饰;办公区室内可以选用一些新型成品装饰板材,安装后不再需要抹灰刷漆。

(2) 突出工业设备元素。可将工业和设备元素与室内设计相结合,如钢材管道、钢丝网板、电缆桥架、钢结构楼梯和输送带等,这些元素不仅有工业风的"味道",还可以满足仓库运营、传输设备等的实际需要。

(3) 突出肌理、纹理和色差。可利用材料本身的质感肌理来打造工业风格的内饰。例如,保留清水混凝土表面的质感或利用木材的天然纹理,这些细节将增强室内空间的视觉效果。另外,可以对不同功能分区的门、地坪等搭配不同的颜色以示分类、区别。

(4) 配置简约的家具和照明灯具。在办公区室内设计中使用简约的家具和照明灯具,可以从整体上提升工业风格的效果。简约的家具不仅美观,而且便于清洁和维护。选择钢材质地的家具也可以突出工业风格。

(5) 合理规划室内空间。室内空间应合理规划,避免动线的交叉影响,减少不必要的装修和装饰,这是降低成本的有效措施。在规划室内空间时,应综合考虑空调内外机的合理位置,冷媒管的走向与遮蔽,空调室外机房的通风散热。室内楼梯下方可采用下沉式理念提升净高,扩展使用空间。相关预留洞口设计施工时应预先处理好,避免客户入驻后无序钻孔开洞,确保室内外墙面、空间的整洁和有序。

如何做好成本与效果的平衡?

① 制订明确的预算:工业建筑在进行室内装修前,需要制订明确的预算。预算应该包括装修所需的材料、人力、设备等所有成本,并确保预算的可行性和合理性。

② 选择合适的装修材料:所选材料应充分考虑施工的快捷与便利性,尽可能减少施工工序,如采用新型装饰板材、选用混凝土耐磨地面替代办公区地砖,办公区采用裸顶喷黑、管

道、线路统一喷黑等,既可以降低成本,还能营造出独特的工业风格(图 2. 35)。

③ 合理规划空间布局:通过自然通风、采光,在分拣区设置工业大风扇等,改善工作环境和舒适度,提升工作效率。

④ 选择契合的装修设计风格:在工业仓库建筑的室内装修设计中,选择简洁自然的装修设计、明亮的照明系统、契合工业风格的办公家具和装饰品等,可以实现实用和美观的平衡。

⑤ 选择合适的装修承包商:一家经验丰富、信誉良好的承包商,可以提供专业的建议和方案,同时能够保证装修工作的质量和安全。

(a)   (b)

图 2. 35　物流仓库办公区装饰

综上所述,实现工业风装修设计的方法主要包括使用原生材料和做装饰减法、突出工业和设备元素、突出原生质感肌理、配置简约的家具和照明灯具,以及合理规划室内空间。这些措施不仅可以降低装修成本,而且可以提高工业风格的实用性和美观性。

2.8　宿舍楼(倒班楼)设计要点

大型物流园区的宿舍楼是为远离城区的、年轻的仓储配送产业工人服务的,功能设计应实用,材料选择应以实用、耐用为主。设计时需要确保以下功能得到满足。

(1)宿舍楼选址宜在园区相对安静区域,尽量南北朝向布置。考虑安全和便于后期管理,场地宜采用围栏与作业区分隔开,并设置独立出入口。场地内可规划非机动车停车区及充电接口,方便员工使用。

(2)宿舍楼作为民用建筑应考虑无障碍设计,包括入口坡道、无障碍卫生间、无障碍电梯等。

(3)宿舍楼首层一般设置集中餐饮区域,配备卫生间和洗手池,同时应考虑剩饭菜的隔油措施。首层还可设置小型零售店、管理用房等。

(4)女生宿舍一般布置在顶层,避免男女宿舍交错布局的不便。

（5）淋浴间（图 2.36）和卫生间的设计建议以集中布置为主，这样可以同时使用，提升效率，最大程度地满足功能需求。淋浴间的入口和隔墙布局应充分考虑隐私保护。如果每个房间都单独布置淋浴间和卫生间，虽可以满足舒适性和私密性的要求，但房间内淋浴间和卫生间的尺寸往往都不大，容易导致室内空间局促，且整体工程成本将增加不少。

（6）宿舍间的内（外）阳台应设置晾衣架，满足日常洗衣晾晒需求。

（7）宿舍间应考虑空调机位设置，一般相邻房间可合用一处空调外机室，向室内开一处检修门。外机室百叶形式可结合立面统一设计。

（8）宿舍楼屋面应设置晒衣（被）架（图 2.37）。

图 2.36 淋浴间   图 2.37 屋面晒衣（被）架

（9）宿舍楼屋面应设置太阳能空气热泵热水系统（图 2.38），满足员工日常洗浴要求。宿舍楼尽可能不要设置电加热淋浴设施，其耗能高、等待时间长、同时性差。

（10）为了美化宿舍楼走廊内的空间布置，除参考管线贴梁方式以外，电缆桥架也可采用穿梁布置（图 2.39）。

图 2.38 屋面太阳能空气热泵热水系统   图 2.39 走廊电缆桥架尽可能穿梁布置

第3章
物流仓库电气设计

3.1 物流仓库供配电系统设计

物流仓库是组成物流园区的主体建筑,根据仓库内客户业务需求不同可以归类为作业型、存储型和综合型三种。存储型物流仓库用于提供传统的存储及保管功能服务,根据存储物资类型的不同,可分为普通仓库、危险品仓库和冷链仓库等。物流园区通常占地面积大,用电设备较多且分散,场地的大跨度造成电缆的敷设距离特别长,电压损失比较大。本书以存储型仓库为例讲述物流仓库的供配电系统设计。

1. 用电指标及负荷分类

用电指标:物流仓库用电指标根据仓库类型可分为 3 种,详见表 3.1。快递类客户如果在库内安装了许多传输设备,其用电量约为 100 W/m²。

表 3.1 物流仓库用电指标

仓库类别	多高层普通仓库	电梯库	冷库
用电指标/(W·m⁻²)	15~20	25~30	100~150

负荷分类:根据负荷用途,物流仓库用电负荷可分为消防负荷及非消防负荷。其中,消防负荷属于二级用电负荷,主要包括园区的消防水泵用电、消防排烟风机用电、应急照明及疏散指示标志用电、消防控制室用电等。非消防负荷属于三级用电负荷,主要包括园区室外照明用电、库区照明用电、装卸货区提升门及升降平台用电、通风设备用电、叉车充电与充电桩用电等。冷库负荷根据冷库规模可分为二级负荷和三级负荷。

2. 变电房选址及布置

变电房选址:变电房应尽可能布置于园区用电负荷中心且电缆进出线方便的位置,同时兼顾电压损失,低压电缆敷设距离不宜超过 250 m,如有较多电缆敷设的距离超过 250 m,则应考虑增设分变电房。结合物流园区的特点,综合经济性比对,变电房通常会设置在坡道下方的设备用房内,并根据用电容量设置 2~4 台变压器。

变电房布置方案:受坡道宽度的限制,物流项目变电房变压器布置通常会有双排面对面布置(图 3.1)或三排面对面、单面布置(图 3.2)这几种方式。变电房照片如图 3.3 所示。

　　从环境、社会和公司治理(Environmental，Social and Governance，ESG)角度而言，变电房的通风百叶窗应该是可手动调节百叶角度的百叶窗，刮风下雨或夏季高温室内开空调时，可手动关闭百叶窗。

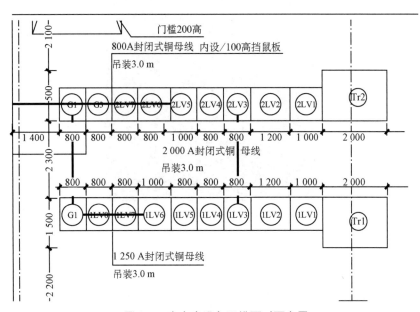

图 3.1　变电房设备双排面对面布置

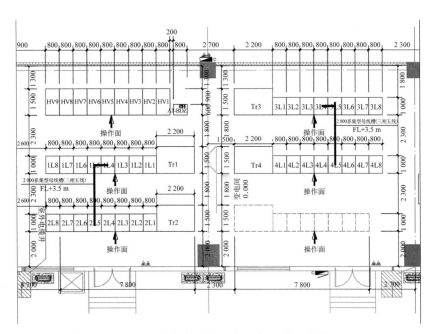

图 3.2　变电房设备三排面对面、单面布置

图 3.3　变电房照片

3. 发电机房

由于园区存在二级用电负荷,且物流园区大多位于郊区,城市供电很难保证两路独立高压供电,因此通常会设置柴油发电机作为园区的第二路备用电源。发电机房通常与变电房贴邻,一个物流园区通常设置一个柴油发电机房。柴油发电机房面积根据柴油发电机安装容量通常为 $60\sim100\ m^2$ 不等。

变压器及柴油发电机选用原则:变压器一般选用节能环保型(现在常规型号为 SCB13)干式变压器,接线组别为 D,yn11,单台变压器的安装容量通常不会超过 $1\,600\ kV\cdot A$,最大不宜超过 $2\,000\ kV\cdot A$。考虑到后期检修的可能性,同一个变电房内的两台变压器一般会设置低压联络,变压器的合理负载率宜控制在 $75\%\sim85\%$,最大不应超过 90%。

4. 供电形式及低压配电接地形式

供电形式:供电形式可分为放射式和树干式两种。放射式接线的特点是每个负荷均由单独线路供电,因此,其优点是发生故障时影响范围小、可靠性高、控制灵活、易于实现集中控制,缺点是线路多、所用开关设备多、投资大。树干式接线的特点是多个负荷由一条干线供电,采用的开关设备较少,但干线发生故障时,影响范围较大,所以供电可靠性较低,且在实现自动化方面适应性较差。树干式-接线比较适用于供电容量较小,且分布较均匀的用电设备组。

对于物流项目来说,由变电房至各单体、各单体至各分区配电通常会采用放射式供电,对于单体总箱至各分区较小的负载可考虑采用树干式供电。

低压配电接地形式:物流项目一般用到的接地形式是 TN-S 系统和 TN-C-S 系统。

TN-S 系统是具有专用保护零线的中性点直接接地的系统,俗称三相五线制系统,其主要特点是系统正常运行时,专用保护线上没有电流,只是工作零线上有不平衡电流。PE 线对地没有电压,所以电气设备金属外壳接零保护是接在专用的保护线 PE 上,安全可靠。

TN-C-S 系统是 TN-C 系统和 TN-S 系统相结合的一种形式,TN-S 方式供电系统是把工作零线 N 和专用保护线 PE 严格分开的供电系统,TN-C 方式供电系统是用工作零线兼作接零保护线,它可以称作保护中性线,可用 PEN 表示。TN-C 系统相比 TN-S 系统可以适当节省电缆的费用,但该系统不能使用剩余电流保护器,PEN 线有时对地存在危险电位,因此从电气安全角度来说,TN-C 系统存在一定的安全隐患。对于物流项目而言,如果项目的成本压力很大,可考虑在变电房至各单体总箱这一段配电采用 TN-C 系统,由变电房至各分区配电采用 TN-S 系统。

　5. 电线电缆选用原则

　1) 电缆敷设方式

　一般来说室外电缆敷设方式主要是铠装直埋 + 过路面穿管或全程穿管的方式。场地内间距 30 m 左右设置电缆检查井。

　室内电线电缆的敷设方式是在库房内各个分区之间采用电缆桥架敷设,由桥架引出至用电设备均采用穿金属保护管沿墙、柱、梁、檩条、顶板明敷。在办公区(包括库内夹层办公区和园区管理用房)采用穿金属保护管暗敷。

　同一段(或同一级)电线电缆的选型要依照主要敷设方式而定,因为技术上不可能随着场地环境的变化而随意断开整段线缆,比如室外电缆线路所经过的场地大部分为硬化场地或道路,仅有小段为绿化带,那就只能全程按照硬化场地环境条件选择非铠装电缆穿管埋地敷设。

　装卸货大平台下的电缆敷设建议通过桥架布置在大平台梁下,这样比敷设在地下要经济一些,且电缆敷设地下时的电缆管井施工麻烦,易导致周边路面开裂。

　2) 电缆规格的选用原则

　电缆规格的选用原则主要从以下几个方面考虑。

　(1) 电缆载流量:流量值可由电气规范、标准等渠道查得,另外电缆的载流量还与电缆材质、敷设方式、环境温度、敷设数量、土壤热阻系数等因素相关。

　(2) 敷设距离:物流仓库项目的显著特点就是物流园区场地范围很宽广,对于一般项目其场地范围的水平直线距离能达到 400 m 左右。过长的电缆敷设距离带来的问题就是电压损失较大。有关低压线路电压损失,《供配电系统设计规范》(GB 50052—2009)中有明确规定,要求用电设备端子处的电压偏差允许值为 ±5%。因此物流项目电缆的选用往往还要在满足载流的要求下放大电缆规格 1~2 级,目的是保证末端电压损失在规范要求的范围内。

　3) 铝合金电缆的选用原则

　铝合金电缆的选用原则主要从以下几个方面考虑。

　合金电缆的载流量和电压损失均应达到或超过铜电缆相应性能,才可以实现安全替换,稳定运行,保证用电质量。

　在发生意外短路故障时,合金电缆的热稳定电流值均可以达到或超过铜电缆的相应性能。

电缆厂家需提供铝合金"抗压蠕变性能评估报告";电缆和铜铝转换端子必须做过"热循环测试"并提供报告;电缆生产厂商提供配套专用铜铝转换端子。目前,市场上品质可靠的以广达通(GDT)、嘉盟(MELEC)、希卡姆(SICAME)几大品牌为主。电缆生产厂商需要提供对应产品的 CQC 认证。

根据《电力工程电缆设计标准》(GB 50217—2018)要求,非消防、非人员密集场所的电缆可采用铝合金电缆。仓库、厂房园区内主要是非消防电缆,供给普通照明、空调、提升门等配电箱的供电电缆可选用铝合金电缆,但供给排烟风机、应急疏散照明等消防配电箱的电缆必须采用铜芯耐火电缆,不允许采用铝合金电缆。另外,因市场上各品牌铝合金电缆的质量参差不齐,建议选用合资品牌的铝合金电缆以确保质量合格和用电安全。在工程成本上铝合金电缆要比对应的铜电缆低 20%左右。

本节简单介绍了物流建筑供配电设计思路及体会,物流建筑供配电设计思路与一般民用项目基本是相通的,差异主要体现在电缆的选用原则方面,这主要也是由物流建筑的特点所决定的。物流建筑作为现代生活和生产中的一个环节正变得越来越重要,如何做好物流项目的供配电系统设计需要电气设计人员更深入的思考和总结。

3.2 物流仓库火灾报警系统设计

伴随国家"一带一路"倡议的逐步推进及电子商务的迅猛发展,物流建筑建设进程越来越快,现代物流建筑集仓储、运输、中转、贮存、配送功能于一身,且物流仓库是整个供应链中极其重要的节点,这就对物流仓库的火灾自动报警设计提出了很高的要求。货物在物流仓库的中转、储存、配送等功能主要体现在以下几个方面。

(1)基本功能:各类货物的储存、管理、二次包装,整箱、二次拆装、甲类货物与乙类货物的拼装,货物搬运、转移、分发,航空、水运、陆运等多式联运。

(2)辅助功能:货架预订、运输车辆预订、货物报验、商业保险办理,以及空闲集装箱存放等。

1. 设计依据

物流仓库火灾报警系统的设计依据包括:

《火灾自动报警系统设计规范》(GB 50116—2013);

《建筑设计防火规范》(2018 年版)(GB 50016—2014);

《民用建筑电气设计标准》(共二册)(GB 51348—2019);

《建筑电气与智能化通用规范》(GB 55024—2022)。

2. 火灾报警系统形式及消控室布置

报警形式类别:火灾系统按报警形式分为区域报警系统、集中报警系统和控制中心报警系统。根据项目体量,绝大部分物流仓库适宜采用集中报警系统,极个别物流园综合体项目可考虑采用控制中心报警系统。

　　消控室布置:消控室可以考虑和园区主门卫房合用,根据项目体量消控室面积为 30～50 m²,消控室内主要设置火灾报警控制器、消防联动控制器、图形显示装置、消防广播控制装置、消防电话总机、消防应急照明和疏散系统控制器、消防电源监控器及消防水池液位显示器等装置。具体设备布置可参考图 3.4(设备面对面布置)和图 3.5(设备单列布置),设计和施工要充分考虑设备后期维修的便利性。消防控制室设备面对面布置实景如图 3.6 所示,单列布置实景如图 3.7 所示。

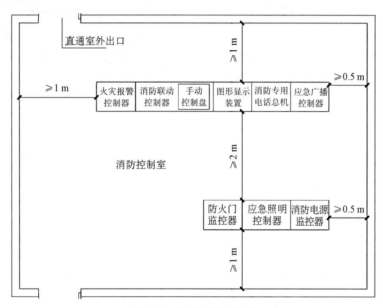

图 3.4　设备面对面布置

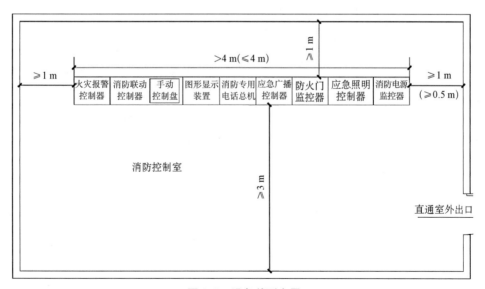

图 3.5　设备单列布置

图 3.6　消防控制室设备面对面布置实景　　　图 3.7　消防控制室设备单列布置实景

3. 火灾探测器类别

物流仓库主要会用到线性红外光束感烟火灾探测器、早期吸入式空气采样探测器、点型感烟火灾探测器及点型感温火灾探测器,具体采用何种火灾探测器应结合具体场所及项目经济性灵活选取。

1) 线性红外光束感烟火灾探测器

线性红外光束感烟火灾探测器(图 3.8)是利用红外线组成探测源,利用烟雾的扩散性探测红外线周围固定范围之内的火灾。线型光束感烟探测器通常是由分开安装的、经调准的红外发光器和收光器配对组成,其工作原理是利用烟减少红外发光器发射到红外收光器的光束光量来判定火灾。优点是布置简单,经济性较好;缺点是后期实际使用过程中误报率较高。对于物流仓库来说,从控制项目建设成本出发,可考虑在单层库或多高层库的顶层大空间区域设置此种类型火灾探测器,探测器应布置在距离顶棚 0.3～1 m 处,发射器和接收器之间的距离不大于 100 m,探测器距离侧墙不大于 7 m。

图 3.8　线性红外光束感烟火灾探测器

2) 早期吸入式空气采样探测器

早期吸入式空气采样探测器主动对库内空气进行采样并探测,即采用高效抽气泵把空气从采样管抽到探测室进行探测,具有早期报警、灵敏度高、主动采样三大特点。与传统火灾探测方法相比,空气采样探测结果和响应时间不受环境气流的影响,适用于高大空间。其优点是灵敏度高,早期报警便于火灾提早发现并处理、便于维护等;缺点是经济性对比常规火灾探测器较差,对专业承包商的施工有较高技术要求。对于物流仓库项目来说,结合项目经济性及使用要求,可考虑在多层库各层大空间区域设置此种类型火灾探测器,采样孔的布置原则与一般点型感烟探测器相同,一个探测单元的采样管总长不超过 200 m,单根采样管长度不超过 100 m,且单根采样管上的采样孔数量不超过 25 个。特殊情况下应考虑结构梁高对探测器的影响,结合实际项目布置。空气采样管梁下布置如图 3.9 所示,空气采样管穿梁布置如图 3.10 所示。

图 3.9　空气采样管梁下布置　　　　　　　　图 3.10　空气采样管穿梁布置

空气采样管穿梁布置需要土建专业配合在设计和施工过程中在梁中预留孔洞,从而可以将采样管固定在梁中,减少固定支架费用,且后期不会变形下坠,净高空间感也比较好;梁下布置虽然简单,但除了费用增加外,后期采样管容易发生变形。

3) 点型感烟火灾探测器、点型感温火灾探测器

点型感烟火灾探测器(图 3.11)主要用于物流园区内的物业用房、工具间、倒班间等一般功能性房间。点型感温火灾探测器用于物流园区内的特殊设备用房,如消防水泵房、柴油发电机房等。

图 3.11　点型感烟火灾探测器

4. 系统设备

1) 火灾报警控制器及联动控制器

火灾报警控制器是火灾自动报警系统的心脏,可向探测器供电,具有以下功能:

（1）用来接收火灾信号并启动火灾报警装置。该设备也可用来指示着火部位和记录有关信息。

（2）能通过火警发送装置启动火灾报警信号，或通过自动消防灭火控制装置启动自动灭火设备和消防联动控制设备。

（3）自动监视系统是否正确运行并对特定故障给出声、光报警。

火灾报警控制器按监控区域不同可分为区域型、集中型和控制中心火灾报警控制器。区域型火灾报警控制器是负责对一个报警区域进行火灾监测的自动工作装置。一个报警区域包括很多个探测区域（或称探测部位）。一个探测区域可由一个或几个探测器进行火灾监测，同一个探测区域的若干个探测器是互相并联的，共同占用一个部位编号。同一个探测区域允许并联的探测器数量根据产品型号不同而有所不同，少则五六个，多则二三十个。常规来说一般物流仓库项目采用区域型火灾报警控制器。

火灾报警控制器按结构形式不同可分为壁挂式、琴台式和柜式三种，设备一般会设置在消防控制室内。

2）手报按钮、声光警报器、消防广播、消防电话

手报按钮及声光警报器一般设置在库区内出入口及疏散通道上，间距不超过 30 m，手报按钮安装高度为距地 1.4 m，声光警报器安装高度为距地 2.2 m。

库区内一般不设置背景音乐广播，只设置消防广播，在确认火灾后消防广播和声光警报器交替工作，循环播放疏散指示广播，布置间距一般要求库区内任意点到消防广播的距离不超过 25 m。

消防控制室内设置消防电话总机，变电房、发电机房和消防水泵房等与消防联动有关的且需要人员值班的场所应设置消防电话分机。消防电话网络是独立的通信系统。

5. 联动控制要求

1）喷淋系统联动控制设计

喷淋系统可采用以下两种方式进行控制。

（1）火灾报警系统联动，由仓库内设置的湿式报警阀压力开关的动作信号作为喷淋泵启动的触发信号，此种联动控制方式不受消防联动控制器处于自动或手动状态的影响。

（2）手动控制方式是通过消防控制室内的手动控制盘，直接手动控制消防喷淋泵的启动或停止。

2）消火栓系统联动控制设计

消火栓系统由出水干管上设置的压力开关、高位消防水箱出水管上设置的流量开关或报警阀压力开关等的信号作为消火栓泵启动的触发信号直接控制消火栓泵启动。消火栓箱内的消火栓启泵按钮动作信号仅作为消火栓泵的联动触发信号，不直接启动消火栓泵。

3）防排烟系统联动控制设计

防排烟系统设置电动补风门、排烟风机和电动排烟窗等。防火分区内两个独立的火灾探测器或一个火灾探测器和一个手报按钮报警信号作为补风门、排烟风机和电动排烟窗的

开启信号。

防排烟系统有手动控制和自动控制两种方式,其中手动控制方式通过设置在消防控制室的手动控制盘实现。

6. 防火门及消防卷帘门联动控制设计

防火门有常闭型和常开型两种,常闭防火门因其平时处于关闭状态,所以无需联动。常开防火门平时处于开启状态,由所在分区两个独立火灾探测器或一个火灾探测器与一个手报按钮作为关闭信号源。信号由火灾控制箱发出并由防火门监控器联动控制关闭防火门。

物流仓库内的防火卷帘门一般是设置于防火分区之间的防火墙,由对应分区两个独立探测器作为其联动的触发信号,要求消防卷帘门一降到底。

7. 布线

物流仓库库区面积大,相关元器件多、分布广,相关线路可采用消防专用线槽沿四周墙壁敷设。信号总线及 24 V 电源总线分为室内及户外两部分,在户外应采用多对数电缆以方便敷设施工,进入库内后可换接电线。火灾自动报警系统供电线路和消防联动控制线路应采用耐火铜芯电线,报警总线、消防应急广播和消防专用电话等传输线路应采用阻燃或阻燃耐火电线电缆。

随着各地物流园区建设越来越多,物流仓库作为物流园区的重要组成部分,消防安全是重中之重。合理经济地设计和布置物流仓库的火灾报警系统,对物流园区的安全运营尤为重要。消防电气设计的目的是防患于未然,希望消防电气的设计能在关键时刻保障人员及建筑物的安全。

3.3　物流仓库园区室内外照明设计

全球能源日趋紧张,随着"碳达峰、碳中和"理念的深入人心,照明系统节能成为大势所趋。高品质照明不仅能够很好地满足物流园区库区内外不同操作环境的照度需求,降低能耗,而且能提供舒适的视觉环境,有助于员工缓解长时间的用眼疲劳、保持良好的工作状态。

照明设计首先应根据作业性质及环境条件,选取合适的照度,同时要注重照明的均匀性,减少不必要的阴影,使视觉空间清晰。正确选用光源和灯具,限制眩光,可以提高灯光下作业活动的舒适性。

1. 室内外灯具选型

室内灯具选型:早期物流仓库的照明灯具采用金卤灯,中期是 T5、T8 荧光灯,现在基本上都是 LED 灯。室内灯具根据其设置位置大致包括 LED 线型高天棚灯、LED 方形平板灯、LED 筒灯、LED 壁装灯、LED 雨棚灯及 LED 一体冷库专用灯具等。灯具的参数根据库区内各功能房间的照度要求及灯具布置间距选定,常用的室内灯具参数及安装方式见表 3.2。

表 3.2　常用的室内灯具参数及安装方式

灯具类型	灯具参数	安装方式
LED 线型高天棚灯	120 W, 14 000 lm, 5 000 K	库区内吊装或贴线槽下安装
LED 方形平板灯	32 W, 3 200 lm, 5 000 K	吊装或嵌入吊顶安装
LED 筒灯	9 W, 1 000 lm, 5 000 K	嵌入吊顶安装
LED 壁装灯	11 W, 1 200 lm, 5 000 K	壁装
LED 雨棚灯	100 W, 12 000 lm, 5 000 K	雨棚下吸顶安装

室外灯具选型：室外灯具也就是物流园区的室外照明灯具，主要考虑 LED 高杆路灯和 LED 壁装泛光灯。室外灯具参数见表 3.3。

表 3.3　室外灯具参数

灯具类型	灯具参数
LED 高杆路灯	100 W, 12 000 lm, 4 000 K
LED 壁装泛光灯	100 W, 12 000 lm, 4 000 K

2. 室内外灯具布置

室内灯具布置：物流仓库内部区域通常分为存储区及分拣理货区，存储区为高位货架堆货区，分拣理货区功能包括分拣、包装和装卸货物。分拣理货区一般位于仓库提升门内侧一个净深柱距范围约 12 m 的位置，照度要求一般为 200～250 lx，库区分拣理货区灯具布置示意如图 3.12 所示。灯具水平行间距为 1/2 柱跨，纵向列间距为 6 m 左右，因这一区域通常没有货架，从节能的角度考虑，灯具布置高度可以低一些。

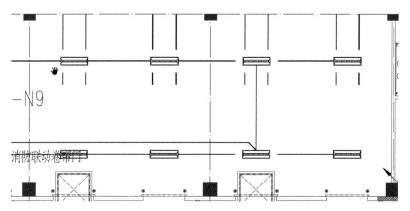

图 3.12　库区分拣理货区灯具布置示意

库区内其他区域基本是存储区，照度要求一般为 150～200 lx，库区存储区灯具布置示意如图 3.13 所示，布置在叉车通道中间。灯具水平行间距为 1/2 柱跨，纵向列间距为 9 m。

物流仓库根据建筑层数和层高的不同，可分为单层库、立体库和多高层库等。库区内灯具安装高度通常为 9～11.5 m（非高架库）或 16 m（立体库，基于立体库高度而定）。存储区

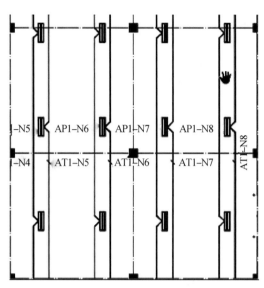

图 3.13　库区存储区灯具布置示意

的灯具布置一般与叉车通道或货架布置方向平行,并应设置于货架之间的通道上方。若仓库照度要求标准高,则需适当减小灯具布置的行间距,通过专业的照度计算软件进行照度模拟分析计算,以确保在距地面 1 m 高度工作面上的照度达到设计要求。

雨篷区为室外环境,应采用防水型灯具,单排布置。雨篷灯分段(组)由对应的库房分区配电,照明开关一般设置在就近的仓库提升门内侧。

鉴于大部分物流园区所处区域较为偏远,供电可靠性存在不确定因素,结合日常使用需求,通常将仓库内 1/3 的照明归为重要用电负荷并归入柴油发电机供电范围,当市政供电停电时可由柴油发电机作为应急备用电源,满足仓库 1/3 的照明使用,从而保证仓库的正常运营。

室外灯具布置:物流园区室外采用 LED 高杆路灯或 LED 壁装泛光灯,其中高杆路灯的灯杆高度为 6~8 m 不等,布置间距为 25~30 m,壁装泛光灯的灯具安装高度为 6 m 或安装在雨篷外檐口,布置间距为 25~30 m。对于货运通道下方区域,按室外照明来考虑,灯具一般可采用雨篷灯贴梁底安装或壁装泛光灯在立柱上安装的方式。

整个物流仓库园区各建筑物内灯具布置的设计和施工原则应是满足照明、美观要求,且便于后期维修。

3. 室内外灯具控制方式

室内灯具控制方式:大空间的照明控制一般采取在配电箱内分组集中控制的方式,但此种控制方式有一定的弊端:第一,操作不方便,人员出入口至配电箱之间有一段距离,这对于夜间工作人员非常不利;第二,不能充分体现节能的原则,当库区内工作人员很少时,此种控制方式就显得比较浪费。

目前,物流建筑照明控制倾向于采用智能照明控制方式,即在照明配电箱内各照明回路设置智能照明控制模块,来代替传统的接触器控制,通过控制线路即信号线路连接至智能照明控制面板。该智能面板既可设置在照明配电柜上(当配电柜靠近仓库门口时),也可设置在人员主要出入口侧墙上,方便人员操作。照明控制方式可实现分回路、分区域、分时、定时、一键开闭等多种功能,该设计方式更人性化,更便于管理应用,而且更加节能。

还有一种智能照明控制方式,即在仓库内照明系统设置专用人体感应开关,并内置日光探测器,该探测器可以自动读取自然光亮度值。当自然光高于设定值时,灯具不开启;当自然光低于设定值,检测到人员在此区域活动时,开启相应灯具;当无人员活动时,延时关闭灯具。此种控制方式的一次性投入成本较大,考虑到物流仓库的运营特点及经济性,一般较少使用此种控制方式。

室外灯具控制方式:室外灯具一般采用时间及光线控制方式,即在设定的时间范围内,室外光线降到一定的范围以下后开启园区灯具。根据夜间园区的运营情况,也可考虑采用"半夜灯"的控制方式,半夜就是在深夜的时候只开启一半路灯。因为电网的电压随负荷大小成反比例变化,进入后半夜时,电网的负荷减小,电压增高,路灯会比前半夜的时候亮,且此时物流园区内道路上的行人和车辆减少,熄灭一半的路灯完全能够满足路面照明的需求。

虽然照明设计仅是物流仓库工程设计的一小部分,但也是必不可少的重要内容。尤其当下为实现"碳达峰、碳中和"的目标,照明设计更应与时俱进、不断创新,顺应时代趋势,在满足基本照明功能的同时,更应该强调绿色照明,做到既安全可靠、经济节能又具有实用性。

3.4　低碳照明的节能措施

物流仓库的节能降耗,首先体现在设计理念上,库内照明应尽可能多地利用自然光线,但仓库外墙上为了立面效果的斜向条窗不宜多设。仓库的山墙面应设置采光高窗或竖向条窗,纵向外墙上应设置采光、通风高窗,同时确保每层有一定比例的高窗可手动开启,实现自然采光的同时兼具库内通风换热之效。救援窗目前基本上都是固定窗,完全可以设计成摇头窗,能自然通风又不影响火灾救援,只有当库内可以营造出舒适的操作环境时,才能真正提高运营效率,同时减少能耗。

低碳照明的目标需要细节化的照明方案与智能照明控制策略相结合才能实现,需要基于客户的运营需求,综合借助时间控制、区域集中控制、感应控制、恒照度、感应照度控制等手段,选择最佳灯具功率、灯具型式、灯具安装高度和控制模式,以减少无谓、过度照明。具体的照明节能措施分为硬件节能和控制系统节能两种。

1. 硬件节能

选择灯具效率更高、光源效率更高的优质灯具产品,比如高光效型灯管型灯具的光效是 160～180 lm/W,而模组型灯具的整灯光效约为 150 lm/W,二者相比高光效型节能可以提升 20%～30%。

选择智能型灯具,即灯具本身带有智能逻辑模块。当灯具检测到有工作照明需求时,就自动提高灯具功率;无工作照明需求时,自动降低功率,提供基础安全照明照度。这种灯具采用去中心化、见缝插针的节能方式,综合节能率可达 60% 以上。

整个物流园区室外照明选择 LED 太阳能路灯、LED 太阳能投光灯、LED 太阳能壁灯、

LED 太阳能庭院灯可综合节能约 5%。

传统 LED 照明方案如图 3.14 所示,照度不变升级灯具光效方案如图 3.15 所示。在不降低照度的基础上采取升级灯具光效方案,比传统 LED 方案节能 30%～50%。

采用145W 高天棚灯　整灯光效100 lm/W

空间高度: 11.000 m;　安装高度: 11.000 m;　维护系数: 0.80　　　　　　　　单位为 lx,比例1.943

表面	p/%	平均照度/lx	最小照度/lx	最大照度/lx	最小照度/平均照度
工作面	/	217	92	276	0.425
地板	20	214	95	262	0.444
天花板	70	41	28	46	0.687
墙壁(4)	50	75	31	130	/

工作面

高度:　　0.850 m
网格:　　128 x 128 点
边界:　　0.000 m

灯具表

编号	数量	名称（修正系数）	φ(灯具)/lm	φ(光源)/lm	P/W
1	44	LDE高天棚灯（种类 1)* (1.000)	15000	15000	145.0
*更改的技术明细			总数: 659989	总数: 660000	6380.0

实际效能值: 2.70 W/m²

图 3.14　传统 LED 照明方案

采用100W 高天棚灯　整灯光效150 lm/W

空间高度: 11.000 m;　安装高度: 11.000 m;　维护系数: 0.80　　　　　　　　单位为 lx,比例1.943

表面	p/%	平均照度/lx	最小照度/lx	最大照度/lx	最小照度/平均照度
工作面	/	217	92	276	0.425
地板	20	214	95	262	0.444
天花板	70	41	28	46	0.687
墙壁(4)	50	75	31	130	/

工作面

高度:　　0.850 m
网格:　　128 x 128 点
边界:　　0.000 m

灯具表

编号	数量	名称（修正系数）	φ(灯具)/lm	φ(光源)/lm	P/W
1	44	LDE高天棚灯（种类 1)* (1.000)	15000	15000	100.0
*更改的技术明细			总数: 659989	总数: 660000	4400.0

实际效能值: 1.86 W/m²

图 3.15　照度不变升级灯具光效方案

2. 控制系统节能

通过选择合适的灯具型式、合适的灯具功率、合适的安装高度、合适的安装方式、减少过度照明等手段可以节能 10%左右。

通过智能控制措施,比如依据恒、阈值照度控制的感应照度控制,以及通过定时、定区域的集中开工所实现的时间、区域感应控制,可以综合节能 50%左右。例如,物流园区室外照明通过感应室外照度自动开关室外灯具。

智能照明控制系统是低碳照明方案的技术基础,借助于云端服务、智能面板、智能网关、人体传感器和调光控制器来实现智能照明,通过 App、PC 端、现场大屏实现云端控制,可以去中心化、多账号、多项目扩展,显著降低成本。智能照明控制系统可以使灯具的流明维持率曲线更长久、灯具寿命显著延长、光效提高、功率减小、减少灯具散热和办公室空调的二次负荷。最终因灯具照明的高节能水平降低客户的库房用电费用以及公共区域的电费分摊,提升仓库招租的市场竞争力。目前智能联接技术正处于发展阶段,迭代迅速,蓝牙、Wi-Fi、Zigbee、PLC 等技术在大型仓储建筑的智能照明控制系统的应用中,性价比和稳定性与有线方案相比尚无法替代。表 3.4 是物流仓储项目智能照明控制策略表。

表 3.5 呈现了江苏某企业通过硬件节能、控制系统节能两种手段对园区厂房、仓库、办公楼、园区照明进行优化设计,控制系统优化节能率约为 62%,年减少能耗约 4 万 kW·h,年减少碳排放约 450 t。

3.5 光伏发电系统在物流建筑项目中的应用

太阳能资源丰富,分布广泛。目前,光伏发电技术产业化程度高,技术成熟,具有广阔的发展前景。结合物流园区仓库屋顶面积大的特点,在物流建筑项目中推广光伏发电应用是落实节能减排、优化能源结构的重要举措,也是助力光伏产业发展的有效途径。

1. 资源条件

我国太阳能资源十分丰富,全国三分之二以上地区年日照时数大于 2 000 h,具有大规模开发利用太阳能资源的潜力。

以昆山某智造园项目为例,整个园区有 11 栋建筑,屋面面积总计约 7.3 万 m²。昆山市地处中国华东地区、江苏省东南部,是长三角城市群的重要组成部分。全市地势低平,平原面积占总面积约 54.8%,海拔 4 m 左右。昆山属亚热带季风海洋性气候,四季分明,雨量充沛。项目所在地最佳倾角平面太阳能年平均辐射量约为 1 277(kW·h)/m²。

图 3.16 太阳能电池组件屋面安装实景

2. 系统组成

单晶硅太阳能电池组件:单晶硅太阳能电池,是以高纯的单晶硅棒为原料的太阳能电池,是当下发展最快的一种太阳能电池,其作用是将太阳光能转化为电能。所有太阳能电池组件用串联和并联的方法构成一定的输出电压和电流,最后用框架和材料进行封装。太阳能电池组件屋面安装实景如图 3.16 所示。目前主流的单晶硅太阳能电池光电转换效率约为 15%。

表 3.4　物流仓储项目智能照明控制策略表

序号	灯具名称	现行照明方案	使用区域	灯具款式图片	时间控制	区域集中控制	感应控制	调光控制	太阳能	建议光效率和功率
1	LED线形高天棚灯具	功率:120 W LED 防护等级:IP40	干仓		√	√	√	√		150 lm/W 100 W
2	LED防水防尘灯具	功率:2×30 W LED 防护等级:IP65	雨廊、卸货平台连廊		√	√	√	√		150 lm/W 50 W
3	LED高天棚灯具 冷库用（适用医药、生鲜、食品行业）	功率:120 W LED 防护等级:IP66	冷库		√	√	√	√		150 lm/W 100 W
4	LED平板灯具	功率:40 W LED	办公区		√	√	√	√		130 lm/W 30 W
5	LED双管支架灯具	功率:2×20 W	辅房、设备房		√	√	√	√		150 lm/W 18 W
6	LED吸顶灯具	功率:18 W	楼道、走廊 更衣室、卫生间 淋浴间		√	√	√	√		120 lm/W 15 W
7	LED筒灯	功率:12W	楼道、走廊		√	√	√	√		120 lm/W 10 W
8	LED路灯	功率:120 W LED 防护等级:IP65	室外道路		√	√	√	√	√	150 lm/W 100 W
9	LED投光灯具 LED壁装装路灯	功率:120 W LED 防护等级:IP65	雨廊檐下 道路库壁		√	√	√	√	√	150 lm/W 100 W

表 3.5　照明节能软硬方案综合对比表

江苏某企业照明灯具优化节能量分析对比表

序号	区域	原设计参数					优化选型方案(硬节能)				无线智控方案(软节能)		
		名称	整灯功率/W	灯具数量/套	年开灯时间/h	年电费 按0.7元/(kW·h)	名称	整灯功率/W	灯具数量/套	年电费 按0.7元/(kW·h)	无线智控功能方式	无线智控节能率	年电费 按0.7元/(kW·h)
1	厂房	LED高天棚灯	LED 1×145	116	8760	103104.24	LED高天棚灯	LED 1×100	116	71131.2	恒照度+人体感应	60%	28452.48
2		LED面板灯	LED 1×35	496	8760	106451.52	LED面板灯	LED 1×32	496	97327.1	恒照度+人体感应	60%	38930.84
3		LED支架灯	LED 1×40	217	8760	53225.76	LED支架灯	LED 1×30	217	39919.32	人体感应	50%	19959.66
4		LED三防灯	LED 1×36	360	8760	79470.72	LED三防灯	LED 1×36	360	79470.72	人体感应	50%	39735.36
5		LED嵌入式筒灯	LED 1×8	81	8760	3973.54	LED嵌入式筒灯	LED 1×7	81	3476.84	人体感应	50%	1738.42
6		双管粉尘防爆灯	LED 2×20	66	8760	16188.48	双管粉尘防爆灯	LED 2×16	66	12950.78			12950.78
7		双管气体防爆灯	LED 2×20	4	8760	981.12	双管气体防爆灯	LED 2×16	4	784.9			784.9
1	办公楼	LED面板灯	LED 1×35	277	4380	29724.87	LED面板灯	LED 1×32	277	27177.02	恒照度+人体感应	60%	10870.81
2		LED支架灯	LED 1×40	1	4380	122.64	LED支架灯	LED 1×30	1	91.98			91.98
3		LED嵌入式筒灯	LED 1×8	45	4380	1103.76	LED嵌入式筒灯	LED 1×7	45	965.79	人体感应	50%	482.9
4		LED防眩筒灯	LED 1×30	21	4380	1931.58	LED防眩筒灯	LED 1×26	21	1674.04	人体感应	50%	837.02

（续表）

序号	区域	原设计参数 名称	整灯功率/W	灯具数量/套	年开灯时间/h	年电费按0.7元/(kW·h)	优化选型方案（硬节能）名称	整灯功率/W	灯具数量/套	年电费按0.7元/(kW·h)	无线智控方案（软节能）无线智控功能方式	无线智控节能率	年电费按0.7元/(kW·h)
1	仓库	LED高天棚灯	LED 1 × 145	96	8 760	85 357.44	LED高天棚灯	LED 1 × 100	96	58 867.2	恒照度 + 人体感应	60%	23 546.88
2	仓库	LED面板灯	LED 1 × 35	12	8 760	2 575.44	LED面板灯	LED 1 × 32	12	2 354.69	恒照度 + 人体感应	60%	941.88
3	仓库	LED支架灯	LED 1 × 40	6	8 760	1 471.68	LED支架灯	LED 1 × 30	6	1 103.76			1 103.76
4	仓库	LED三防灯应急	LED 1 × 40	6	8 760	1 471.68	LED三防灯应急	LED 2 × 18	6	1 324.51			1 324.51
5	仓库	LED筒灯	LED 1 × 11.5	2	8 760	141.04	LED筒灯	LED 1 × 10	2	122.64			122.64
1	设备房	LED三防灯应急	LED 1 × 40	2	8 760	490.56	LED三防灯应急	LED 2 × 18	2	441.5			441.5
2	设备房	LED三防灯防腐	LED 1 × 40	4	8 760	981.12	LED三防灯防腐	LED 2 × 16	4	784.9			784.9
1	配电间	LED三防灯应急	LED 1 × 40	6	8 760	1 471.68	LED三防灯应急	LED 2 × 18	6	1 324.51			1 324.51
1	自行车棚	LED三防灯	LED 1 × 40	9	4 380	551.88	LED三防灯	LED 1 × 19	9	524.29			524.29
1	厂区室外	LED路灯	LED 1 × 120	50	4 380	18 396	LED路灯	LED 1 × 85	50	13 030.5	人体感应	50%	6 515.25
		原设计年电费/元				509 222.74	优化后年电费/元			414 848.2	优化后电费/元		191 465.26

（续表）

序号	区域	原设计参数					优化选型方案（硬节能）				无线智控方案（软节能）		
		名称	整灯功率/W	灯具数量/套	年开灯时间/h	年电费按0.7元/(kW·h)	名称	整灯功率/W	灯具数量/套	年电费按0.7元/(kW·h)	无线智控功能方式	无线智控节能率	年电费按0.7元/(kW·h)
							改造后年节约总电费/元			94 374.55	改造后年节约总电费/元		317 757.48
							优化节能率			18.53%	优化节能率		62.40%
							年减少能耗/(kW·h)			134 820.78	年减少能耗/(kW·h)		453 939.26
							年减少碳排放/t			134.82	年减少碳排放/t		453.94

光伏逆变器：光伏逆变器是光伏阵列系统中重要的系统平衡（BOS）之一，可以配合一般交流供电的设备使用，其作用是将光伏（PV）太阳能电池组件产生的可变直流电压转换为市电频率交流电（AC），既可以反馈回商用输电系统，也可供离网的电网使用。

并网柜：并网柜主要由刀闸、断路器及有关的控制元件组成，因其连接了发电机系统和电网系统，具有完备的并网保护装置，起到发电机并网作用，而被称为"并网柜"。按照用户侧自发自用为主、多余电量上网的原则，故而在系统中设置并网柜。光伏并网柜作为光伏电站的总出口，存在于光伏系统中，是连接光伏电站和电网的配电装置，可以保护、计量光伏发电的总量，方便故障检修管理，提高发电系统的安全性和经济效益。光伏并网柜具备检失压分闸、检有压合闸、过流保护、过电压保护、孤岛保护、防逆流保护、谐波治理、无功补偿等多项保护功能，同时具备显示光伏发电系统运行参数和状态指示的功能，被广泛运用于光伏发电系统，与光伏并网逆变器配套使用可组成一套完整的光伏发电系统解决方案。

防雷接地系统：太阳能光伏系统主要会受到直击雷和感应雷的袭击，目前主要的防雷措施有三种，即金属支架结构与建筑物主体避雷系统可靠连接；逆变器内进行二级防雷，安装防雷保护器；配电柜内部安装防雷过电压浪涌保护器。

监控系统：用于监测整个太阳能光伏发电系统状态，主要包括四个方面，即实时监测太阳能电池组件电压、电流及运行状态；监测防雷器状态，采集及显示断路器状态；实时监测逆变器工作状态，检测其故障信息；系统运行参数、故障记录及报警。

3. 系统设计

屋面太阳能电池组件经光伏逆变器后接入升压变压器低压柜，经升压变压器后接入汇流站进线开关柜，经供电局计量表计后经 10 kV 并网柜接入原变电房新增高压开关柜后并入市政线路。

系统年发电量及效益分析：基于表 3.6 中的昆山地区太阳能辐照数据，前面所说的昆山某智造园园区的 11 栋建筑，在总计约 7.3 万 m² 的屋面上，可建成 4 499 MW 的分布式光伏发电项目，年度发电量约 497 万 kW·h，光伏发电系统效益分析的具体数据详见表 3.7。

表 3.6　昆山地区太阳能辐照数据

太阳能辐照数据	全球水平辐照度 Gh /(kW·h·m⁻²)	全球倾斜辐照度 Gk /(kW·h·m⁻²)	水平面散射辐照度 Dh /(kW·h·m⁻²)	法线辐照度 Bn /(kW·h·m⁻²)	环境温度 Ta /℃	散射温度 Td /℃	风速 FF /(m·s⁻¹)
年度值	1 277	1 357	839	704	17.1	11.5	2.1

表 3.7　光伏发电系统效益分析

指标	总发电量/万 kW·h	减排 CO_2/t	节约标准煤/t	等效植树/亩
25 年总量	12 425	112 500	41 250	5 125
年度平均量	497	4 500	1 650	205

注：1 亩 =（10 000/15）m²。

在物流园区仓库屋顶推广运用太阳能光伏发电技术符合国家提出的"碳中和"的长期发展战略,有助于实现绿色运营、以人为本、合规经营的可持续发展目标;可以让大量闲置的仓库和厂房屋面面积得到充分利用,在减排二氧化碳、二氧化硫,节约标准煤的同时,也将在一定程度上降低夏季高温时仓库顶层的库内温度。目前,国内许多仓库的屋面都安装了太阳能光伏发电设施。

第4章
物流仓库给排水、消防及排烟设计

4.1 物流仓库自动喷水灭火系统设计优化

本节从物流仓库自动喷水灭火系统的建筑特点和使用性质方面考虑,分别就自动喷水灭火系统的参数选定、管材选用、阀门布置、管道布置等在设计过程中容易忽略的一些细节问题进行梳理分析,尽最大可能使设计更加安全、合理、经济,方便后期的运营与维护管理。

1. 物流仓库自动喷水系统管网设计

由于物流仓库的自动喷水灭火系统流量较大,且其危险等级较高,若报警阀后的管网采用常规的支状管网布置,系统的配水干管、支管管径较大(为 DN300),管道荷载也会增加。因此,为了保障管网的安全可靠和有效供应消防用水,以及节省投资,其管网形式大多采用格栅状管网(湿式系统)或者环状管网(预作用系统选用较多)。经专用消防软件计算,在合理的管损前提下,一般采用格栅状管网主干管的管径为 DN200,环状配水干管管径为 DN150,支管的管径为 DN80,这样可大大节约管材并降低充水管荷载和管道支架荷载。值得一提的是,在现行的《自动喷水灭火系统设计规范》(GB 50084—2017)中并未有相关说明表示物流仓库喷淋系统可以使用格栅状管网,因此无法从规范中直接取得理论支持。在项目审图过程中,格栅状环网存在被审图公司质疑的情况。设计师需要为审图人员提供一个合理的解释。自动喷水灭火系统格栅状管网布置和环状管网布置示意图分别如图 4.1 和图 4.2 所示,可供参考。配水干管的取值一般为 DN150 或者 DN200,格栅状管网配水支管取值一般为 DN80 或者 DN100。

2. 报警阀间设置

由于物流园区每栋库的面积都比较大,且喷淋系统流量较大,故比较常见的报警阀布置方式是在每栋物流仓库内的一层一处集中布置,或者分散在每个防火分区一层布置,很少会将报警阀间设置在二层及以上位置,这样布置非常便于后期的检修管理。其中,采取按防火分区分散布置的形式,可以减少报警阀后主管道长度及系统压力损失,节省系统初期投资。在后期维护检修时,每个防火分区也可以独立进行。此种方式的缺点是报警阀间均布置于库内,发生火灾时无法做到从仓库外面直接进入报警阀间进行操控。水力警铃一般也是布

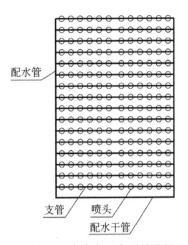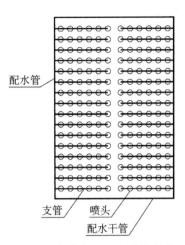

图 4.1　自动喷水灭火系统格栅
状管网布置示意图

图 4.2　自动喷水灭火系统环状
管网布置示意图

置在库内,尽量布置在靠近办公区的位置。当报警阀间采取按每栋库进行集中设置的方式时,其优点是报警阀间可以设置直接开向室外的出口,更加便于后期维护管理。同时,室外埋地管网比较节省,室内管网相对来说管道长度比较多,整个系统管道损失也会有所增加。可以根据项目具体情况进行选择,一般情况下,建议优先考虑在一层一处集中布置的方案。

　　最小尺寸的消防报警阀间布置示意如图 4.3 所示,设计时需按实际所需布置报警阀区域大小,避免区域过小以致后期报警阀安装困难,报警阀间需要设置排水设施。

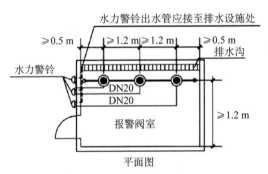

图 4.3　消防报警阀间布置示意图

　　3. 自动喷水灭火系统管网阀门设置分析

　　阀门设置对于系统的安全性及经济性影响比较大,阀门设置数量多,相对来说管网的漏点会增多;阀门设置数量少,检修比较困难。管网系统阀门的设置既要满足系统安全性要求,又要方便后期运营检修。管网系统阀门设置具体位置详见图纸,首先在供水主管接环管处设置阀门,保证单根主管检修不影响系统供水;其次在报警阀间两根引入管之间设置阀门,保证报警阀间引入管单根检修时不影响系统供水;最后在报警阀引入管上设置阀门,保证报警阀主管检修不影响系统供水。自动喷水灭火系统管网阀门设置示意如图 4.4 所示。

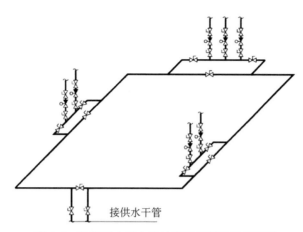

图 4.4　自动喷水灭火系统管网阀门设置示意图

4. 喷淋管道管材、管件及压力等级的选用

1) 架空管道选用

室内外架空敷设的管道一般选用热浸镀锌钢管材质,当系统工作压力小于或等于 1.20 MPa 时,可采用热浸镀锌钢管;当系统工作压力大于 1.20 MPa 时,应采用热浸镀锌加厚钢管或热浸镀锌无缝钢管;当系统工作压力大于 1.60 MPa 时,应采用热浸镀锌无缝钢管。架空管道的连接宜采用沟槽连接件(卡箍)、螺纹、法兰和卡压等方式;当管径小于或等于 DN50 时,应采用螺纹和卡压连接;当管径大于 DN50 时,应采用沟槽连接件连接或法兰连接,当安装空间较小时应采用沟槽连接件连接。

2) 埋地管道选用

对于室外埋地管道,行业内较普遍选用钢丝网骨架塑料复合管给水管道,管道连接方式应采用可靠的电熔连接。管材及管件应选用同一品牌。管道在重型汽车道路下应设置保护套管,套管与钢丝网骨架塑料复合管的净距不应小于 100 mm。

3) 管道压力等级及试验压力的取值

自动喷水灭火系统中所采用的管道、管件、阀门和配件等系统组件的产品工作压力等级应大于系统的工作压力,且应保证系统在可能最大运行压力时的安全可靠。根据《消防给水及消火栓系统技术规范》(GB 50974—2014)的要求,系统的工作压力及试验压力取值可参照图 4.5 和表 4.1,H 为水泵的扬程。

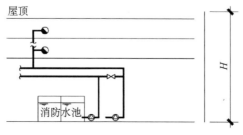

图 4.5　水泵扬程示意

表 4.1　系统工作压力和试验压力取值

管材类型	系统工作压力 P/MPa	试验压力/MPa
钢管	≤1.0	1.5P,且不应小于 1.4
	>1.0	P+0.4
球墨铸铁管	≤0.5	2P
	>0.5	P+0.5
钢丝网骨架塑料复合管	P	1.5P,且不应小于 0.8

提示:1. 此条中的系统工作压力 P 可理解为设计工况压力 H。
　　　2. 试验压力还不得小于消防泵零流量时的压力。

目前的给排水、消防施工图纸往往只在设计说明中原则性地给出管道压力和管道材质之间的关系,基本上没有注明整个消防管网系统不同区域、不同位置处所需要的工作压力及实际压力范围,容易让专业承包商在投标、施工时产生困惑,不确定某一处管网到底应该选用普通热浸镀锌钢管,还是热浸镀锌加厚钢管或热浸镀锌无缝钢管,所选用的管材未必与该管道的实际工作压力相匹配,这可能导致工程费用的浪费或存在安全隐患。

针对以上喷淋系统设计所选择的临高压供水系统,在设计中统一按 1.0 MPa 工作压力进行计算,对于镀锌管可以选择普通壁厚管材。根据设计计算结果,对于水泵参数的选择,可依据水泵流量扬程性能曲线选取,避免根据厂家泵型参数表简单选取;同时考虑室外管网普遍采用钢丝骨架塑料复合管,该材料因承压值不同造价不同,尽可能选用 1.6 MPa 这个等级的材料及管件,设计计算中如计算结果不理想,可考虑部分管段放大管径。

5. **库内喷淋管道的安装方式**

1) 非顶层喷淋管道安装

非顶层喷淋管道的安装主要有两种方式,根据管道与结构梁的关系不同可分为穿梁安装和梁下安装。管道梁下安装方式现场效果如图 4.6 所示,管道穿梁安装方式现场效果如图 4.7 所示。穿梁安装方式的优点是外观较为美观,因减少管道支架和抗震支架而节省造价,对仓库净高无影响,但是需要在混凝土梁浇筑或钢梁制作过程中预埋套管或设孔,对施工精度要求比较高,需要机电消防承包商与土建、钢构承包商事先沟通、复核。梁下安装的方式,相对来说施工比较简单,缺点是会减少一定的仓库净高,而且管道造价稍高。在施工、制作工艺条件允许的情况下,应尽量采用穿梁安装的方式。

2) 顶层喷淋管道安装

物流仓库屋面多采用轻钢屋面,喷头布置时应避开采光带、风机口和排烟天窗,同时应多注意喷头和屋面下钢梁、檩条、拉条以及屋面支撑间的位置关系,避免影响喷淋头的喷水灭火范围。安装过程中机电消防承包商应事先与钢结构承包商充分沟通协调。喷淋管道布置方式一般采用两种形式,一种是喷淋支管和檩条是垂直关系(图 4.8),另一种是喷淋支管和檩条平行(图 4.9)。

图 4.6　管道梁下安装　　　　　　　　　　图 4.7　管道穿梁安装

图 4.8　喷淋支管和檩条垂直　　　　　　　图 4.9　喷淋支管和檩条平行

6. 喷头的型号选择及安装

自动喷水灭火系统设计参数(喷头型号)的选定:物流仓库的喷头选择决定了系统的形式及流量,目前物流仓库内应用较为广泛的是早期抑制快速响应(Early Suppression Fast Response,ESFR)喷头和仓库型特殊应用喷头。

早期抑制快速响应喷头对保护高货垛仓库具有特殊的优势。ESFR 喷头流量系数(K)分别有 202、242 和 363,快速响应,响应时间指数(Response Time Index,RTI)小于或等于 $28\pm8(\mathrm{m\cdot s})^{0.5}$,材质为易熔合金和玻璃球,动作温度为 68 ℃、74 ℃、82 ℃或 93 ℃,最大净空高度为 13.5 m,一般仓库内动作温度多选用 68 ℃及 74 ℃。ESFR 喷头仅用于湿式系统。目前,市场上应用比较多的易熔合金材质 ESFR 喷头,其优点是不易撞坏且价格比较有优势。

仓库型特殊应用喷头是用于高堆垛或高货架仓库的大流量特种洒水喷头,与 ESFR 喷头相比,其以控制火灾蔓延为目的,喷头最低工作压力较 ESFR 喷头低,且障碍物对喷头洒水的影响较小,安装有该系列喷头的场所无须再安装货架内喷头。另外,该系列喷头可用于干式系统和预作用系统。流量系数(K)分别有 161、202、242 和 363,标准响应,材质为易熔合金,动作温度为 74 ℃、82 ℃或 93 ℃,最大净空高度为 12 m,一般仓库内动作温度多选用 74 ℃。

物流仓库自动喷水灭火系统设计参数的选定与项目所在地区、建筑高度、库内存放物品种类,以及是否有货架等因素密切相关。对于非采暖地区,自动喷水灭火系统以湿式系统为主;对于北方寒冷地区,自动喷水系统形式以预作用系统为主。如果选用湿式系统则需在库内采暖。

喷头的安装与喷头的形式关系密切,喷头形式根据项目具体情况选用直立型或者下垂型喷头,喷头间距为 2.4~3.0 m。对于早期抑制快速响应喷头,其喷头溅水盘距离顶板的规范要求为 100~150 mm(直立型喷头)和 150~360 mm(下垂型);对于特殊应用喷头,其喷头溅水盘距离顶板的规范要求为 150~200 mm。实际现场安装时,可根据具体情况确定喷头的安装位置和高度。特别地,当喷淋管道穿梁安装时,要根据喷头溅水盘的位置要求来反推喷淋管道的位置,避免后期喷头的安装高度无法满足安装要求。

当梁、通风管道、成排布置的管道和桥架等障碍物的宽度大于 0.6 m 时,其下方应增设喷头,增设的喷头间距不大于 2.4 m。当增设的洒水喷头上方有孔洞、缝隙时,可在洒水喷头的上方设置挡水板。挡水板应为正方形或圆形金属板,其平面面积不宜小于 0.12 m²,且周围弯边的下沿宜与洒水喷头的溅水盘平齐。

7. 屋面高位消防水箱

北方区域的仓库屋面高位消防水箱间在冬季有保温的要求,在建筑设计时应考虑如何方便物业管理人员上屋面进入消防水箱间开关空调。目前,有许多物流园区是通过山墙爬梯上屋面开关消防水箱间内的空调,这是非常不方便且不安全的,要求物业管理人员具备高度的责任心。

8. 地下、半地下消防泵房

物流园区地下、半地下消防泵房的设计需要确保没有被水淹的风险,且充分考虑潮湿环境的除湿与通风,内部元器件易锈蚀的控制柜应放置在架空平台上(图 4.10)而不是底部区域。地下、半地下消防泵房如图 4.11 所示。

物流仓库自动喷水灭火系统设计应根据每个项目的不同要求综合考虑,既要满足火灾时快速灭火的要求,又要节约工程造价。总结下来项目设计时应注意以下几点:

(1) 合理选择系统设计参数。系统设计流量应准确计算,同时需避免系统设计压力过高。特别注意北方地区的物流仓库一般不设置采暖设施,采取湿式系统时应考虑好保温防冻问题对工程造价的影响;采取干式系统或者预作用系统时,应注意管道充水时的快速排气问题,并合理设计管道长度,保证系统充水时间。

(2) 喷淋系统管道布置时考虑对层高的影响,管道的安装尽量贴楼板、梁底。库内明装的喷淋管道避开叉车操作区域和理货区,如必须在这些区域设置时,需采取防撞措施,避免管道被撞坏。

图 4.10　控制柜设置在架空平台上　　　　　　　图 4.11　地下消防泵房

（3）物流仓库自动喷水灭火系统设计流量大，应尽量布置成环状管网或者格栅管网（预作用系统不宜布置成格栅管网），以满足喷淋系统供水的可靠性和系统造价的节约性。

（4）仓库各类管道的设计原则，从美观角度而言是藏而不露、从简避繁；从空间角度而言是提升净高、吊挂传力简单、路径最短；从维修保养角度而言是方便耐用、全生命周期综合成本最低。

4.2　物流仓库内消火栓系统优化设计

物流仓库消火栓系统分为室内消火栓系统和室外消火栓系统，本书结合项目示例，分别就室外消火栓型号选择及布置要求、室内消火栓系统形式选择、室内消火栓布置以及管道阀门布置、管材选用等方面的一些设计优化思路予以阐述。

1. 室外消火栓系统设计优化

1）室外消火栓布置及型号选择要求

物流园区室外消火栓布置间距按照规范要求不大于 120 m（上海地区要求间距不大于 80 m），距道路边不大于 2.0 m 且不小于 0.5 m，距建筑物外墙不小于 5.0 m。物流园区由于其自身特点，室外消火栓布置时需考虑以下四点：

（1）由于园区内集装箱卡车通行较多，为避免被车辆碰撞，室外消火栓应避免布置在离路边和转弯距离太近的位置，建议室外消火栓距道路边 1.5 m 设置，且尽量避开道路转弯处。

（2）室外消火栓位置需要避开物流园区内停车区域，以免影响停车。

（3）地面装卸货区域或者装卸货大平台上的室外消火栓位置应避免布置在装卸货车位附近，否则会影响车辆停靠或容易被车辆撞击。

（4）室外消火栓最好设置防撞设施（距离路边较远位置的可以不设置）。

室外消火栓的选型建议选用地上式防撞型消火栓，不太建议选用地下式室外消火栓，特别是在北方地区，冬季井盖容易被冻住而打开困难。

2）室外消火栓管材选用、敷设要求及阀门设置

室外消火栓管道尽量布置在绿化内，避开车辆经常通行的区域，在实在无法避开时，管道需采取保护措施。目前，物流园区消防系统管材室外埋地部分比较常用的是钢丝网骨架复合管。此管材为柔性管材，缺点是抗压性能比较差。这类管材市场上产品差异比较大，在设计选用时注意其强度、连接方式、工作压力、覆土深度及与热力管间距要求等严格按照《消防给水及消火栓系统技术规范》(GB 50974—2014)第8.2.7条的要求进行。特别需要注意的是物流园区重载集装箱卡车较多，故需对装卸货区域及主要货车通行道路下的消防管道进行保护，一般选用加防护套管，套管材质多选用混凝土管或者HDPE管。

室外消火栓系统管道阀门设置原则，可按照规范上的规定，同时要满足每栋单体两根室内消火栓引入管之间设有阀门，另外阀门井应尽量设置在绿化内。阀门井内设置排水设施。

对于软土地基上的仓库，从地下进库区的管线需考虑路面沉降可能会拉裂管线接头，而应选用柔性接头。

2. 室内消火栓系统形式

物流仓库内室内消火栓系统一般采用湿式系统。但在北方地区不采暖的情况下，应采用干式消火栓系统。湿式消火栓系统设计不再赘述，但就干式消火栓系统设计注意事项说明如下：

（1）需注意在消火栓引入管处加设电磁阀、旁通管、压力表及排水管等，电磁阀前的管道需设置电伴热保温设施。

（2）每个消火栓箱处设置直接开启电磁阀的按钮，每个消火栓立管处设DN25放水阀。

（3）系统最高点排气阀前设置电磁阀。

消火栓系统原理图如图4.12所示。

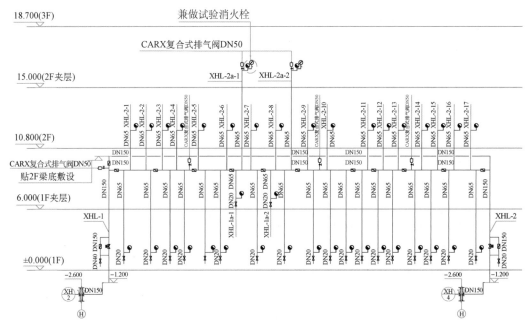

图4.12　消火栓系统原理图

3. 室内消火栓管材及相应的管道、阀门布置优化

1）室内消火栓系统管材

根据消防系统工作压力的不同,室内架空消防系统管材一般选择热镀锌钢管、热镀锌加厚钢管及热镀锌无缝钢管,阀门及配件采用相同压力等级。消火栓系统工作压力为水泵零流量时的扬程加上水池水位和水泵的高差。水泵扬程计算比较关键,应按规范要求来计算,避免取值过大而影响系统管材的选用。

2）室内消火栓箱和消火栓管道布置

根据物流仓库内货物及货架布置的特点,室内消火栓及管道布置时优先考虑沿防火墙四周设置,库区内布置的消火栓长边方向和货架布置方向平行,尽量减少对货架的影响,而且万一发生漏水事故,也可减少货物损失。室内消火栓布置位置可参考图 4.13。

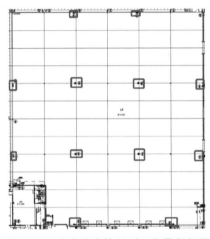

图 4.13 室内消火栓(红色)布置参考图

物流仓库消火栓系统设计应从其自身特点出发,从系统选择到设备、管道、阀门设计布置等每个细节都要最大可能保证系统的安全性,同时兼顾项目的经济性要求。在设计开始前,需要设计师充分了解项目的运营特点,基于实际需求出发,让整个消火栓系统设计更合理更经济,同时更好保障仓库的安全运营。

4.3 物流园区雨水排放设计优化

1. 物流园区屋面雨水和场地雨水排放系统的特点

按照建筑设计防火要求,物流园区内单体建筑长度通常在 200 m 左右,跨度约为 100 m,多层仓库的最大占地面积为 1.92 万 m^2,高层仓库最大占地面积为 1.6 万 m^2。基于此,单体屋面如何在前期做好排水设计十分关键。在强降水时,如何能够实现屋面雨水的快速、及时分流,涉及多个方面,需要全面考量和相互协调才能避免漏雨和水流倒灌现象的发生。

物流园区为了方便不同类别的货车进出和装卸货,作业场地与室外道路的面积较大,通常单面装卸货区域的跨度在 30～35 m,面对面装卸货区域的跨度为 45～54 m。由于进出物

流园区的大型车辆比较多,如何设计和排布雨水检查井和室外雨水口相当关键,既要确保雨水快速分流,减少作业场地内的水流积蓄,确保作业不受影响,又要错开车辆的行进路线,以免雨水检查井和雨水口被频繁往来的车辆碾压而产生隐患。

2. 仓库单体雨水排水优化设计分析

《建筑给水排水设计标准》(GB 50015—2019)中针对建筑屋面的雨水流量设计给出了统一的计算方法,见式(4-1):

$$q_y = \frac{q_j \cdot \psi \cdot F_w}{10\,000} \tag{4-1}$$

式中 q_y——设计雨水流量,L/s,当坡度大于2.5%的斜屋面或采用内檐沟集水时,设计雨水流量应乘以系数1.5;

q_j——设计暴雨强度,L/(s·hm²);

ψ——径流系数;

F_w——汇水面积,m²。

而对于作为大型仓库的建筑未做特别说明,然而考虑到如果仓库屋面出现漏水现象,不仅维修难度大、时间长,而且容易导致库内货物的较大损失。因此,重现期P的设计可以根据重要公共建筑屋面取值为10年,同时要求屋面总排水能力最低限度为50年。如果属于内沿沟集水设计或是坡度超过2.5%的斜屋面,那么在计算雨水流量时,可按照1.5倍计算。

我们以某物流园区为例进行详细说明。该园区屋面面积最大的一栋为15 120 m²(长180 m,宽84 m),顺着宽度向两边找坡,其中一侧采用内天沟(原则上应避免设置内天沟排水),另一侧则采用外天沟,同时于双侧距端头12 m处设计内天沟。

1)内天沟屋面排水

先求出两端头内天沟,按照公式分别求出$P=10$年、$P=50$年、$P=100$年时的雨水量:

$q_{y_1} = 1.5 \times 578.64 \times 1 \times 12 \times 42/10\,000 = 43.75$ L/s ($P=10$年,$t=5$ min)

$q_{y_2} = 1.5 \times 764 \times 1 \times 12 \times 42/10\,000 = 57.76$ L/s ($P=50$年,$t=5$ min)

$q_{y_3} = 1.5 \times 843 \times 1 \times 12 \times 42/10\,000 = 63.73$ L/s ($P=100$年,$t=5$ min)

内天沟内采用的排水雨水斗为87型DN150,雨水管为De160UPVC管,按照单根立管排水量为34.7 L/s来计算,两个排水雨水斗与两根管可确保100年重现期雨水量。

内天沟屋面汇水面积为156×42 = 6 552 m²,由此可以求出雨水总流量分别为q_{y_1} = 568.68 L/s($P=10$年,$t=5$ min);q_{y_2} = 750.85 L/s($P=50$年,$t=5$ min);q_{y_3} = 828.50 L/s($P=100$年,$t=5$ min)。如果采用87型DN150雨水斗,具体的数量为568.68/34.7 = 16.39,750.85/34.7 = 21.6,828.5/34.7 = 23.88。

按以上计算结果势必需要大量的雨水立管,然而仓库的特殊性要求其在底层装卸货面有充足的进出货口空间,因此限制了沿柱架设雨水立管的排布,且如在出货口附近设置雨水管,后期运营时频繁的货物进出极易将其损毁。因此,综合多方面因素考虑,认为该屋面适用于虹吸排水。如果按照 50 年重现期来计算雨水流量,则屋面总的雨水排放设施应能承载 100 年重现期的雨水量。在具体的实施过程中,搭建 4 个虹吸系统共同承担整个区域的排水负荷,尽可能地降低虹吸主管长度以节约成本。

计算内天沟溢流口,雨水溢流量为 828.50 - 750.85 = 77.65 L/s。选择不锈钢材质做内天沟,溢流孔的高度为 100 mm,宽度为 300 mm,按照标准公式 $q_{yL} = 400 b_{yL} \sqrt{2g} h_{yl}^{3/2}$(式中:$q_{yL}$ 为溢流口排水量,L/s;b_{YL} 为溢流口宽度,m;h 为溢流孔口高度,m;g 为重力加速度,m/s²,取 9.81),能够求得各孔的溢流量为 16.8 L/s,基于此,需设计 5 个溢流孔口。另外,溢流量的大小取决于孔的高度,因此要尽可能地加大孔的高度来提高溢流量。另外,要特别提出的是为了加快排水速度,应当在钢结构内天沟雨水斗的部位加设集水盒。

2)外天沟屋面排水

外天沟屋面,因为外墙采用的是彩钢板,为了统一外立面与雨水管,外天沟部位选择彩钢板材质的方形机制雨水管,现有的方形彩钢雨水管有两种常见的尺寸,即 105 mm × 125 mm、105 mm × 153 mm,管壁厚度通常为 0.5~0.8 mm。方形彩钢雨水管流量全部优于 De110 的塑料管,设计时通常优先采用 105 mm × 153 mm 的大尺寸。外天沟的材质为镀锌彩钢板,规格为 250 mm × 170 mm(高度)。由于其自身的特性,通常不用另外加设溢流口,直接从天沟处溢流。因此如具备条件,屋面排水应当首选外天沟,可以有效防止室内漏水现象。

另外,每年雨季来临前,物流园区物业管理人员应全面排查屋面雨水管口处的垃圾堵塞现象。施工中应事先协调好屋面雨水管的安装位置与地面雨水井的位置,实际工程中经常发生集水井位置与雨水管位置偏离,雨水管不能直接插入集水井内的现象。

3)仓库运输通道雨水排水设计

物流仓库园区由于其使用特点,所需运输通道宽度和面积均较大,为了不造成场地、大平台积水,对雨水的有组织排放要求较高。运输通道雨水排水主要包含两种方式:①点排模式(图 4.14),②线排模式(图 4.15)。

集水井设置需注意数量应足够多,一般需在每跨设置一个,在容易积水的角落应予加设。集水井设置格栅井盖,井盖面积需满足所负担面积的流量要求。在集水井底部设置重力雨水斗进行排水,雨水斗规格需经计算确定,雨水斗下所接雨水管管径和雨水斗同样规格。此种布置的优势是节省造价,后期场地使用过程中垃圾不容易进入,劣势在于对大平台混凝土施工要求比较高,一是因为点式集水井的结构专业度高,支模浇筑施工比较困难;二是因为大平台上混凝土面找坡问题,由于平台浇筑是一次性浇筑,必须确保向集水井的找坡坡度才可以实现平台不积水,排水坡度应在不影响车辆运营的情况下尽可能大一些。

从排水效果来说,装卸货大平台雨水排水应采用排水沟方式,由于其排水面广,非常利于装卸货大平台雨水的快速排放,平台找坡只需单向坡向排水沟即可,施工相对简单。缺点也比较明显,一是造价高;二是平台上垃圾容易进入,需要物流园区管理人员定期清理,避免垃圾堵住排水口。

对于面对面装卸货的多高层仓库,因大平台与两侧的仓库在结构上一般是断开的,在设计和施工时都应关注接缝处的排水细节,如处理不好,大平台上的雨水有可能渗漏至下一层。

对于装卸货大平台下是库区的单侧装卸货项目来说,平台排水还有另外一种方式,即平台往外找坡,屋面雨水直接散排至平台上,雨水顺平台坡度排至平台外侧排水沟内,此种方式造价较低,缺点是平台排水距离较长、排水速度较慢,暴雨时容易在平台上短时集水,同时雨水管直接排至平台上也不够美观。在项目预算有限的情况下,可考虑使用。

图 4.14 平台设置雨水井点式排水

图 4.15 平台设置排水沟排水

装卸货大平台雨水排水方案的确定是综合评估的结果,需要从项目特点、结构施工、工程预算以及后期运营维护等方面进行综合的考量,从而制定出最适合具体项目的平台排水方案。

4)彩钢板雨水管底部与室外雨水井的连接

由于材质等原因,彩钢板雨水管无法直接埋地联通雨水井,应根据园区室外排水实现转换。

第一种:外月台的雨水管转换系统设计,外月台在设计时考虑到叉车通行与车辆停靠,宽度通常设定为 4.5 m,库内地坪/楼板与外月台保持水平,与室外场地相比通常要高出

图 4.16 外月台处雨水管照片

1.3 m。因此,在设计外墙雨水管时,一般于月台标高处设置转换套管,该方法简单,造价低廉,适用于具有良好的市政排水条件的区域。当室外排水能力薄弱时,则难以有效发挥作用。也可在外月台对应雨水管底部的区域挖掘集水井,直接把雨水管通至井内,然后于集水井内另外架设排水管,与室外的雨水口或雨水井联通。如果市政排水条件达不到要求,为防止井内雨水内溢,需要在井中架设旁通管以解决雨水的超量问题。在本节某物流园案例中,考虑到市政排水条件有限,故而采用了旁通溢流系统。外月台处雨水管照片如图 4.16 所示。

第二种:内卸货月台的雨水管转换系统设计,可直接在雨水立管底部通过转换管将雨水导入雨水口或雨水井,这种设计方法整体上比较整齐美观。在设计时,为了避开外墙柱子基

础承台,通常室外雨水口应与外墙保持适度间距。

第三种:非卸货作业面的绿化空间的雨水管转换系统设计。在这种结构下,可直接于雨水管的下端挖掘集水井,井盖的选择可根据市政排水条件来决定,当排水条件较差时,应选择格栅式的井盖。通常该区域不会有车辆通过,不存在车辆碾压问题,因此,可以适当降低埋深,节约造价。

3. 室外场地雨水排水优化设计分析

1)物流园区场地排水特点

对于物流园区仓库装卸货一侧的道路,该区域的雨水排水设计应与屋面排水作为一个整体考虑,室外道路找坡应参考库边,同时要考虑停靠车辆的方便与否,这种情况下,该区域的雨水往往会全部向库边汇集。

2)物流园区室外场地排水设计优化方案

在设计雨水排水方案时,对于物流园的室外区域,应按照园区的使用性质和场地特点全面考量。

首先,设计雨水口与雨水井的分布时,尽可能避开主干道和车流较多的区域,避免碾压损毁。因此,雨水井的排布设计应对应仓库柱子的轴线,同时尽可能地与仓库外墙靠近;在设计污水井的分布时,也要注意这一点。

其次,物流园区装卸作业的场地通常很大,地面硬化比高,因此地表径流系数相应地会较大,在设计和排布雨水管道时要选择合理的管径。雨水井的数量要尽可能多,施工时雨水管位置与对应的雨水井位置要协调好、相互匹配,道路排水的坡度尽可能大一些。

最后,对于一些园区周边市政排水条件较差的项目,为改善排水能力,可在仓库外围设置排水沟,避免强降水时无法及时排出而导致雨水流入室内。必要时整个物流园区地面可以考虑压力排水。

物流仓库雨水系统的合理设计可以最大程度地减少园区运营过程中的安全隐患,尽可能保证园区路面和装卸货大平台上不积水。物流园区雨水系统设计时应充分考虑系统雨水设计流量,同时雨水管材质选择、位置的设置也必须考虑周到。室内雨水设计重现期按重要屋面考虑,溢流设施排水能力要足够强。室外雨水系统设计考虑雨水排水设施数量足够多,同时需充分考虑到雨水口及雨水井等设施位置,避免设置在车辆经常通行处。

4.4　物流仓库排烟系统设计

仓库排烟系统分为自然排烟和机械排烟两大类,根据仓库形式以及外立面的要求选择相应的排烟系统,下文分别就自然排烟系统和机械排烟系统设计中需注意的细节进行探讨。

1. 自然排烟系统设计

在满足规范要求的情况下,多高层物流仓库建筑的顶层可以采用自然排烟。物流仓库顶层采用自然排烟时每个防烟分区的自然排烟口面积为 $14.2 \times 10^4/(3\,600 \times 0.84) =$

46.96 m²,按照自然排烟计算的开启窗口面积也能满足自然通风要求,原则上自然排烟窗可兼作通风窗。

1)排烟窗的选型

排烟窗有外墙高侧窗和屋面顶开窗两种形式。顶开窗的排烟效率高,与高侧窗相比排烟口面积可减少 29%。如果屋面排烟天窗兼作通风窗,那么经常开启闭合有可能发生渗水现象。外墙上的高侧窗,从操作便利性的角度一般选择上悬窗,其可排烟和通风面积与窗的开启角度有关。

2)排烟窗的布置

排烟窗布置应综合两个方面的因素进行考虑,一是水平距离应保证仓库内任何一点距离排烟窗不小于 30 m,二是竖向高度应保证排烟窗位于储烟仓以内。此外,还应注意设置在防火墙两侧的排烟窗之间最近边缘的距离满足防火要求不小于 2 m。最后考虑美观、分散均匀对称布置。

此外,屋顶排烟天窗的布置还应综合考虑采光带、库内喷淋头、灯具及屋顶风机等设施位置,实施前需进行综合屋面排布,确认各方面都可行时,方可进行施工。

3)排烟窗的控制

消防排烟窗控制系统应包括:现场直接启动控制、消防控制中心远程控制和消防感烟探测器联动控制。排烟侧高窗需设置集中手动开启装置和自动开启设施,当手动开启装置集中设置于一处确实有困难时,可分区、分组集中设置,但应确保任意一个防烟分区内的所有自然排烟窗均能统一集中开启,且应设置在人员疏散口附近。

消防排烟窗由其窗体、电动开窗器(执行机构)和控制部分组成。开窗器多选择推杆式开窗器,窗户控制可分为点控、层控和总控,按控制形式可分为现场控制、遥控、时间控制、风雨感测控制和消防控制等。

目前,国内生产的电动排烟窗形式多样,通过委托加工生产,完全可以满足建筑设计立面要求,且其控制系统通过简单连接,就可以实现与消防控制设备的联动功能,满足消防要求。

2. 机械排烟系统设计

多高层物流仓库库内机械排烟系统设计时要特别注意其对外立面、层高以及仓库使用空间等的影响。比如排烟机房位置不同,会影响仓库外立面、使用净高以及系统的造价。排烟风管、排烟口的位置影响喷淋系统以及灯具布置,设计时应予充分考虑。

1)排烟机房设置位置选择

《建筑防烟排烟系统技术标准》(GB 51251—2017)规定排烟风机需设在机房内,物流仓库屋面多以轻钢屋面为主,因此排烟机房一般设置在仓库顶层下面一层。

由于排烟机房要占用一定的高度空间,故建议排烟机房设置在仓库的分拣区上方,如图 4.17 所示,这样不会影响库内存储区的使用净高。但是当物流仓库是面对面布置装卸货时,排烟风机后排烟风管需通过装卸货大平台下方排至平台以外的区域,会造成整个排烟系统的排烟风管的长度增加非常多,从而整个排烟系统造价会增加较多。也有将排烟风机房设在装卸货大平台下方,并将风机后排风管直接通过装卸货大平台上的自然通风排烟洞口将烟排到大平台上方的。

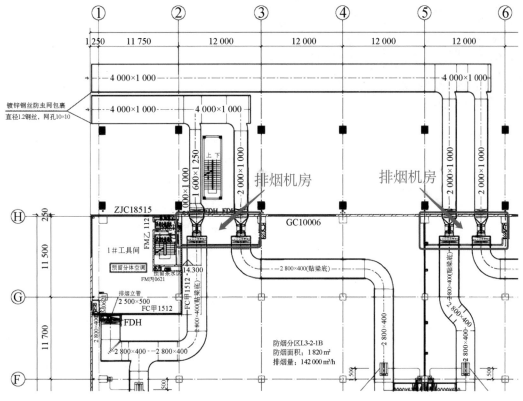

图 4.17　排烟机房位置一（靠装卸货大平台一侧）

目前常用的将排烟机房布置在库内非装卸货大平台一侧的外墙边，如图 4.18 所示。排烟风机后排烟风管直接连接外墙排烟百叶窗，可以最大程度地减少排烟风管长度，但此种方式的缺陷是排烟机房会占用一部分的库内使用净高，从而影响库的使用效率。另外，由于是在库靠外的外墙上直接开排烟百叶窗，会对库的外立面造成一定的影响，设计时可根据项目特点综合评估后选择。

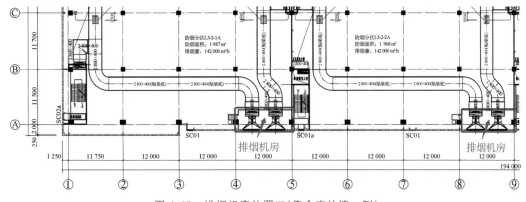

图 4.18　排烟机房位置二（靠仓库外墙一侧）

图 4.19　排烟通道与排烟风管

另一种常用的排烟方式是在库内设置排烟井,排烟通道与排烟风管如图 4.19 所示,排烟风机设在屋顶。这种排烟方式的优点是库内排烟风管少,防火墙两侧的防火分区可以共用排烟通道,不需要在各防火分区设风机房,屋面也不需设排烟天窗。

2）排烟风管、排烟口及阀门布置

库内排烟风管的布置通常在柱跨内居中布置,贴主梁底敷设。排烟风管下净高的控制需注意根据喷头形式不同而不同。对于下垂型喷头,需要给到喷头的最小安装空间可以是 0.15 m,同时如果有电气桥架、给排水管道和排烟风管无法避免交叉敷设的情况下,建议将排烟风管下的安装空间提升到 0.3 m 比较合适。在风管下为直立型喷头的情况下,需要给到喷头的最小安装空间为 0.3 m。在确定仓库的可使用净高时一定要留出风管下安装空间,否则,设备安装后的仓库内使用净高肯定达不到原定的净高值。

排烟风管上排烟口的布置应尽可能使排烟风管长度最短和对仓库内空间影响最小。当在排烟风管主管上接出排烟口时,建议设置在排烟风管上部梁间内向上接出排烟口,充分利用梁内的空间,或者在排烟风管的侧面接出,也不影响仓库净高。当排烟口直接在排烟竖井的排烟风管上时,建议排烟风管在次梁内贴顶板布置,排烟口在风管下面接出,充分利用梁间的空间。故排烟口的布置需根据不同的形式选择合适的排烟口接入方式。排烟风管居中布置,排烟口上接如图 4.20 所示,排烟口下接,如图 4.21 所示。

图 4.20　排烟风管居中布置,排烟口上接

图 4.21　排烟口下接

对于首层装卸货区内退式的多高层库,室外排烟风机是否有必要设风机房? 图 4.22 为平台下设置了消防喷淋和风机房,图 4.23 所示在平台下方设置了消防喷淋,排烟风机无机房。据消防规范专家组的意见,当室外风机下方无易燃物堆放,且不受风雨影响时,可以不设风机房。

图 4.22　平台下设置风机房　　　　　　　　　　图 4.23　平台下不设置风机房

另外,目前大多数物流仓库的库内排烟风机房是通过钢爬梯上下的,且排烟风机房内空间也非常狭小,人员上下进出及维护保养非常不方便,图 4.24 所示通过库内消防逃生梯进出排烟风机房是一个不错的设计思路。

图 4.24　从库内逃生梯进出排烟风机房(施工过程照片)

排烟系统阀门有两种形式,一种是遥控多叶电动排烟风口(常闭) + 280 ℃排烟防火阀(常开);另一种是单层百叶风口 + 排烟阀 + 280 ℃排烟防火阀。由于排烟阀和 280 ℃排烟防火阀两个阀可以合并为一个阀实现其功能,从造价上来讲,后一种方式更具优势。

3) 排烟风管的耐火检测

对不同排烟风管类型的形式进行分析,为满足《建筑防烟排烟系统技术标准》(GB 51251—2017)中规定,对比几种方式如下:

(1) 镀锌铁皮 + 岩棉 + 防火板现场制作,属于最传统的防火风管制作方式。由于全部为现场制作,具有装配率低、人工费用高、造价高、占用空间大、结构不牢固等劣势,也不太适应潮湿环境。

（2）镀锌铁皮＋隔热胶＋柔性高温离心棉,这种方式占用空间大、现场工作量大,由于玻璃棉外包铝箔容易损坏,其耐久性较差,影响观感。

（3）内外彩钢板或者内外铁皮＋无石棉硅酸钙耐火板,耐火性可以满足要求,但隔热性能差。

（4）装配式成品复合耐火风管,是目前市场上新出现的一种产品,其特点是装配率高,安装空间节省,造价稍高。核心层多为岩棉上下复合特制防火板,为一体化结构,外观颜色可以选择,整体较为美观。

无论选择何种形式,耐火风管首先要考虑的是符合国家规范规定的耐火完整性和隔热性,其次是其稳固性和持久性,并满足节省空间的需求。

3. 面对面装卸货大平台下的排烟设计

面对面装卸货大平台下的排烟设计通常是在大平台上开孔,自然排烟与机械排烟相结合,大平台上开孔面积过大的话会影响装卸货停车位,开孔面积一般控制在 25％ 以内。也可以将格栅式钢结构叉车坡道与排烟洞口结合起来设计,这样可以减少排烟洞口对装卸货车位的影响。

物流仓库内排烟系统设计不仅要满足规范的要求,还需要关注系统部件选型,系统安装对仓库使用空间的影响,系统材料的选用以及系统造价等,设计时需要根据实际需求,对细节多加考量,选用真正适合的排烟系统。

第 5 章
物流仓库结构设计

5.1 多高层仓库常用结构体系概述

目前,在多高层物流建筑设计中,因层高高、跨度大形成大空间的使用需求,常用的结构体系包括钢筋混凝土框架结构、钢筋混凝土竖向框(排)架结构、钢筋混凝土框架(下部)＋钢排架结构(上部)、钢框(排)架结构(钢管混凝土柱)等。大多数多高层物流仓库结构形式上一般采用竖向框(排)架结构＋轻钢屋顶。此外,一些新兴的结构体系近年来也开始应用于多高层物流建筑中,如欧本的甲壳柱梁框架结构体系等。

钢筋混凝土竖向框(排)架结构,除顶层采用排架结构外,其余各层均采用钢筋混凝土框架结构。根据框架结构的施工工艺,又可分为全现浇和预制装配式两种。预制装配式一般是混凝土柱现浇,主次梁预制,通过钢筋桁架楼承板上的现浇混凝土板将梁柱连为一体。为了提升梁柱节点的整体性也有将框架梁与混凝土柱整体浇筑的。框架梁中的预应力钢筋基于张拉方式又细分为先张法和后张法,先张法需要较大的预制张拉场地,一般情况下只在支撑单向次梁的主框架梁中设置预应力钢筋,另一个方向的框架梁可以不设预应力钢筋。楼板次梁有混凝土次梁与钢次梁两种。采用预制混凝土框架施工工艺,可以免除全现浇混凝土框架结构施工过程中的满堂架、高支模,可极大地提高施工功效并降低工程成本。

钢筋混凝土框架＋钢排架结构,顶层采用钢排架,顶层以下同混凝土框(排)架结构。与混凝土框(排)架结构相比,顶层混凝土柱改为钢柱,进一步减少了现场支模和混凝土浇筑的工作量,可有效缩短工期。

众所周知,多高层仓库的楼板布置与施工工艺是紧密关联的,全现浇的混凝土主次梁与楼板是通过高支模这种费工费时的施工方式来实现的。全钢结构的预制主钢梁与次钢梁安装到位后,通过成品桁架楼承板的铺设替代了高支模施工方式,在工程成本为核心考量要素的情况下,只有当钢材的材料价格或工程的抗震设防烈度等综合因素达到一个临界点时才会优先选用全钢结构。为了降低工程成本,缩短施工周期,预制装配式(Precast Concrete,PC)结构在多高层物流仓库施工中崭露头角,"捷约"预制装配框架系统也有很好的应用空间。

现浇混凝土框架结构、全钢框(排)架结构、钢管混凝土结构都是常见的结构体系,在此不详细介绍,后面章节会重点介绍甲壳框架结构体系。

5.2 仓库楼面等效活荷载取值

物流仓库的主要功能是存放货物,货物的堆放方式有低位货架、高位货架、阁楼式货架、可移动式货架堆放,也可以将货物托盘直接堆放在楼板上,此类一般不会超过3层托盘。除了智能箱式物流系统(BTS)定制项目外,通用的多高层物流仓库的楼面承载能力应基本满足大多数客户的功能需求和堆货习惯,荷载取值太小则无法满足运营需求,存在安全隐患,荷载取值过大则导致工程成本增加和资源浪费。

以最常见的高位货架存货方式为例,来推算楼面、主次梁的等效荷载取值。假定单个货架尺寸按照1.2 m×2.4 m取值,货架背靠背放置间距为200 mm,每层货架高度取1.5 m(每层货架的高度一般有两种:1.5 m或1.8 m),上面放置2个1.0 m×1.0 m的托盘(托盘的尺寸通常有3种:1.0 m×1.0 m、1.2 m×1.0 m、1.3 m×1.3 m),假定单个托盘的货物荷载10 kN。托盘及货架自重按照货物重量的10%考虑。表5.1所列是不同层数情况下货架的单柱荷载值。

典型的货架布置如图5.1所示,在12 m柱距范围内放置4排货架,货架的层数与物流仓库的净高和客户使用需求相关,通常多高层物流仓库的净高不大于9 m,相对于1.5 m或1.8 m的货架高度可分别放置6层或5层货物,其中首层货物均放置在地面。也有部分仓库的上部楼层净高小于9 m(6层货架),可按7.5 m(5层货架)和6 m(4层货架)两种情况考虑。另外,在计算分析时不考虑货架满载折减系数。

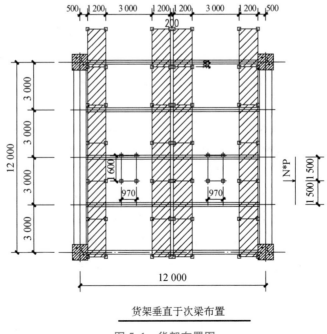

货架垂直于次梁布置

图5.1 货架布置图

楼面的结构平面布置方式对等效均布活荷载的取值有影响,按照相关规范通常等效均布活荷载是按照弯矩等效的原则来进行计算。通常来说,当楼面次梁为双向布置时,次梁的等效均布活荷载取值最小,且不受货架排布方向的影响;当楼面次梁为单向布置,货架排布方向与次梁垂直时,次梁的等效均布活荷载取值小于货架排布方向与次梁平行时的取值。

表 5.1　货架单柱荷载

货架层数	货架总荷载/kN	货架单柱荷载/kN
4	60	33
5	80	44
6	100	55

基于实际运营场景,假定每个柱网范围内有 4 台叉车同时作业,叉车的额定载荷为 25 kN,叉车的自重取值不小于 40 kN。不同楼盖体系,楼面等效均布活荷载取值不同。以柱网为 12 m,楼面采用三横次梁为例,通过推算得出不同仓库净高情况下楼面(楼板、次梁、主梁、柱、基础)等效均布荷载取值如表 5.2 所列。

表 5.2　楼面等效均布荷载取值

仓库净高/m	货架层数	等效均布活荷载取值/(kN·m⁻²)		
		柱、梁、基础	次梁	楼板
6.0	4	14	17	25
7.5	5	17	21	31
9.0	6	20	25	36

不同的运营场景,不同的仓库净高、货架布置间距(叉车通道宽度)与层数、货物是否满铺、货架是否可以移动(可移动货架如图 5.2 所示)、托盘大小及每托盘货重所推算出来的楼面等效均布荷载取值也有所不同。对于 BTS 项目,更应该按客户的实际货物布置方式予以测算。具体项目设计时对于净高小于 9 m 的楼层,建议所取的等效均布活荷载值不小于仓库净高为 7.5 m 的荷载值。

图 5.2　可移动货架

图 5.3　在一个开间柱距范围内布置大于 4 排货架

在实际运营中,若为了降低其运营成本,在 1 个 12 m 开间柱距范围内排布的货架数大于设计假定的 4 排(图 5.3),将超出项目结构计算的设计假定条件,可能导致存在楼板开裂、建筑地坪下沉等安全隐患,故园区运营时需加强管理。

5.3 水平楼盖体系

基于施工工艺和建筑材料,多高层物流仓库常用的水平楼盖体系可以分为以下几类。

1. 全现浇混凝土框架结构中的井字梁楼盖

在全现浇钢筋混凝土框架结构中,井字梁楼盖是比较常用的一种楼盖体系,其整体性和刚度比较好,货架可以沿两个方向随意布置,但高支模工作量大。双向次梁楼盖体系的工程成本高于单向次梁楼盖体系,单向次梁楼盖体系次梁的布置方向一般应与货架布置方向垂直。

2. 全现浇混凝土框架结构中的空心楼盖

空心楼盖是在井字梁楼盖基础上发展而来的,和井字梁楼盖一样,空心楼盖货架也可以沿两个方向随意布置。空心楼盖的方箱尺寸一般是 500 mm × 500 mm × 300 mm,箱顶混凝土层一般取 100 mm 厚,箱底混凝土层一般取 60 mm 厚,整体空心楼盖板厚一般为 460 mm。方箱材料目前市面上有 GBF 空心方箱(图 5.4)和泡沫方箱(图 5.5)两种选择。空心楼盖与井字梁楼盖相比在用钢量、模板量方面都有所降低,楼盖工程成本约下降 7%。同时,空心楼盖减轻了结构自重有利于结构抗震,且大幅度提升了楼板的隔音隔热性能。另外,因空心楼盖的板底是平整的,便于灯具、消防喷淋等机电设施的安装,仓库内部空间观感好,在同样层高情况下每层仓库的净高会高一些。

图 5.4 GBF 空心方箱

图 5.5 泡沫方箱

必须保证空心楼盖中所用的 GBF 空心方箱的品质,否则在钢筋绑扎过程中方箱有可能被踩破,存在雨水、混凝土进入空心方箱的可能从而产生安全隐患。空心楼盖设计施工中需要注意的是:

（1）因现浇混凝土空心楼盖的上下翼缘较薄,因此预埋的各种管线对其影响较大,设计中应尽量减小预埋管的外径,避免交叉。

（2）同样因为其上下翼缘较薄,薄壁方箱间距较近,在施工中应注意选用小粒径的砂石拌制混凝土并合理控制坍落度,对振动棒无法插入的情况应特别处理,如在振动棒端部加焊钢筋插入板下翼缘进行振捣。施工中可采用二次浇注的方法来避免空鼓,即先均匀浇注混凝土至板肋半高位置待混凝土下沉稳定（混凝土初凝前）后再浇注面层,其好处是可将板内气泡排除,并能直观地看到混凝土浇筑质量。

（3）施工中应采取切实有效的措施固定薄壁方箱,防止其移动和上浮。

（4）在设计中如遇超长结构,可按《混凝土结构设计规范》（2015 年版）（GB 50010—2010）的要求设置后浇带,但应注意对后浇带内薄壁方箱的保护,不得水泡和踩踏,接缝处应保证全截面均为混凝土,必要时可将接缝处薄壁方箱去掉。

（5）GBF 空心方箱和泡沫方箱在浇筑混凝土前,需浇水润湿。

井字梁楼盖和空心楼盖中若需采用预应力钢筋一般沿两个方向的主梁布置,大部分情况下因为井字梁楼盖和空心楼盖属于双向传力体系,分别向两个方向的主框架梁传递荷载,导致两个方向的主框架梁荷载都较小,因而存在两个方向主框架梁都不需要采用预应力就能控制强度极限及正常使用的情况。则减少预应力施加工序对施工进度及构造都大为简化,单向次梁楼盖中的预应力钢筋一般只布置在主框架梁中。各种楼盖中楼板里均很少布置预应力钢筋,主要是由于楼板跨度小、内力小,且张拉孔太多也影响观感。

3. PC 装配式框架结构的楼板体系

PC 装配式结构主梁的预制按其预应力钢筋的张拉分为先张法和后张法,因预制工厂少且大多离项目现场比较远,PC 梁大多在现场预制。采用先张法工艺的主梁预制对施工场地的大小有一定的要求,施工场地应可以布置一定长度、宽度的预应力张拉台。后张法混凝土主梁的预制对场地无特别要求,预应力筋的张拉孔的位置可以设在混凝土主梁的上部或侧面,侧面张拉孔施工较复杂但楼板的整体观感会好。

PC 装配式结构的次梁可以是混凝土次梁也可以是钢次梁,混凝土次梁的现场预制量大,且现场预制的混凝土次梁的精细度也很难保证,另外因混凝土次梁上部的预留钢筋导致桁架楼承板只能以 3 m 左右长度分段布置在混凝土次梁上,不像钢次梁情况下桁架楼承板可以在进深柱距长度范围内通长布置。采用混凝土次梁时桁架楼承板的安装稳定性、施工过程的安全性要弱于采用钢次梁的桁架楼承板,混凝土浇筑过程中桁架楼承板的挠度也会大些,且桁架楼承板与预制混凝土梁之间的空隙点也比较多,需要在浇筑混凝土前封堵漏点。

后张法混凝土框架梁的预制宜集中预制,虽然增加了一些转运费用,但模板和场地混凝土垫层可以重复使用,且便于控制混凝土梁的预制质量。在框架梁的预制过程中,承包商也在不断总结经验,通过优化创新来提升预制质量,方便后续施工,PC 框架梁预制如图 5.6 所示,仓库周边框架梁预制时在梁端预埋的套管可便于后期梁柱节点施工过程中操作平台的铺设及模板的固定。

在框架梁中预应力筋后张法施工工艺中,有板面张拉和梁侧张拉两种方式。梁侧张拉施工比较麻烦,但板面观感较好;板面张拉施工便利,板面观感差一些,且高位货架安装时固定货架的螺栓可能会碰到预应力筋张拉端。

钢次梁的设计需考虑与混凝土主梁两种材料间的性能差异,与混凝土主梁的连接节点设计需考虑可靠性与施工便利性。混凝土主梁两侧的钢次梁间如何连接,混凝土主梁中的预应力钢筋张拉对主次梁连接节点有何影响,如何减少因预应力钢筋张拉所导致的楼板裂缝,都是设计施工时应考虑的问题。

图 5.7 所示为 PC 装配式结构三层盘道库项目二层刚次梁和桁架楼承板安装照片,预制混凝土框架梁的 PC 装配式结构施工虽然因取消高支模可以缩短工期、降低成本,但框架梁中预应力钢筋在后张拉的过程中容易在楼板面产生裂缝,且梁柱节点要弱于全现浇的混凝土框架梁柱节点,另外还存在预制梁在楼板上通过汽车吊的吊装问题。如何解决以上痛点?是否可以取消混凝土主框架梁中的预应力钢筋? 是否可以将框架梁与混凝土柱整体浇筑?什么措施可以有效减少楼板上的微裂缝? 有待不断总结探索。

图 5.6　PC 框架梁预制　　　　　图 5.7　PC 装配式结构三层盘道库:钢次梁和
　　　　　　　　　　　　　　　　　　　　　桁架楼承板安装

4. 框架梁与混凝土柱整体浇筑的 PC 结构楼板体系

为了解决 PC 装配式框架结构中梁柱节点弱于全现浇混凝土框架结构中的梁柱节点的问题,同时又希望加快施工进度、降低工程成本,可以采用"贝雷架"(图 5.8)来提供支撑平台给框架梁的模板铺设、钢筋绑扎、混凝土浇筑提供便利。框架梁混凝土强度达到要求后开始吊装钢次梁、桁架楼承板,其余部分与 PC 装配式框架结构一致。

贝雷架支模架工程,需确保贝雷架支模架平台的稳定性和安全性。其施工安装难点是施工范围大、搭设质量要求高、施工工期紧、梁截面大、混凝土浇筑振捣困难,贝雷架操作平台组装安装精度要求高,因此需提前计划统筹好,否则在安装和拆除过程中容易出现问题。

贝雷架支撑平台体系的安装:通过在混凝土柱头预埋螺栓套管,安装钢结构牛腿,在其上架设贝雷架作为施工平台主受力梁,承受框架梁自重及施工活载,同时作为工人绑扎钢筋及浇筑混凝土的施工平台。总体而言贝雷架支撑平台安装过程安全风险低,平台搭设速度快,平台材料资源有保障。但是平台搭设施工精度要求高,施工前需进行详细策划及深化设计。

利用贝雷架、槽钢梁及脚手管搭设框架梁的施工平台,在地面完成贝雷架平台搭设及支模架体,搭设完成后将平台整体吊装至柱头牛腿上形成贝雷架平台。

贝雷架钢平台的吊装(图 5.9):

(1)在贝雷架平台吊装安装时,需确保框架柱混凝土强度不少于设计强度的 75%。吊装顺序为先安装框架柱牛腿,然后吊装混凝土主框梁支撑贝雷架平台(3.5 t),再吊装次框梁支撑贝雷架平台,安装时均为柱顶下落到已安装的钢牛腿。

(2)汽车吊选用 25 t,端部吊重 3.5 t,4 点绑扎支撑架体的 4 个角的钢梁上同时拉设揽风绳,吊车试吊平稳后缓慢提升到混凝土柱顶支撑牛腿上方位置。

贝雷架支撑架体的拆除,考虑到支撑架体的循环利用,贝雷架平台架体可采取整体拆除的方法:先拆除混凝土次梁贝雷架支撑平台,后拆除混凝土主梁贝雷架支撑平台。

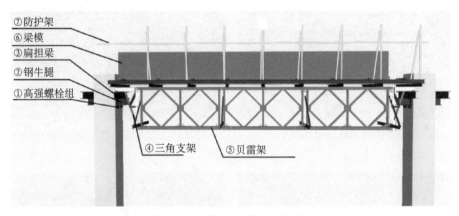

图 5.8　贝雷架支撑平台模型图

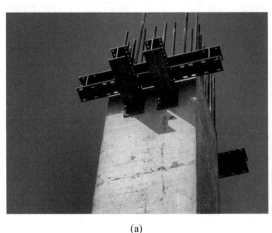

(a)　　　　　　　　　　　　　　　　　　(b)

图 5.9　柱头支撑及贝雷架的吊装

基于贝雷架施工工艺的框架结构梁与混凝土柱现浇的 PC 结构体系(图 5.10—

图 5.12），在工程进度方面以一个建筑面积为 12 万 m^2 的工程为例，贝雷架施工要比高支模全现浇混凝土结构工期短 1~1.5 个月；在工程成本方面与纯 PC 结构体系差不多；因贝雷架施工工艺减少了梁柱节点钢筋绑扎的难度，从而确保了梁柱节点的可靠性，整体结构性能要优于纯 PC 结构体系；因贝雷架可以循环使用，且不需要像纯 PC 结构体系那样在楼板上吊装预制混凝土框架梁，所以贝雷架施工工期进度更快，对于三层及以上的仓库更有优势。图 5.13 所示为混凝土框架梁与钢次梁连接节点，施工过程中是在混凝土主梁内设置预埋钢板，预埋钢板上焊连接板，连接板与钢次梁腹板通过螺栓连接，在现场焊接条件不易的情况下，连接板与预埋钢板间的焊缝质量是施工质量控制的关键。

图 5.10　贝雷架支撑的框架梁支模平台

图 5.11　贝雷架支撑平台上框架梁钢筋绑扎

图 5.12　梁柱节点混凝土整体浇筑

图 5.13　混凝土框架梁与钢次梁连接节点

5. 全钢结构楼板体系

全钢结构是一种非常成熟的结构体系，在此不作赘述，其普遍用于高抗震设防烈度地区的物流仓库项目，其他地区的物流仓库项目是否选用全钢结构，主要取决于钢材价格、工期长短、是不是立体仓库等因素。高层仓库的钢柱一般选用钢管混凝土柱，可以显著降低钢柱的用钢量。

目前的 PC 装配式结构楼板采用桁架楼承板替代高支模,混凝土框架梁的预制主要在施工现场实施。如果必须在预制加工厂预制,成本会增加不少且运输也是一个问题。梁柱节点的性能是需要关注的问题。随着建筑构件预制化的普及,后期也可能会有工厂预制的预应力高强混凝土肋形板(如双 T 型板)直接架设在主次梁上,从而进一步加快工程施工进度。

无论是全现浇的梁板结构还是预制装配式的 PC 结构、全钢结构,在主次梁的设计和施工制作中都应该结合机电消防管道的安装设置预留孔,这样可以提升仓库净高,减少管道固定支架、抗震支架数量,降低工程费用。

对于多高层仓库的坡道、盘道、车辆装卸货大平台的设计施工,考虑到集装箱货车荷载效应的影响,国内一般采用全现浇混凝土框架结构,且在整个项目施工计划中应优先开始坡道、盘道和大平台的施工,这样可以为后续的上部楼层结构施工提供材料运输的便利。全钢框架结构三层盘道库钢结构安装如图 5.14 所示。

图 5.14 全钢框架结构三层盘道库钢结构安装

6. 水平楼盖体系的经济性分析

对于框(排)架结构,结构竖向荷载的主要传力路径为竖向荷载→结构楼板→次梁→主梁→柱→基础。因此,水平楼盖体系为结构重要的组成部分,是结构承受竖向荷载的主要受力体系。常见的水平楼盖体系包括双向次梁楼盖体系(图 5.15)、单向次梁盖体系(图 5.16)及大梁大板楼盖体系(图 5.17)。

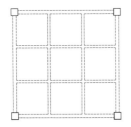

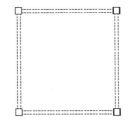

图 5.15 双向次梁楼盖体系　　图 5.16 单向次梁楼盖体系　　图 5.17 大梁大板楼盖体系

由于物流仓库的平面柱网尺寸较大,楼面活荷载一般不低于 20 kN/m²。当采用大梁大板楼盖体系时楼板受力较大,楼板厚度较大,使得结构自重也较大,楼板配筋很难满足受力要求,在使用阶段楼板的裂缝及挠度均很难满足规范限值的要求。因此,物流仓库一般不采用大梁大板楼盖体系。

基于水平楼盖的受力分析,除大梁大板楼盖体系不适用于物流仓库外,双向次梁楼盖体系和单向楼盖体系均可运用于物流仓库结构中。对于这两种楼盖体系的经济性,下面采用一个简单算例进行对比分析。

柱网尺寸为 12 m×12 m,附加恒载 1 kN/m²,楼面活荷载楼板为 36 N/m²,次梁为 24 N/m²,主梁为 20 N/m²。不考虑水平地震及风荷载,仅比较在竖向荷载下两种楼盖体系的经济性(次梁的间距一般需考虑喷淋头布置的间距模数,通常在 3 m 左右)。

双向次梁楼盖体系(井字梁)平面布置如图 5.18 所示,单向次梁楼盖体系(三横次梁)平面布置如图 5.19 所示。主要构件截面尺寸及混凝土量对比如表 5.3 所列,用钢量统计如表 5.4 所列。

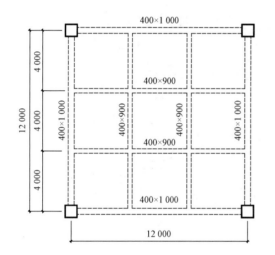 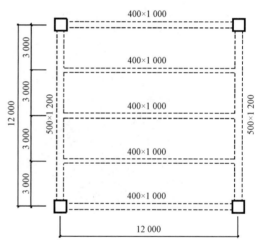

图 5.18　双向次梁楼盖体系(井字梁)平面布置　　图 5.19　单向次梁楼盖体系(三横次梁)平面布置

表 5.3　主要构件截面尺寸及混凝土量对比

楼盖体系	主梁/ (mm×mm)	次梁/ (mm×mm)	板厚/mm	混凝土量/ (m³·m⁻²)	对比
双向次梁楼盖体系	400×1 000	400×900	150	0.364	1
单向次梁楼盖体系	500×1 200(主) 400×1 000(次)	400×1 000	150	0.379	1.04

表 5.4　用钢量统计表

楼盖体系	主梁用钢量/ (kg·m⁻²)	次梁用钢量/ (kg·m⁻²)	楼板用钢量/ (kg·m⁻²)	合计用钢量/ (kg·m⁻²)	对比
双向次梁楼盖体系	33.81	32.90	26.43	93.14	1
单向次梁楼盖体系	34.15	28.51	19.89	82.55	0.88

由上述工程量数据可以得出,单向次梁楼盖体系要比双向次梁楼盖体系用钢量低,经济性好。但双向次梁楼盖体系也有其优势,由于双向次梁楼盖体系纵横向主梁均摊受荷面积,因此两方向主梁高度相同,货架布置方向不受限制。而单向次梁楼盖体系由于存在主受力主梁和非主受力主梁,因此主受力主梁梁高较高,对于建筑净高有一定影响。双向次梁楼盖体系能提供更高的梁底净高,可以提高建筑空间利用率,更有利于设备管线的安装。

以上仅对比竖向荷载作用下的经济性,实际工程中存在水平荷载(风荷载和地震荷载)的影响,同时还需要考虑结构正常使用状态的需求。结构受力往往是多工况下的配筋包络。因此,要根据不同工程的多种因素综合分析选择合适的楼盖体系。

5.4　结构计算相关参数

物流仓库在结构计算过程中涉及了各方面的结构相关参数。依据《建筑工程抗震设防分类标准》(GB 50223—2008)等相关规范对结构计算参数的合理选取与结构的经济性有着密切的关系。以下对结构计算中的几个重要参数进行介绍。

1. 结构抗震设防分类标准

按照遭受地震破坏后可能造成的人员伤亡、经济损失和社会影响的程度及建筑工程的抗震救灾中的作用,将建筑工程划分为不同的类别,区别对待,采用不同的设计要求。建筑工程分为以下四个抗震设防类别。

(1) 特殊设防类:指使用上有特殊设施,涉及国家公共安全的重大建筑工程和地震时可能发生严重次生灾害等特别重大灾害后果,需要进行特殊设防的房屋建筑,简称甲类。

(2) 重点设防类:指地震时使用功能不能中断或需尽快恢复的生命线相关建筑,以及地震时可能导致大量人员伤亡等重大灾害后果,需要提高设防标准的建筑,简称乙类。

(3) 标准设防类:指大量的除(1)、(2)、(4)以外按标准要求进行设防的建筑,简称丙类。

(4) 适度设防类:指使用上人员稀少且震损不致产生次生灾害,允许在一定条件下适度降低要求的建筑,简称丁类。

不同等级的设防类别对应不同等级的抗震设防标准要求。抗震设防标准越高,结构的安全储备越高,对应整体的工程造价也越高。各类工程抗震设防标准比较如表 5.5 所列。

表 5.5　各类工程抗震设防标准比较

设防类别	设防标准	
	抗震措施	地震作用
标准设防类	按设防烈度确定	按设防烈度
重点设防类	提高一度确定	按设防烈度
特殊设防类	提高一度确定	按批准的安评结果确定,但不应低于规范
适度设防类	适度降低	按设防烈度

在物流仓库的设计过程中,合理选取设防类别对于工程造价的控制有着关键作用。在具体工程中应根据实际使用的需求合理确定。对于大部分的物流仓库,一般可按照标准设防类(丙类)进行设计,即按照设防烈度进行抗震设计。

2. 重力荷载代表值

地震发生时恒荷载与其他重力荷载可能的组合结果总称为"抗震设计的重力荷载代表值",即永久荷载标准值与有关可变荷载组合值之和。计算地震作用时,建筑的重力荷载代表值应取结构和构配件自重标准值和可变荷载组合值之和。各可变荷载的组合值系数如表5.6所列。

表5.6　组合值系数

可变荷载种类		组合值系数
雪荷载		0.5
屋面积灰荷载		0.5
屋面活荷载		不计入
按实际情况计算的楼面活荷载		1.0
按等效均布荷载计算的楼面活荷载	藏书库、档案馆	0.8
	其他民用建筑	0.5
起重机悬吊物重力	硬钩吊车	0.3
	软钩吊车	不计入

永久荷载是指在结构使用期间,其值不随时间变化的荷载。物流仓库的永久荷载主要包括结构自重、内外墙自重、建筑面层自重以及设备吊挂荷载。可变荷载是指在结构使用期间,其值随时间变化的荷载。物流仓库的可变荷载主要包括堆放货物的自重、使用期间移动设备及人流荷载。

物流仓库楼面可变荷载是按照等效均布荷载考虑,同时,相关规范尚未对其组合值系数进行规定。由于物流仓库楼面可变荷载变化程度不大,因此其重力荷载代表值下限应大于普通民用建筑的0.5。在没有特殊规定时,根据行业经验与各地地方规定,可变荷载组合值系数一般按照0.6~0.7取值,当取低值时建议事前与当地审图机构沟通确定。当楼面可变荷载已经按照实际排布进行计算时,组合值系数上限也可取1.0。因此,物流仓库楼面可变荷载的组合值系数取值范围为0.6~1.0。可变荷载组合值系数的本质是计算重力荷载代表值,重力荷载代表值乘以水平地震影响系数就是水平地震力,因此该系数的取值在抗震区尤其是高烈度区,对水平地震力的大小有较大影响,进而影响结构的经济性。接下来以实际案例对比不同重力荷载代表值下的结构经济性。

工程案例[1]

该工程位于河北省廊坊市广阳区。建筑地上三层,层高分别为12.5 m、8.7 m和8.4 m。建筑总高度为29.6 m。标准柱网为10.5 m×11.5 m。建筑总宽度为86.6 m,

建筑总长度为 173.1 m。建筑典型剖面如图 5.20 所示。

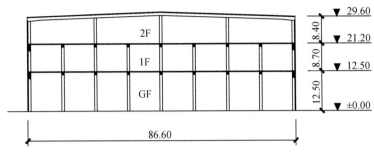

图 5.20　工程案例[1]典型剖面图

设计条件

抗震设防类别:丙类(标准设防)

抗震设防烈度:8 度

地震加速度:0.2g

设计地震分组:第二组

场地类别:Ⅲ类

特征周期:0.55

多遇地震水平地震影响系数:0.16

阻尼比:0.05

周期折减系数:0.9

活荷载重力荷载代表值系数:0.7~1.0

基本风压:0.45 kN/m²

基本雪压:0.45 kN/m²

活荷载取值:楼板 36 kN/m²,次梁 25 kN/m²,主梁、柱 22 kN/m²

　　该工程位于高烈度地区,刚度(层间角位移)成为控制性因素,层间位移角成为关键性控制指标。不同结构体系层间位移角限值如表 5.7 所列。

表 5.7　不同结构体系层间位移角限值

结构体系	层间位移角限值
钢筋混凝土框(排)架	1/550
钢结构框(排)架	1/250
钢管混凝土框(排)架	1/300

　　在满足层间角位移限值的前提下,钢筋混凝土框(排)架结构相对于钢结构框(排)架结构及钢管混凝土框(排)架结构有成本优势。

　　在楼盖体系的选择上采用单向次梁楼盖体系,随着国家大力推进装配式建筑的发展,全国各地均陆续出台了新建建筑装配率的政策要求。为了满足装配率的要求,物流仓库次梁可以采用钢次梁,楼板采用钢筋桁架楼承板。由于主受力框架梁荷载较大,为了满足使用阶段裂缝及挠度的要求,主受力框架梁采用预应力框架梁。标准柱跨构件布置简图如图 5.21所示。

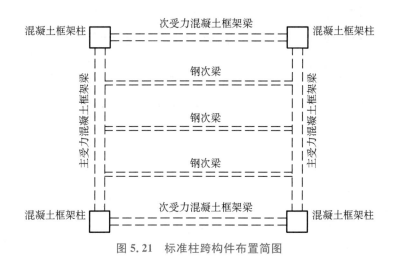

图 5.21　标准柱跨构件布置简图

对比重力荷载代表值组合系数分别为 0.7、0.8、0.9、1.0 四种情况下对结构经济性的影响。由于重力荷载代表值属于结构在地震作用下的基本组合工况参数,对于结构楼板和次梁(铰接)来说,仅考虑竖向荷载工况下的配筋和应力计算。因此,不同重力荷载代表值组合系数对楼板和次梁的配筋和应力是没有影响的,主要是对参与抗震的框架梁柱配筋的影响。

不同重力荷载代表值组合值系数对应的柱截面尺寸如表 5.8 所列。

表 5.8　不同重力荷载代表值组合值系数对应的柱截面尺寸

重力荷载代表值组合值系数	一层/(mm×mm)	二层/三层/(mm×mm)	最小位移角
0.7	1 200×1 200	900×900	1/560
0.8	1 250×1 200	1 000×900	1/563
0.9	1 300×1 200	1 100×900	1/555
1.0	1 400×1 200	1 200×900	1/552

在满足控制性指标位移角限值的前提下,不同重力荷载代表值组合值系数下的柱截面随着组合值系数的增大而增大。主要是由于组合值系数越大,水平地震力就越大,在同等条件下为了满足位移角限值需要竖向构件的刚度越大,因此柱截面也越大(注:因为调整柱子断面效果直接,因此暂不考虑调整主框架梁断面)。

不同重力荷载代表值组合值系数下柱、主梁配筋简图分别如图 5.22—图 5.29 所示。

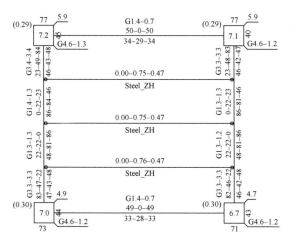

图 5.22　二层梁柱配筋简图(组合值系数:0.7)

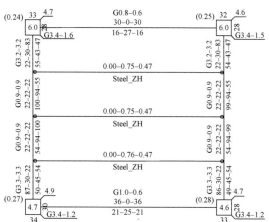

图 5.23　三层梁柱配筋简图(组合值系数:0.7)

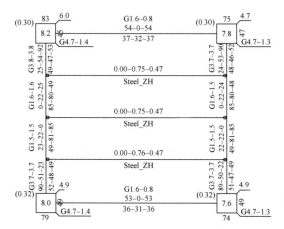

图 5.24　二层梁柱配筋简图(组合值系数:0.8)

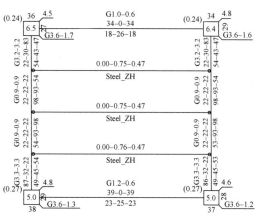

图 5.25　三层梁柱配筋简图(组合值系数:0.8)

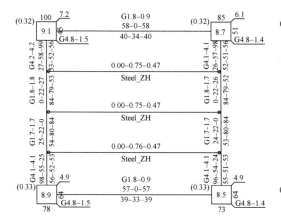

图 5.26　二层梁柱配筋简图(组合值系数:0.9)

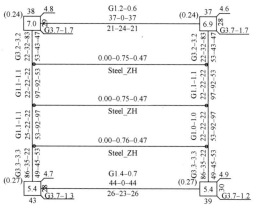

图 5.27　三层梁柱配筋简图(组合值系数:0.9)

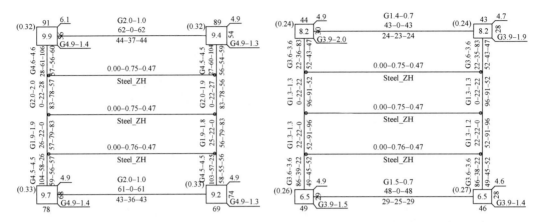

图 5.28 二层梁柱配筋简图(组合值系数:1.0)   图 5.29 三层梁柱配筋简图(组合值系数:1.0)

根据以上配筋简图将柱、主梁配筋分析汇总,不同重力荷载代表值组合值系数柱平均配筋面积,主受力主梁配筋面积和次受力主梁配筋面积分别如表 5.9、表 5.10 和表 5.11 所列。

表 5.9 不同重力荷载代表值组合值系数柱平均配筋面积

组合值系数	二层柱平均配筋面积/cm²	对比	相比上一级变化率	三层柱平均配筋面积/cm²	对比	百分比差
0.7	213.6	100%	—	104.1	100%	—
0.8	230	107.7%	7.7%	110.3	106.0%	6.0%
0.9	254.7	119.2%	10.7%	117	112.4%	6.4%
1.0	268.7	125.8%	5.5%	129.4	124.3%	11.9%

表 5.10 不同重力荷载代表值组合值系数主受力主梁配筋面积

组合值系数	二层梁梁底配筋面积/cm²	对比	相比上一级变化率	二层梁梁顶配筋面积/cm²	对比	百分比差
0.7	86	100%	—	84	100%	—
0.8	85	98.8%	-1.2%	90	107.1%	7.1%
0.9	84	97.7%	-1.1%	98	117.7%	10.6%
1.0	83	96.5%	-1.2%	104	123.8%	6.1%
组合值系数	三层梁梁底配筋面积/cm²	对比	相比上一级变化率	三层梁梁顶配筋面积/cm²	对比	百分比差
0.7	100	100%	—	87	100%	—
0.8	98	98%	-2.0%	87	100%	0%
0.9	97	97%	-1.0%	86	98.9%	-1.1%
1.0	96	96%	-1.0%	86	98.9%	0%

表 5.11　不同重力荷载代表值组合值系数次受力主梁配筋面积

组合值系数	二层梁梁底配筋面积/cm²	对比	相比上一级变化率	二层梁梁顶配筋面积/cm²	对比	百分比差
0.7	34	100%	—	50	100%	—
0.8	37	108.8%	8.8%	54	108.0%	8.0%
0.9	40	117.6%	8.1%	58	116.0%	8.0%
1.0	44	129.4%	10.0%	62	124.0%	8.0%
组合值系数	三层梁梁底配筋面积/cm²	对比	相比上一级变化率	三层梁梁顶配筋面积/cm²	对比	百分比差
0.7	25	100%	—	36	100%	—
0.8	25	100%	0.0%	39	108.3%	8.3%
0.9	26	104%	4.0%	44	122.2%	13.9%
1.0	29	116%	11.5%	48	133.3%	11.1%

根据上述对不同重力荷载代表值组合值系数下柱、主梁配筋面积汇总可知：

（1）随着组合值系数的增大，柱子不但需要增大断面以满足刚度要求，柱配筋面积也随之增大，增大百分比差在 6%～12% 之间。

（2）随着组合值系数的增大，主受力方向梁底配筋面积基本保持不变，主要是因为物流仓库活荷载较大，主受力方向梁底配筋主要是由竖向荷载工况正弯矩控制。

（3）随着组合值系数的增大，主受力方向二层梁顶配筋面积也随之增大，是因为主梁梁端负弯矩叠加了地震作用弯矩而增大，地震组合导致配筋增大百分比差在 6%～11% 之间。三层梁顶配筋面积基本保持不变，说明地震工况不起控制作用（考虑承载力调整系数 γ_{RE} 后），由此说明，水平地震力组合仅对底层主受力方向梁顶配筋有较大影响，对二层以上影响较小。

（4）随着组合值系数的增大，次受力方向各层梁底、梁顶配筋都随之增大，增大百分比差在 8%～14% 之间。因为次受力方向主梁分摊的竖向荷载受荷面积较小，梁配筋主要是由地震工况内力控制，由叠加地震作用产生的弯矩组合控制。

3. 阻尼比

阻尼比用于表达结构阻尼的大小，是结构的动力特性之一，是描述结构在受激振后振动的衰减形式，属于无单位量纲。阻尼比是决定地震影响系数的重要因素。

建筑结构的地震影响系数曲线如图 5.30 所示。

地震影响系数曲线可以分为四个区段，地震影响系数中的 γ、η_1、η_2 均是与阻尼比相关的调整参数。也可根据敏感程度分为加速度控制段（0-T_g）、速度控制段（T_g-$5T_g$）、位移控制段（$5T_g$-6.0）。

（1）曲线下降段的衰减指数应按式（5-1）确定：

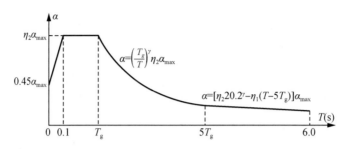

图 5.30　地震影响系数曲线

注：α—地震影响系数；α_{max}—地震影响系数最大值；η_1—直线下降段的下降斜率调整系数；η_2—阻尼调整系数；γ—衰减指数；T_g—特征周期；T—结构自振周期。

$$\gamma = 0.9 + \frac{0.05 - \zeta}{0.3 + 6\zeta} \tag{5-1}$$

（2）直线下降段的下降斜率调整系数应按式(5-2)确定：

$$\eta_1 = 0.9 + \frac{0.05 - \zeta}{4 + 32\zeta} \tag{5-2}$$

（3）阻尼调整系数应按式(5-3)确定：

$$\eta_2 = 0.9 + \frac{0.05 - \zeta}{0.08 + 1.6\zeta} \tag{5-3}$$

上面各式中，ζ 为阻尼比。

结构的阻尼可以消耗和吸收地震能量。阻尼越大，地震影响系数越小。在其他条件相同的情况下，不同阻尼的地震影响系数曲线如图 5.31 所示。

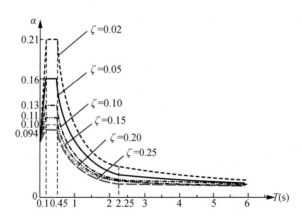

图 5.31　不同阻尼的地震影响系数曲线(8 度、第一组)

建筑结构的阻尼比是由多种因素综合决定的，如结构的材料、结构的高度以及填充墙的数量和所用材料等。常见各类结构的阻尼比如表 5.12 所列。

表 5.12　各类结构的阻尼比

结构类型	混凝土结构	钢结构			预应力混凝土结构	型钢混凝土结构
		≤50 m	50～200 m	≥200 m		
小震	0.05	0.04	0.03	0.02	0.03	0.04
大震	0.07	0.05			0.05	0.05

由于物流仓库通常仅在主受力方向主梁中采用预应力,故按照预应力混凝土构件采用的比例,结构阻尼比大致可按照 0.045 甚至 0.05 取值,如果按照预应力结构阻尼比为 0.03 选取则过于保守。以工程案例[1]为例,对比在三种阻尼比下对结构经济性的影响。

三种阻尼比在满足同等位移角限值的前提下,其柱截面尺寸如表 5.13 所列。

表 5.13　不同阻尼比系数对应的柱截面尺寸

阻尼比系数	一层/(mm×mm)	二层/三层/(mm×mm)	最小位移角
0.03	1 300×1 300	1 050×1 050	1/552
0.045	1 200×1 200	900×900	1/555
0.05	1 200×1 200	900×900	1/560

当取阻尼比为 0.03 时,其地震力较大,在不调整框架梁截面的前提下,为满足位移角限值需要柱截面增大较多。当阻尼比取 0.045 和 0.05 时,由于二者相差不大,因此阻尼比系数对结构控制性指标位移角的影响较小,两种阻尼比系数取同一柱截面均可以满足最小位移角限值的要求。

不同阻尼比情况下柱、主梁配筋简图分别如图 5.32—图 5.37 所示。

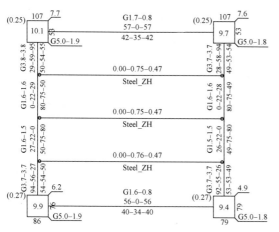

图 5.32　二层梁柱配筋简图(阻尼比:0.03)

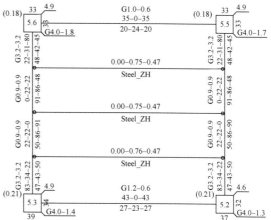

图 5.33　三层梁柱配筋简图(阻尼比:0.03)

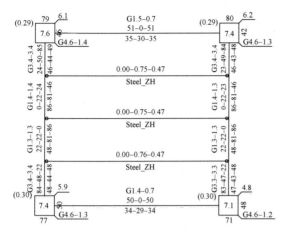

图 5.34 二层梁柱配筋简图(阻尼比:0.045)　　　　图 5.35 三层梁柱配筋简图(阻尼比:0.045)

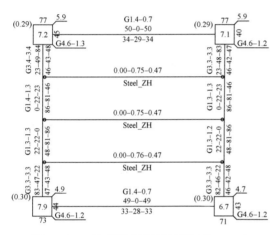

图 5.36 二层梁柱配筋简图(阻尼比:0.05)

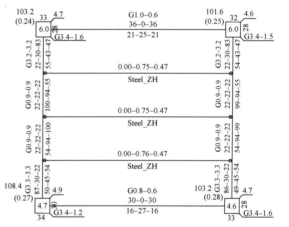

图 5.37 三层梁柱配筋简图(阻尼比:0.05)

根据以上配筋简图将柱、主梁配筋分析汇总,不同阻尼比系数柱平均配筋面积,主受力主梁配筋面积和次受力主梁配筋面积分别如表 5.14、表 5.15 和表 5.16 所列。

表 5.14　不同阻尼比系数柱平均配筋面积

阻尼比系数	二层柱平均配筋面积/cm²	对比	相比上一级变化率	三层柱平均配筋面积/cm²	对比	百分比差
0.03	293.5	100%	—	117.7	100%	—
0.045	223.5	76.1%	-23.9%	106.9	90.8%	-9.2%
0.05	213.6	72.8%	-4.3%	104.1	88.4%	-2.4%

表 5.15　不同阻尼比系数主受力主梁配筋面积

阻尼比系数	二层梁梁底配筋面积/cm²	对比	相比上一级变化率	二层梁梁顶配筋面积/cm²	对比	百分比差
0.03	80	100%	—	95	100%	—

（续表）

阻尼比系数	二层梁梁底配筋面积/cm²	对比	相比上一级变化率	二层梁梁顶配筋面积/cm²	对比	百分比差
0.045	86	107.5%	7.5%	85	89.5%	−10.5%
0.05	86	107.5%	0.0%	84	88.4%	−1.1%
阻尼比系数	三层梁梁底配筋面积/cm²	对比	相比上一级变化率	三层梁梁顶配筋面积/cm²	对比	百分比差
0.03	91	100%	—	83	100%	—
0.045	100	109.9%	9.9%	86	103.6%	3.6%
0.05	100	109.9%	0.0%	87	104.8%	1.2%

表 5.16　不同阻尼比系数次受力主梁配筋面积

阻尼比系数	二层梁梁底配筋面积/cm²	对比	相比上一级变化率	二层梁梁顶配筋面积/cm²	对比	百分比差
0.03	42	100%	—	57	100%	—
0.045	35	83.3%	−16.7%	51	89.5%	−10.5%
0.05	34	81.0%	−2.8%	50	87.7%	−1.8%
阻尼比系数	三层梁梁底配筋面积/cm²	对比	相比上一级变化率	三层梁梁顶配筋面积/cm²	对比	百分比差
0.03	24	100%	—	35	100%	—
0.045	25	104.2%	4.2%	35	100%	0.0%
0.05	25	104.2%	0.0%	36	102.8%	2.8%

根据上述对不同阻尼比系数柱、主梁配筋面积汇总可知：

（1）结构阻尼比取 0.03，二层柱配筋面积要比阻尼比取 0.045、0.05 时，增大约 25%，三层柱配筋约增大 10%。阻尼比越小，地震作用越大，对竖向构件柱的截面和配筋影响较显著。

（2）对主受力梁，梁底配筋由非地震组合控制，梁顶配筋由地震组合控制。由于竖向荷载较大，地震组合下，地震力的变化对整体结果影响不显著。故不同阻尼比对主受力梁配筋影响不大。

（3）对于次受力主梁，由于竖向荷载较小，梁底、梁顶配筋均受地震组合控制。不同阻尼比对二层梁配筋影响比三层梁配筋影响明显。

（4）由于结构阻尼比 0.05 与 0.045 相差较小，阻尼比的变化对柱、主梁配筋面积的影响均不大于 5%。

4. 周期折减系数

一般来说，建筑隔墙等附属构件在结构计算中仅以荷载的形式反映在结构计算模型中。因此，由于结构计算模型的简化未考虑非结构构件的刚度，导致结构在弹性阶段的计算自振周期比真实自振周期长。为了使得计算自振周期更加接近实际自振周期，采用对计算自振周期乘以折减系数的方法进行修正。如果修正系数取值不当,折减系数偏小往往使得结构地震力被夸大,造成结构成本增加,而折减系数偏大则会产生安全隐患。显然,周期折减系数在结构设计中是一个非常重要的因素或者说是结构特征。

填充墙对结构刚度的影响与填充墙自身的材料性能、数量、墙体长度、墙体布置、墙体孔洞多少以及与主体结构的连接方式等因素息息相关。另外,填充墙对结构刚度的影响还与结构自身的侧向刚度有关。当结构自身侧向刚度大时,填充墙对结构整体刚度的影响较小。例如,由于剪力墙结构整体侧向刚度大于框架结构,所以填充墙刚度对剪力墙结构的影响比对框架结构影响小。

采用周期折减系数时,结构的自振周期会变小,进而影响到地震作用(一般是增加)。与地震影响系数曲线对照可知:

(1)当结构自振周期 $T<0.1\ \text{s}$ 时,地震影响系数的 α 值变小,地震作用也变小,但一般结构的基本自振周期很少出现在这一区段,如果出现在这一区段可以不对周期进行折减来提高结构的安全储备(这样的结构在物流仓库中实际上不存在)。

(2)当自振周期 $0.1\ \text{s}{\leqslant}T{\leqslant}T_g$ 时,地震影响系数曲线的 α 值不变,地震作用也不变(称为平台段)。基本自振周期在这一区段的结构刚度较大,若折减前后自振周期都处于平台段,地震作用也不发生改变。

(3)当自振周期 $T>T_g$ 时,处在地震影响系数曲线的曲线下降段和直线下降段,周期折减会放大结构地震力,大部分物流仓库都处于此区段。

由于周期折减系数与诸多因素有关,因此《高层建筑混凝土结构技术规程》(JGJ 3—2010)提出了相关的参考数值,"当非承重墙体为砌体墙时,高层建筑结构的计算自振周期折减系数可按照下列规定取值":①框架结构可取 0.6～0.7;②框架—剪力墙结构可取0.7～0.8;③框架—核心筒结构可取 0.8～0.9;④剪力墙结构可取 0.8～1.0。

对于其他结构体系或当采用其他非承重墙体时,可根据工程情况确定周期折减系数。

对于物流仓库项目而言,结构形式大部分采用的是框(排)架体系。内部填充墙体采用轻质混凝土材料,容重较小、墙体厚度较薄、墙体数量较少。外部墙体采用建筑彩钢板墙体,彩钢板薄而轻。具体工程中可以根据内外建筑墙体的多方面因素综合考虑,建议周期折减系数取 0.8～1.0。

以工程案例[1]为例,对比在周期折减系数取 0.8、0.9 和 1.0 三种情况下对结构经济性的影响。在满足最小位移角限值前提下,不同周期折减系数对应的柱截面尺寸如表 5.17 所列。

表 5.17 不同周期折减值系数对应的柱截面尺寸

周期折减系数系数	一层/(mm×mm)	二层/三层/(mm×mm)	最小位移角
0.8	1 350×1 200	1 100×900	1/565
0.9	1 200×1 200	900×900	1/560
1.0	1 200×1 200	900×900	1/589

不同周期折减系数下柱、主梁配筋简图分别如图 5.38—图 5.43 所示。

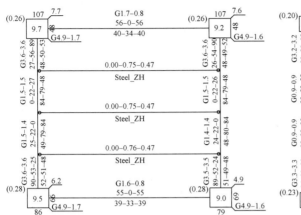

图 5.38 二层梁柱配筋简图(周期折减系数:0.8)　　图 5.39 三层梁柱配筋简图(周期折减系数:0.8)

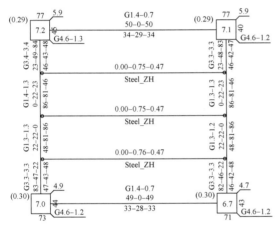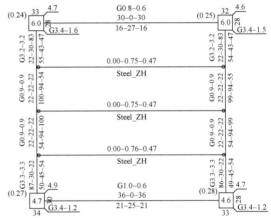

图 5.40 二层梁柱配筋简图(周期折减系数:0.9)　　图 5.41 三层梁柱配筋简图(周期折减系数:0.9)

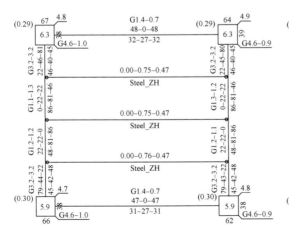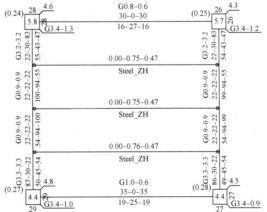

图 5.42 二层梁柱配筋简图(周期折减系数:1.0)　　图 5.43 三层梁柱配筋简图(周期折减系数:1.0)

　　根据以上配筋简图将柱、主梁配筋分析汇总,不同周期折减系数柱平均配筋面积,主受力主梁配筋面积和次受力主梁配筋面积分别如表 5.18、表 5.19 和表 5.20 所列。

表 5.18　不同周期折减系数柱平均配筋面积

周期折减系数	二层柱平均配筋面积/cm²	对比	相比上一级变化率	三层柱平均配筋面积/cm²	对比	百分比差
0.8	278.6	100%	—	124.3	100%	—
0.9	213.6	76.7%	−23.3%	104.1	83.7%	−16.3%
1.0	186.8	67.0%	−12.6%	91.8	73.9%	−9.8%

表 5.19　不同周期折减系数主受力主梁配筋面积

周期折减系数	二层梁梁底配筋面积/cm²	对比	相比上一级变化率	二层梁梁顶配筋面积/cm²	对比	百分比差
0.8	84	100%	—	89	100%	—
0.9	86	102.3%	2.3%	84	94.4%	−5.6%
1.0	86	102.3%	0%	81	91.0%	−3.4%
周期折减系数	三层梁梁底配筋面积/cm²	对比	相比上一级变化率	三层梁梁顶配筋面积/cm²	对比	百分比差
0.8	97	100%	—	83	100%	—
0.9	100	103.1%	3.1%	83	101.1%	1.1%
1.0	100	103.1%	0.0%	83	101.1%	0.0%

表 5.20　不同周期折减系数次受力主梁配筋面积

周期折减系数	二层梁梁底配筋面积/cm²	对比	相比上一级变化率	二层梁梁顶配筋面积/cm²	对比	百分比差
0.8	40	100%	—	56	100%	—
0.9	34	85%	−15%	50	89.3%	−10.7%
1.0	32	80%	−5.9%	48	85.7%	−3.6%
周期折减系数	三层梁梁底配筋面积/cm²	对比	相比上一级变化率	三层梁梁顶配筋面积/cm²	对比	百分比差
0.8	34	100%	—	26	100%	—
0.9	30	88.2%	−11.8%	27	103.8%	3.8%
1.0	30	88.2%	0%	27	103.8%	0%

　　根据上述对不同周期折减系数柱、主梁配筋面积汇总可知:

　　(1) 该工程基本自振周期 T 在 1.2 s 左右,场地特征周期 $T_g = 0.55$ s, $T_g < T < 5T_g$。

位于地震影响系数曲线的速度控制阶段。当自振周期乘以周期折减系数后,地震影响系数会增大,从而放大结构的地震力,周期折减系数越小地震力放大越多。

（2）在满足同等位移角限值的情况下,周期折减系数越小,竖向构件截面尺寸越大,其配筋也越大。配筋百分比差约在 9%～25% 之间,从而说明,周期折减系数对主要参与抗震的竖向构件的截面和配筋比较敏感。

（3）随着周期折减系数的减小,主受力方向主梁梁底配筋没有明显变化,梁顶配筋减小,说明梁顶负弯矩配筋受到地震荷载组合控制,但由于竖向荷载组合所占比重大,地震组合下变化不大。随着周期折减系数的减小,二层次受力方向梁顶、梁底配筋均随之增大,配筋百分比差在 5%～15% 之间,说明梁底配筋也是由地震荷载组合控制,梁底地震作用下的配筋最大值是在梁的根部(而非跨中,竖向荷载作用下梁底配筋最大值是在跨中)。三层次受力方向除当周期折减系数在 0.8～0.9 之间时对梁底配筋影响较明显(百分比差值在 12% 左右)外,其他情况周期折减系数对三层梁配筋影响较小。

总体说来,周期折减系数对地震作用的影响,框架柱大于框架梁;对于框架梁,不管是主受力主梁还是次受力主梁,对三层影响显著小于二层;在地震组合下,当竖向荷载不大时(次主梁),梁底控制组合可能是梁根部地震正弯矩组合。周期折减系数需结合实际情况选取,其对经济性有较大影响。

5. 结构计算相关参数对结构经济性的影响

通过前文以工程案例[1]为例,对结构计算参数包括重力荷载代表值组合值系数、阻尼比系数及周期折减系数等参数在合理取值范围内的结构构件尺寸和配筋对比分析,可以得出以下相关结论:

（1）影响物流仓库经济性的结构计算参数的因素是多方面的,其与地震烈度、地震加速度、地震分组、场地类别以及基本风压、基本雪压等计算参数和工程建设的地理位置息息相关。当结构的建设地点选定后,这些参数均可以根据现行规范查得。而上述讨论的重力荷载代表值系数、阻尼比及周期折减系数与建设地点无关,其参数的取值可以基于规范,根据实际工程并结合工程经验进行合理的选择,通过更合理的参数带来更好的经济性。

（2）结构计算的计算模型需要满足规范规定的各种控制性要求,如刚度比、周期比、位移比及位移角等。对于物流仓库而言,位移角属于关键性控制指标。实际工程位移角不宜小于位移角限值,而过大、过严的位移角控制会额外增加工程的造价。

（3）重力荷载代表值系数越大、阻尼比越小及周期折减系数越小,结构受到的地震作用越大。为了满足关键性控制指标位移角限值,地震作用越大,竖向构件的刚度也越大,截面及配筋越大。在物流仓库中柱截面因为是由刚度控制的,所以轴压比相对于限值偏小较多,因而并非控制性因素。

（4）当采用单向次梁楼盖体系时,主受力框架梁的配筋受地震计算参数重力荷载代表值组合值系数、阻尼比系数及周期折减系数影响较小,主要是因为主受力框架梁的配筋受竖向荷载工况控制,而非地震组合工况控制。

（5）当采用单向次梁楼盖体系时,次受力框架梁的配筋受地震计算参数重力荷载代表值系数、阻尼比系数及周期折减系数影响较大,主要是因为次受力框架梁的竖向荷载分摊面积较小,其配筋受地震组合工况控制。重力荷载代表值系数越大,阻尼比越小以及周期折减系数越小,次受力框架梁配筋越大。

（6）楼盖体系中的楼板和次梁配筋及内力受竖向荷载工况控制,而结构计算参数中的重力荷载代表值系数、阻尼比系数及周期折减系数均与地震力有关,仅影响地震工况下的受力。因此,不同的上述参数的大小对楼板和次梁的受力和配筋没有影响。

日本是个地震高发国家,其高层仓库的结构设计通过减隔震措施来实现最优的综合性能,如图 5.44—图 5.47 所示,这应该是我国高层仓库结构设计的发展方向。

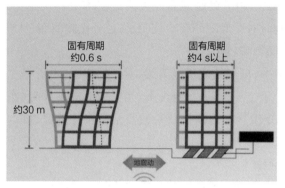

图 5.44　隔震建筑示意图

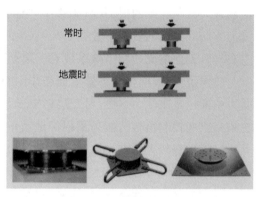

图 5.45　隔震垫变位示意

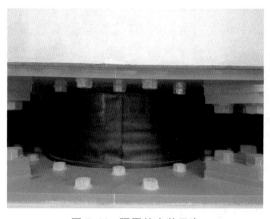

图 5.46　隔震垫安装示意

图 5.47　阻尼器示意(减震)

5.5　高架平台结构布置设计

多高层仓库按货物垂直运输的路径不同可以分为电梯库、坡道库和盘道库,从运营的效率和便利性而言,客户更倾向于坡道库和盘道库,多高层冷库一般选择电梯库。大平台的面积在项目总建筑面积中的占比:双层库大概是 12%～14%,三层库大概是 18%～22%。

1. 高架平台的宽度要求

高架平台根据装卸货区操作、货车运输通道及货车回转场地的要求,大平台宽度的取值与园区定位、车辆大小和运输效率密切相关,同时也关系到整个园区有效租赁面积的比值。一般按以下原则布置。

(1) 对于常用 40 ft(1 ft = 0.304 8 m)集装箱卡车,单边装卸货的最小高架平台宽度为 30～35 m,结构布置上为两个柱跨。

(2) 对于常用 40 ft 集装箱卡车,两个面对面仓库的装卸货高架平台的宽度一般不小于 45 m,对于区域配送中心项目,因超长集卡车辆比例多,高架平台的宽度以 48 m 为宜,也有部分项目宽度取 54 m,结构布置上为三个柱跨。

2. 高架平台的结构布置形式

对于单边装卸货的高架平台,其结构柱跨为两个柱跨。对于常见的 32 m 宽的高架平台,根据车流布置其柱距一般为 14 m + 18 m 或者 12 m + 20 m。可以采取与仓库连接及脱开两种结构布置方式,单边装卸货高架平台与仓库连接布置和脱开布置剖面示意图分别如图 5.48 和图 5.49 所示。

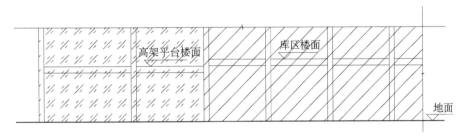

图 5.48　单边装卸货高架平台与仓库连接布置剖面示意图

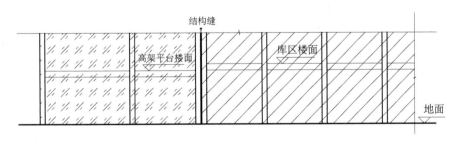

图 5.49　单边装卸高架平台与仓库脱开布置剖面示意图

就这两种结构布置方式而言,与仓库连接的布置可以避免结构缝的出现,也可以少一排与主体仓库区并列的柱子,能提高建筑空间利用率,节省工程量。但由于高架平台需满足集装箱卡车装卸货物的要求,高架平台楼面标高比仓库楼面标高低 1.3 m,使得连接的布置方式出现结构错层,错层位置形成短柱会对抗震不利。对于低烈度地区,地震力相对较小,对错层短柱采取抗震加强措施,高架平台与仓库结构一体化的连接形式也可行。对于高烈度地区,地震力相对较大,采取高架平台和仓库脱开布置的结构形式可以避免错层短柱在地震力下的不利破坏。

面对面装卸货高架平台的结构柱跨为三个柱跨,对于较常见的 48 m 宽的高架平台,其柱距为 12 m＋24 m＋12 m 的布置形式。在结构布置上与两侧仓库主体通过结构缝脱开布置,面对面装卸货高架平台与仓库脱开布置剖面示意图如图 5.50 所示。

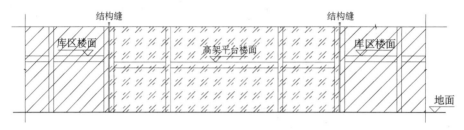

图 5.50　面对面装卸货高架平台与仓库脱开布置剖面示意图

3. 高架平台楼盖体系

高架平台结构形式为框架结构,其楼盖为现浇混凝土梁板体系。楼面次梁采用单向次梁布置方式。以面对面装卸货的三跨高架平台为例,其结构楼盖布置平面示意图如图 5.51 所示。

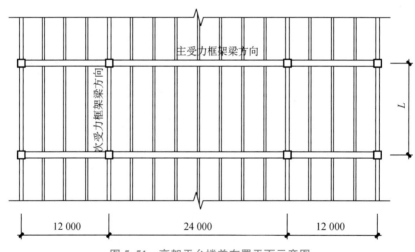

图 5.51　高架平台楼盖布置平面示意图

图 5.51 中柱距 L 需与仓库区柱距保持一致,通常开间 L 在 11～12 m 之间。由于主受力框架梁承担次梁传递过来的楼面竖向荷载,受荷较大,为了减小配筋率、挠度并满足裂缝的要求,主受力框架梁采用预应力混凝土梁,次受力框架梁及次梁采用普通混凝土梁。

对于纯装卸货大平台,为了降低工程成本,其混凝土板面施工一般是一次成型;而对于下方是仓库的装卸货大平台,基于防水的要求,需要在结构层、防水材料之上铺设混凝土面层,从控制面层裂缝的角度,选用钢纤维混凝土面层效果更好一些。在大平台板面混凝土施工过程中必须保证排水坡度避免大平台积水,同时对于大平台与仓库结构脱开处,在设计和施工中都应采取有效措施避免漏水至下层仓库。

5.6　物流仓库钢结构屋面构件的布置原则

目前国内的多高层仓库,除了当仓库屋面有停车场的功能时选用混凝土屋面外,大部分物流仓库的屋面均采用轻钢屋面结构,屋面主要结构构件布置示意图如图 5.52 所示,包括刚架、水平支撑、系杆、檩条、拉条、撑杆等。

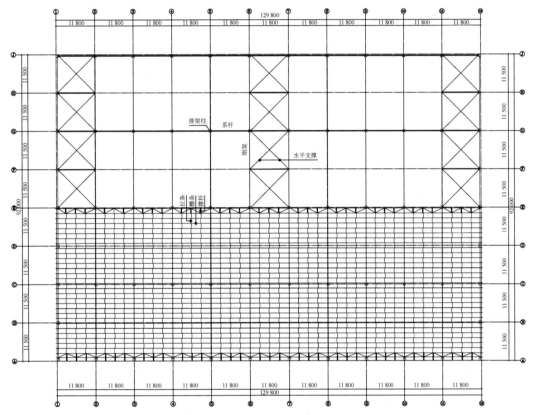

图 5.52　屋面主要结构构件布置示意图

1. 刚架

屋面刚架是主要竖向受力构件,支撑在混凝土排架柱上。物流仓库的刚架形式一般为多跨双坡,多跨双坡刚架形式如图 5.53 所示。刚架与柱顶铰接,柱为下一层混凝土柱隔跨延伸上来。

图 5.53　多跨双坡刚架形式

刚架截面可以采用等截面和变截面两种形式。变截面刚架可以采用三块板焊成的工字型截面形式。等截面刚架可以采用三块板焊成的工字型截面、高频焊接 H 型钢及热轧 H 型钢。刚架为受弯构件,腹板以受剪为主,翼缘以抗弯为主。弯矩较大的部位通过增大腹板的高度,可使翼缘的抗弯能力得到充分发挥。如在增大腹板高度的同时厚度也相应增大,则腹板耗钢量过大,不够经济。现以具体实例对比刚架采用变截面和等截面钢材用量。

某两层物流仓库,顶层为四跨双坡刚架,基本风压:0.45 kN/m²($R = 50$),基本雪压:0.45 kN/m²($R = 100$)。屋面采用镀铝锌彩钢板屋面 + 玻璃纤维保温棉,屋面预留光伏板荷载为 0.15 kN/m²。弯矩包络图如图 5.54 所示。

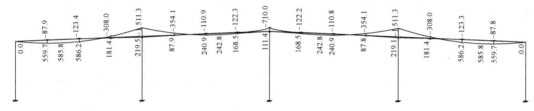

图 5.54　弯矩包络图(单位:kN·m)

由弯矩包络图可知,在风荷载工况作用下,刚架会出现跨中上翼缘受拉、支座处下翼缘受拉的情况。

等截面和变截面两种形式用钢量对比如表 5.21 所列,采用变截面刚架比等截面刚架节省 25.6% 的钢材。变截面刚架因为其截面可以根据弯矩的变化而变化,所以能更好地节省钢材。

表 5.21　用钢量对比表

截面类型	用钢量/kg	对比	百分比差
等截面	11 112	100%	—
变截面	8 266	74.4%	−25.6%

2. 檩条

檩条是轻型彩钢板屋面的重要结构构件,承受屋面板传递过来的荷载。檩条有实腹式和桁架式两种形式。桁架式檩条常用于跨度和荷载较大的情况,对于物流仓库应选择实腹式。

实腹式檩条常采用普通型钢和冷弯薄壁型钢两种形式。普通型钢包括槽钢、热轧工字钢和高频焊接 H 型钢。冷弯薄壁型钢包括 C 形冷弯薄壁型钢和 Z 形冷弯薄壁型钢。

根据檩条受力形式的不同可分为简支檩条和连续檩条。简支檩条一般采用 C 形冷弯薄壁型钢,连续檩条一般采用 Z 形冷弯薄壁型钢。简支檩条构造相对简单,不需要在支座处搭接,连续檩条可以充分地利用材料强度。

以常规物流仓库 12 m 跨度的檩条来对比简支和连续两种不同形式檩条的受力情况。假定,恒载标准值为 0.3 kN/m,活载标准值为 0.75 kN/m。简支檩条荷载标准值简图和标

准组合弯矩简图分别如图 5.55 和图 5.56 所示,连续檩条荷载标准值简图和标准组合弯矩
简图分别如图 5.57 和图 5.58 所示,弯矩对比表如表 5.22 所列。

图 5.55　简支檩条荷载标准值简图

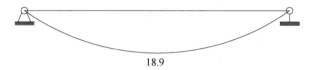

图 5.56　简支檩条标准组合弯矩简图(单位:kN·m)

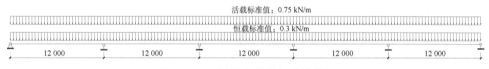

图 5.57　连续檩条荷载标准值简图

图 5.58　连续檩条标准组合弯矩简图(单位:kN·m)

表 5.22　弯矩对比表

檩条类型	最大弯矩/(kN·m)	对比	百分比差
简支檩条	18.90	100%	—
连续檩条	15.88	84.0%	−16%

　　连续檩条的最大弯矩在第一跨的支座位置,其值是简支檩条最大弯矩的 84%。实际工
程中,檩条的跨度远不止五跨,因此大部分的控制弯矩在中间支座,其值为简支檩条的 63%。
在截面选取上,端跨和中间跨可以采用不同截面来适应不同最大弯矩的变化。从两种檩条
受力角度分析,采用连续檩条要比简支檩条更经济。

　　因物流仓库的屋面通常是轻钢结构屋面,当檩条不作为刚架的侧向支撑时,实腹式刚架
侧向支撑点为刚系杆的距离。由于刚系杆的距离往往较大,刚架计算长度难以满足,刚架容
易失稳。若通过减小刚性系杆的距离或者增大刚架的截面来满足稳定性要求,则经济上不
合理。因此,对于实腹式刚架,往往需要在檩条支座处设置隅撑与刚架连接来减小侧向支撑
间的距离,保证刚架下翼缘的稳定,减小刚架的用钢量。需要明确的是此类檩条的破坏会引

起屋面结构的整体失效。

3. 屋盖支撑

轻钢屋盖的支撑系统主要作用是保证水平荷载的传递和屋盖结构的空间整体性。合理设置支撑在保证结构安全性的前提下,也能提高结构的经济性。

轻钢屋面支撑包括屋面横向水平支撑和纵向支撑。

(1)屋面横向水平支撑应布置在房屋端部和温度区段第一或第二开间,当布置在第二开间时应在房屋端部第一间抗风柱顶部对应设置刚性系杆。屋面横向水平支撑的形式常选用圆钢或钢索交叉支撑,由于作为斜杆的圆钢或钢索只能受拉不能受压,因此在节点位置需要设置刚性系杆来作为压杆共同构成桁架稳定体系。

(2)纵向支撑常包括纵向支撑桁架和刚性系杆。在设有带驾驶室且其中重量大于15 t桥式吊车的跨间,应该在屋盖边开间设置纵向支撑桁架。对于物流仓库项目往往不设置吊车,所以不必在屋盖边开间位置设置纵向支撑桁架,只需在柱顶位置设置通长的刚性系杆来加强屋盖的整体刚度。刚性系杆常采用圆钢管,按照压杆设计,控制长细比。

4. 拉条、撑杆

拉条作为檩条的侧向支撑,起到防止檩条侧向变形的作用,可以提高檩条稳定性。当檩条跨度不大于4 m时,宜在檩条跨中位置设置拉条;当檩条跨度大于6 m时,宜在檩条1/3跨处设置拉条;当檩条跨度大于9 m时,宜在檩条1/4跨处设置拉条。

(1)拉条应设置在檩条受压部位来阻止檩条失稳。在恒载和活荷载组合作用下,檩条上部受压;在恒载和风荷载组合作用下,檩条下部受压。因此应设置双层拉条来保证檩条稳定性。

(2)由于物流仓库屋面板大部分采用单层金属彩钢板,厚度较薄、刚度较小。屋面板不能约束檩条上翼缘的侧向位移。其次檩条下翼缘也没有设置可以阻止其下翼缘侧向变形的内衬板。因此,需要设置双层拉条。

(3)拉条可采用圆钢,圆钢直径不宜小于10 mm,圆钢拉条可设置在距檩条上下翼缘1/3腹板高度的范围之内。

(4)轻钢屋面需在檐口及屋脊处设置由斜拉条和撑杆组成的桁架来保证沿着屋面荷载的合理传递。

(5)斜拉条和直拉条一样一般采用圆钢,其只能承受拉力。撑杆需要承受压力,可采用方管、槽钢或钢管。

5.7 物流仓库超长混凝土结构设计及施工要点

现代物流仓库最常用的结构体系是多高层钢筋混凝土框架结构、框架剪力墙结构和加轻钢结构的屋面结构形式。目前在物流仓库中,倾向于不留伸缩缝,经常在长度超过100 m的物流仓库中仅仅设置加强带、后浇带作为超长措施。一般来说,物流仓库混凝土浇筑一般是叠合楼板超长混凝土。凡混凝土结构平面长度超过《混凝土结构设计规范》(2015年版)(GB 50010—2010)所规定的结构长度,而没有按规范设置伸缩缝的,即为"超长混凝土结构"。

对于超长混凝土结构,相关规范中提出设置伸缩缝来避免温差和体积变化等间接效应的叠加而引起的结构约束应力和变形开裂。温差主要指早期水化热或使用期的季节温差;体积变化主要指施工期或使用早期的混凝土收缩。规范中提出了设置结构伸缩缝的措施来控制因上述原因引起的结构约束应力和变形开裂。钢筋混凝土结构伸缩缝最大间距如表 5.23 所列。

表 5.23　钢筋混凝土结构伸缩缝最大间距

结构类型		室内或土中最大间距/m	露天最大间距/m
排架结构	装配式	100	70
框架结构	装配式	75	50
	现浇式	55	35
剪力墙结构	装配式	65	40
	现浇式	45	30
挡土墙、地下室墙壁等类结构	装配式	40	30
	现浇式	30	20

物流仓库属于装配整体式框架结构,按照表 5.23 中伸缩缝的最大间距可以按照装配式和现浇式的伸缩缝间距进行插值计算,其值为 65 m。物流仓库的平面长度往往为100~200 m,超过了伸缩缝的最大间距,按照规范要求需要设置结构伸缩缝。设置伸缩缝后两个单体之间会存在漏水的隐患,且随着物联网及人工智能的发展,越来越多的仓库配备了机器人,各单体可能产生的沉降差影响其正常作业。因此,不设置结构伸缩缝更有利于建筑的后期使用。不设置结构伸缩缝则属于超长结构,需要考虑温差和体积变化对结构的影响。

由于混凝土结构在施工期间和使用阶段的温度会随时间变化,混凝土结构会产生温差,温差的产生会引起温度作用。对于超长结构,温度作用是一个关键荷载,在结构计算中应予以考虑。对于超长结构的温度作用应该考虑两种工况:升温和降温。在升温时,混凝土膨胀楼板中产生压应力,不产生裂缝;在降温时,混凝土收缩楼板中产生拉应力,当拉应力超过混凝土的抗拉强度时会产生裂缝,故应重点注意降温工况。

根据《建筑结构荷载规范》(GB 50009—2012)均匀温度作用的标准值按以下两种工况考虑。

(1)对结构最大升温的工况,均匀温度的作用标准值按式(5-4)计算:

$$\Delta T_k = T_{s,max} - T_{0,min} \tag{5-4}$$

式中　ΔT_k——均匀温度作用标准值,℃;

$T_{s,max}$——结构最高平均温度,℃;

$T_{0,\,min}$——结构最低初始平均温度,℃。

(2) 对结构最大降温的工况,均匀温度的作用标准值按式(5-5)计算:

$$\Delta T_k = T_{s,\,min} - T_{0,\,max} \tag{5-5}$$

式中　$T_{s,min}$——结构最低平均温度,℃;

　　　$T_{0,\,max}$——结构最高初始平均温度,℃。

影响结构最高、最低平均温度的因素是多方面的,具体工程应根据施工阶段和正常使用阶段的实际情况确定。对于暴露于环境气温下的室内结构,最高平均温度和最低平均温度一般可根据 50 年重现期的月平均最高气温和月平均最低气温确定。

结构的最高初始平均温度和最低初始平均温度应按照结构的合拢或者形成约束的时间确定,也可根据施工时结构可能出现的温度按照不利的情况确定。

1. 后浇带

一般混凝土收缩分为三个阶段:第一阶段"早期裂缝活动期",一般为浇筑后 10~30 d,混凝土产生 15%~25% 的收缩;第二阶段"中期裂缝活动期",一般为浇筑后 3~6 个月,混凝土完成 60%~80% 的收缩;第三阶段"后期裂缝活动期",一般为浇筑后 1 年,混凝土完成 95% 的收缩。工程中设置伸缩后浇带的目的就是利用混凝土前期收缩量大的特性,释放早期混凝土的收缩应力。后浇带一般在两侧混凝土浇筑完成 60 d 后封闭,能释放至少 50% 的混凝土收缩应力。

物流仓库后浇带一般每隔 30~40 m 设置一道,后浇带的宽度为 800 mm。后浇带的位置一般应设置在受力较小(剪力和弯矩都不太大)的位置,如 1/3 柱跨附近,其方向宜与梁正交。

如过多设置后浇带,首先会对于工期影响较大,其次后浇带位置(由于混凝土前、后浇筑)不可避免存在色差和接缝,后浇带施工质量不好还会有渗漏隐患。故在实际工程中建议将后浇带和膨胀加强带交替布置,加强带的宽度为 2 000 mm,可以连续浇筑,避免了后浇带因后期浇筑产生的不利影响。

后浇带和膨胀加强带混凝土强度等级应提高一级。采用高效低碱的抗渗微膨胀剂,掺量为后浇带 12%,膨胀加强带 15%。掺膨胀剂的补偿收缩混凝土限值膨胀率应符合表 5.24 的规定。

表 5.24　补偿收缩混凝土的限值膨胀率

用途	限制膨胀率	
	水中 14 d	水中 14 d 转空气中 28 d
用于补偿混凝土收缩	≥0.015%	≥-0.030%
由于后浇带、加强带和工程接缝填充	≥0.025%	≥-0.020%

后浇带板中钢筋断开,预留搭接长度,可以更充分地释放应力。同时,后浇带板无须设置附加钢筋,后浇带是以释放应力为目的,设置附加钢筋反而会减弱应力释放的效果。

2. 材料及外加剂选择

物流厂房为解决超长混凝土的收缩问题，一般建议采用微膨胀剂等外加剂抗收缩。鉴于现阶段混凝土膨胀剂质量参差不齐，并且混凝土外加膨胀剂对于养护的要求比较高，养护不到位反而会产生副作用加大收缩。因此，物流厂房应慎用外加剂，但可以采用抗裂纤维（如聚丙烯抗裂纤维），抗裂纤维是物理方法，操作可靠，建议抗裂纤维的掺加量可以是 $0.8\sim$ $1.0\ \mathrm{kg/m^3}$。

为解决超长混凝土的收缩问题，总结如下几点建议供设计及施工时参考：

(1) 尽量采用低标号混凝土。混凝土强度等级一般不高于 C30，标号降低后，能有效减小水泥掺量，并应采用低水化热的矿渣硅酸盐水泥，以解决水泥含量高的两大弱点：① 水泥本身硬化过程中会产生收缩；② 过多的水泥会产生大量的水化热，混凝土产生温差和冷缩。

(2) 对于结构超长情况，目前的技术水平和认知原则上已经不建议采用伸缩缝，伸缩缝更容易引起连接处的渗漏和带来施工难度。设计图纸中一般采用设置后浇带及膨胀加强带的方式，通常所说的跳仓法也是这个原理，通过跳仓施工，分块提前完成收缩，避免产生收缩裂缝。对于后浇带和膨胀加强带，通常采用高效低碱的抗渗微膨胀剂（HEA 型），掺量为一般部位 8%，后浇带 12%，膨胀加强带 15%；后浇带宽度为 800 mm，膨胀加强带为充分膨胀补偿收缩，宽度为 2 000 mm。膨胀加强带可以同时浇筑，并且后浇带及膨胀加强带混凝土等级应提高一级。应严格按《混凝土外加剂应用技术规范》(GB 50119—2013) 的规定，一般部位混凝土水中养护 14 d，并限制膨胀率大于 0.015%，填充性膨胀混凝土（后浇带、膨胀加强带）水中养护 14 d，并限制膨胀率大于 0.03%，空气中 28 d 干缩率小于 0.03%。应予注意的是，所有的外加剂条件下限制膨胀率都是在饱水养护条件下获得的数据，可见养护的重要性。

(3) 尽量采用粗骨料，以及提高粗骨料的比重。结合楼板尺寸及钢筋间距尽可能采用粗骨料，如大粒径石子和粗砂，砂细度模数可采用 2.5 以上，最好大于 2.8。粗骨料减小水化热提高了混凝土的抗拉强度以及降低收缩率。砂率不宜过高，一般不宜超过 45%，建议以 40% 为宜，应提高粗骨料的用量，这样一方面必然减少总用水量及水泥浆的用量，因而减少了水泥浆的干缩；另一方面，粗骨料本身是不会干缩的，它的存在对水泥浆的干缩起到分片、分段的约束稳固作用，因此一般对粗骨料需要选用稳定性、硬度刚度好的骨料，如花岗岩、灰岩等，而避免选用强度刚度都较弱的板岩、泥岩、砂岩及有黏土包裹的骨料。而且粗骨料应有一定的级配，粒径不宜过度集中，若粒径过度集中在 10~15 mm 以上也不妥当，需要有一定粒径为 5~15 mm 的骨料，如瓜子片以降低骨料的堆积孔隙率，提高骨料的体积含量。需要严格鉴定骨料是否具有碱活性以及水泥的碱含量，避免碱骨料反应，硅－碱发生反应生成凝胶膨胀破坏混凝土结构，应控制混凝土的低碱含量，碱含量按规定不大于 $3\ \mathrm{kg/m^2}$。

(4) 掺加料。适当添加粉煤灰以改善混凝土的和易性，掺量可定为水泥掺量的 15%~20%，同样也可以添加矿粉，矿粉的掺量可以同样定为水泥掺量的 15%~20%，矿粉可替代同比水泥用量,提高抗裂性,并可降低水化热。研究表明,含粉煤灰掺合料的混凝土,降低了水化热,改善了和易性、流动性,虽然早期强度低一些,但是远期强度甚至高于未掺合粉煤灰的普通混凝土。

(5) 有针对性地降低坍落度和水灰比。坍落度大、水量大都会导致混凝土收缩加大,通常的商品混凝土坍落度均大于 180 mm,甚至可达到 210~220 mm,主要是解决泵送流动性问题,如施工条件较好、泵送距离短,建议坍落度不超过 140~180 mm,同时控制水灰比为 0.45~0.50,这样的水灰比不容易开裂(图 5.59)。

(6) 减水剂。使用减水剂的目的是在同样水灰比的条件下通过减小水的表面张力来增加混凝土的和易性和增大坍落度,或保证坍落度的前提下减少水的用量,但减水剂本身也会加大混凝土的收缩。慎用聚羧酸盐及其他系列高效减水剂,它们会造成早期收缩裂缝比较多(也有养护的原因)以及出现色斑,因此普通混凝土尽量采用普通减水剂或中效减水剂。

(7) 养护。掺加膨胀剂的混凝土,依靠结晶水化物钙矾石的膨胀来形成补偿,若失水,甚至比普通混凝土的收缩还要厉害。因此普通混凝土的养护期为 7 d,而掺有微膨胀剂的混凝土由于抗收缩的要求,要求养护期为 14 d。

养护抗裂的原则基于混凝土抗拉强度具有很强的时间性(图 5.60),养护是使得混凝土收缩应力在时间上晚于强度的增长,而随着时间的增长,混凝土的塑性变形、徐变(力学上称为流变)也是应力松弛过程,使得极限拉应变增长、拉应力释放,因而就不容易开裂。混凝土浇筑时环境温度的高低变化、风速的大小变化也可能导致混凝土表面水分的迅速流失和产生过大的内外部温差从而产生裂缝,因此应选择合适的时间点来浇筑混凝土,并采取有效的防护保温措施。

浇水养护混凝土的要点是不发白、均匀且不间断。有的工程也浇水且浇水量很大,但混凝土仍然开裂,原因可能是间断时机把握不好:①初次浇水时间偏晚,一旦混凝土发白,混凝土表面与其内部的毛细管通道被堵死,再浇水时水很难通过毛细管进入内部,对凝固水化反应水的补充起不到作用;②浇水不能间断,一旦间断,毛细管通路仍然会被堵断;③浇水不均匀,会导致没有浇水的地方成为薄弱环节产生裂缝。

(8) 施工时,收缩后浇带等到其余楼板浇筑 45~60 d 以后浇筑,而 2 000 mm 宽的膨胀加强带,必须从一边到另一边连续浇筑,即不可以浇捣好加强带后就停下来,否则无法产生膨胀应力,当然也可以在加强带两侧混凝土浇筑好后立刻浇筑加强带混凝土。后浇带、加强带的两侧应架设密孔钢丝网,防止不同配比的混凝土混在一起。

后浇带的两侧,建议采用同配比水泥净浆或界面剂,纯水泥浆或界面剂的抗拉强度较高,使用后会加强新老混凝土的结合,避免施工缝处的开裂。丁苯改性界面剂效果较好,优于环氧型界面剂。施工缝处应采用止水钢板或企口缝形式。在后浇带封闭完成达到设计强度之前,严禁拆模、拆支撑。

(9) 为避免收缩,胶凝材料用量应尽量少,而掺合料的使用(如粉煤灰、矿粉)使得混凝土早期强度增长较慢,因此建议采用大于 28 d 的强度。根据《高层建筑混凝土结构技术规程》(JGJ 3—2010)12.1.11 条的规定,当采用粉煤灰混凝土时,可采用 60 d 或 90 d 龄期的强度指标作为混凝土设计强度。

（10）钢筋混凝土保护层的厚度应控制在规范要求的合理范围内,混凝土保护层过厚也是混凝土板产生裂缝的原因之一。

（11）桁架楼承板的彩钢板厚度应不小于 0.6 mm,否则因桁架楼承板的刚度偏小,在混凝土浇筑过程中容易产生较大的挠曲变形,导致板面产生不规则裂缝。

（12）对于桁架楼承板上的混凝土不能采用重型整平设备抹光,否则也容易导致桁架楼承板挠曲变形和在混凝土板中产生裂缝。

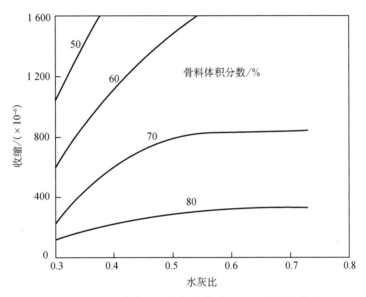

图 5.59　不同水灰比和骨料含量对混凝土收缩的影响

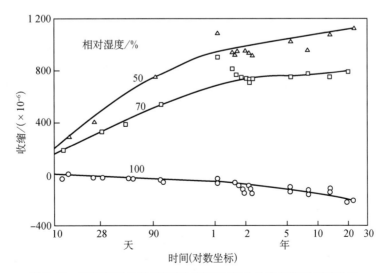

图 5.60　不同养护条件(相对湿度)下混凝土的收缩与时间的关系

3. 设计方面

对于板面负筋,在配筋面积不变的情况下,建议选用密配带肋小直径钢筋并适当增加构造钢筋来减少裂缝。

钢纤维和改性聚丙烯纤维可以有效地控制混凝土中微裂缝的产生,目前在仓库建筑地坪设计中已普遍选用钢纤维替代单层双向钢筋,钢纤维建筑地坪施工方便,可以用大型伸缩臂激光整平机 + 全自动耐磨骨料撒料机提升建筑地坪的品质。混凝土中钢纤维的掺量一般为 $18\sim22\ kg/m^3$,最低不应少于 $15\ kg/m^3$,对于地基条件偏弱状况下的建筑地坪,建筑地坪的板厚和钢纤维的掺量应适当提高。

北方物流园区的混凝土道路,可以在原有道路配筋的基础上,掺加适量中粗的改性聚丙烯纤维来提升混凝土的抗裂能力,同时也提升了混凝土道路的冬季抗冻融能力。改性聚丙烯纤维的参数可以选择长度 18 mm,直径 0.8 mm,抗拉强度不小于 500 MPa,每立方混凝土中的掺量为 $2.0\sim3.0\ kg/m^3$。对于地基状况好的园区混凝土道路,完全可以用改性聚丙烯纤维替代道路中的钢筋,改性聚丙烯纤维的掺量一般不小于 $8.0\ kg/m^3$。

为了减少仓库结构地坪、楼板中的微裂缝,也可在混凝土中掺加适量的改性聚丙烯纤维来提升其抗裂能力。

如何应对仓库地坪和楼板中的不规则裂缝无外乎两种方法:"抗"与"放","抗"就是通过设计和施工措施来增加混凝土板面的抗裂能力以减少裂缝;"放"就是在混凝土地坪、楼板养护过程中预先采取措施,比如在板面有组织地切缝来避免、减少不规则裂缝。

有个别项目为了减少无梁楼盖式结构地坪的不规则微裂缝,将结构地坪板按简支板来设计配筋,混凝土浇筑完成后在地坪上有组织切缝,从而减少不规则裂缝的产生。考虑到PC 装配式桁架楼承板从受力角度而言实际上是按单向板设计的,因而可以在每开间柱距的中间沿平行于桁架楼承板布置方向切缝,切缝的深度应控制在 $5\sim10$ mm,这样可以减少楼板中的不规则微裂缝。

4. 收缩裂缝的处理

混凝土的抗裂需在建设方的统一协调下,由设计方与施工企业共同完成,仅仅靠某一方面的努力是没有办法达到理想结果的。对于超长混凝土的贯穿收缩性裂缝,一般均为非结构性裂缝。非结构性收缩裂缝处理方法:细微裂缝 0.3 mm 以下涂抹封闭,0.3 mm以上灌浆封闭,细微裂缝不影响混凝土的宏观力学性能,但是为防止对钢筋锈蚀,需要进行处理。著名裂缝专家王铁梦教授在他的著作《工程结构裂缝》中提出,处理无害收缩裂缝是"终饰工程"而不是质量事故。

5.8 多高层仓库设计结构指标、成本占比

本节汇总了一些多高层物流仓库项目的结构设计参数、指标供参考,比如表 5.25 所列为部分全钢结构多高层物流仓库项目的主次结构用钢量,钢结构的用钢量与抗震设防烈度、仓库高度、楼板均布活荷载的取值等密切相关。

表 5.25　部分全钢结构多高层物流仓库项目的主次结构用钢量

项目名称	地震烈度	风压/kPa	雪荷载/kPa	层数	层高/m	结构体系	用钢量/(kg·m⁻²)
河北三河项目	8.5	0.45	0.40	3	10.65/10.8/10.3	钢框架	131.6
河北燕郊项目	8.5	0.45	0.40	3	10.8/7.9/7.9	钢框架	105
北京顺义项目	8.0	0.45	0.45	3	10.6/7.9/7.0	钢框架	108
北京平谷项目	8.5	0.45	0.45	4	10.8/10.8/10.8/10.3	钢框架/支撑	130
天津武清项目	8.0	0.50	0.45	3	10.7/10.7/9.8	钢框架	118
济南项目	7.0	0.45	0.30	2	11.7/10	钢框架	90

表 5.26 所列是多高层物流仓库全现浇、PC、全钢结构体系各专业及相关设施设备的软硬工程成本占比,通过此表可以对整个项目的成本构成有一个比较全面的了解,具体项目的工程单价与场地的地形地貌、地基条件好坏、软土地基如何处理、总图布置、仓库的高度、仓库设计标准、所选用的材料设备品牌、抗震设防烈度、楼层荷载等因素密切相关。

表 5.27、表 5.28、表 5.29 则分别是不同抗震设防烈度情况下多高层物流仓库盘道、装卸货大平台、仓库的混凝土、钢筋指标;仅供参考,不同的项目往往因为方方面面的差异性导致设计结果有所不同。

表5.26　多高层物流仓库各专业成本占比

标准建造成本造价费用范围 / 项目	双层库						三层库				四层库			
	现浇框架	占比	PC结构	占比	全钢结构	占比	现浇框架	占比	PC结构	占比	现浇框架	占比	PC结构	占比
公摊费用	550~950	24%	550~950	24%	550~950	24%	650~1000	24%	650~1000	25%	700~1050	25%	700~1050	25%
仓库建造成本														
土建	1400~1450	46%	1300~1450	45%	750~800	25%	1650~1700	49%	1600~1650	49%	1800~1850	51%	1750~1800	51%
钢结构	250~300	9%	250~300	9%	880~1060	31%	220~250	7%	220~250	7%	200~220	6%	200~220	6%
装修	180~230	7%	180~230	7%	180~230	6%	180~230	6%	180~230	6%	180~230	6%	180~230	6%
给排水	8~12	0%	8~12	0%	8~12	0%	8~12	0%	8~12	0%	8~12	0%	8~12	0%
电气	85~95	3%	85~95	3%	85~95	3%	80~90	3%	80~90	3%	80~90	2%	80~90	2%
暖通	85~90	3%	85~90	3%	85~90	3%	75~80	2%	75~80	2%	70~75	2%	70~75	2%
消防	160~190	6%	160~190	6%	160~190	6%	160~190	5%	160~190	5%	160~190	5%	160~190	5%
装卸货设备	40~50	1%	40~50	1%	40~50	1%	40~50	1%	40~50	1%	40~50	1%	40~50	1%
建造软成本	45~60	2%	45~60	2%	45~60	2%	45~60	2%	45~60	2%	45~60	1%	45~60	1%
标准建造成本（均值）	3115		3065		3160		3385		3335		3560		3510	

主材单价

C30 混凝土	480 元/m³
钢筋 HRB400	4800 元/t
中厚板	5000 元/t
屋面板	8500 元/t
外墙板	10000 元/t
内墙板	9500 元/t

表 5.27 盘道限额指标

	两层盘道（12 m 跨）（基础按照 400 mm 方桩，Ra=1 600 kN 考虑）				三层盘道（12 m 跨）（基础按照 400 mm 方桩，Ra=1 600 kN 考虑）				三层盘道（15 m）（基础按照 600 mm 管桩，Ra=2 950 kN 考虑）				六层盘道（12 m）（基础按照 550 mm 方桩，Ra=3 000 kN 考虑）			
	地上混凝土含量（m³/m²）	地上钢筋含量（kg/m²）	基础混凝土含量（m³/m²）	基础钢筋含量（kg/m²）	地上混凝土含量（m³/m²）	地上钢筋含量（kg/m²）	基础混凝土含量（m³/m²）	基础钢筋含量（kg/m²）	地上混凝土含量（m³/m²）	地上钢筋含量（kg/m²）	基础混凝土含量（m³/m²）	基础钢筋含量（kg/m²）	地上混凝土含量（m³/m²）	地上钢筋含量（kg/m²）	基础混凝土含量（m³/m²）	基础钢筋含量（kg/m²）
6 度（0.05g）全国Ⅲ类场地	0.54	98.18	0.12	6.78	0.53	98.07	0.11	6.00	0.57	126.23	0.11	4.84	0.57	125.55	0.11	5.78
7 度（0.10g）全国Ⅲ类场地	0.54	99.86	0.12	6.78	0.56	105.20	0.11	6.00	0.61	131.74	0.11	4.84	0.60	132.92	0.11	5.78
7 度（0.10g）上海Ⅲ类场地	0.54	102.21	0.12	6.78	0.56	106.71	0.11	6.00	0.61	134.93	0.11	4.84	0.60	134.35	0.11	5.78
7 度（0.10g）全国Ⅳ类场地	0.54	102.24	0.12	6.78	0.56	109.96	0.11	6.00	0.61	138.53	0.11	4.84	0.60	137.19	0.11	5.78
7 度（0.10g）上海Ⅳ类场地	0.54	103.51	0.12	6.78	0.56	110.39	0.11	6.00	0.61	144.62	0.11	4.84	0.60	141.36	0.11	5.78
7 度（0.15g）全国Ⅲ类场地	0.54	108.38	0.12	6.78	0.56	119.99	0.11	6.00	0.62	148.34	0.11	4.84	0.60	144.66	0.11	5.78
7 度（0.15g）全国Ⅳ类场地	0.54	109.32	0.12	6.78	0.56	128.29	0.11	6.00	0.66	163.67	0.11	4.84	0.61	155.66	0.11	5.78
8 度（0.20g）全国Ⅲ类场地	0.56	125.05	0.12	6.78	0.57	136.74	0.11	6.00	0.68	175.60	0.11	4.84				

注：1. 此表指标均为实际模型统计数值乘以放大系数后的结果，实际应用时可在此表数值基础上酌情取整和放大。

2. 默认钢筋均为 HRB400，如梁柱主筋用 HRB500，则钢筋含量在目前的基础上减：6 度－2 kg/m²，7 度－3～5 kg/m²，8 度－7～9 kg/m²。

3. 除表格列举场地类别外，Ⅰ、Ⅱ类场地对应地上钢筋含量在目前的基础上减：6 度－0 kg/m²，7 度－1～3 kg/m²，8 度－10 kg/m²。

4. 表格中地上钢筋含量指标不包含预应力，二次结构等结构钢筋指标值。

表 5.28　高架平台限额指标

	两层高架平台（四排柱）(基础按照 400 mm 方桩, Ra=1 600 kN 考虑)				三层高架平台（四排柱）(基础按照 400 mm 方桩, Ra=1 600 kN 考虑)				三层高架平台（现浇楼板）首层五排柱, 楼上四排柱 (基础按照 600 mm 管桩, Ra=2 950 kN 考虑)				三层高架平台（钢筋桁架楼承板）首层五排柱, 楼上四排柱 (基础按照 600 mm 管桩, Ra=2 950 kN 考虑)				六层高架平台（现浇楼）三排柱, HRB500 (基础按照 2 950 kN 管桩考虑)			
	地上混凝土含量 (m³/m²)	地上钢筋含量 (kg/m²)	基础混凝土含量 (m³/m²)	基础钢筋含量 (kg/m²)	地上混凝土含量 (m³/m²)	地上钢筋含量 (kg/m²)	基础混凝土含量 (m³/m²)	基础钢筋含量 (kg/m²)	地上混凝土含量 (m³/m²)	地上钢筋含量 (kg/m²)	基础混凝土含量 (m³/m²)	基础钢筋含量 (kg/m²)	地上混凝土含量 (m³/m²)	地上钢筋含量 (kg/m²)	基础混凝土含量 (m³/m²)	基础钢筋含量 (kg/m²)	地上混凝土含量 (m³/m²)	地上钢筋含量 (kg/m²)	基础混凝土含量 (m³/m²)	基础钢筋含量 (kg/m²)
6度(0.05g)全国Ⅲ类场地	0.53	105.32	0.11	5.90	0.54	107.44	0.12	6.00	0.56	97.70	0.12	5.70	0.56	93.80	0.12	5.70	0.64	131.20	0.12	5.70
7度(0.10g)全国Ⅲ类场地	0.55	110.91	0.11	5.90	0.54	111.83	0.12	6.00	0.63	103.40	0.12	5.70	0.63	99.60	0.12	5.70	0.64	139.54	0.12	5.70
7度(0.10g)上海Ⅳ类场地	0.55	117.43	0.11	5.90	0.54	121.46	0.12	6.00	0.63	107.30	0.12	5.70	0.63	103.40	0.12	5.70	0.64	140.21	0.12	5.70
7度(0.10g)全国Ⅳ类场地	0.55	119.76	0.11	5.90	0.54	121.74	0.12	6.00	0.63	112.20	0.12	5.70	0.63	108.40	0.12	5.70	0.64	143.04	0.12	5.70
7度(0.10g)上海Ⅳ类场地	0.55	121.82	0.11	5.90	0.55	128.41	0.12	6.00	0.63	122.00	0.12	5.70	0.63	118.20	0.12	5.70	0.64	147.80	0.12	5.70
7度(0.15g)全国Ⅲ类场地	0.56	130.61	0.11	5.90	0.55	134.41	0.12	6.00	0.63	123.30	0.12	5.70	0.63	119.40	0.12	5.70	0.66	152.52	0.12	5.70
7度(0.15g)全国Ⅳ类场地	0.57	136.81	0.11	5.90	0.59	150.58	0.12	6.00	0.63	137.10	0.12	5.70	0.63	133.20	0.12	5.70	0.66	150.20	0.12	5.70
8度(0.20g)全国Ⅲ类场地	0.59	158.09	0.11	5.90	0.60	164.51	0.12	6.00	0.65	152.20	0.12	5.70	0.65	148.30	0.12	5.70				

注：1. 此表指标均为实际模型统计数型统计结果，实际应用时可在此表数据后乘以放大系数和放大。

2. 除六层高架平台外钢筋认默均为HRB400，如钢筋主筋用HRB500，则钢筋含量指标在目前的基础上酌情取减和放大。

3. 除表格列举场地地类别外，Ⅰ、Ⅱ类场地对应地上钢筋含量在目前的基础上酌减：6度-0 kg/m²，7度-3～5 kg/m²，8度-10～12 kg/m²。6度-2 kg/m²，7度-3～5 kg/m²，8度-7～9 kg/m²。7度-0 kg/m²，7度-3～5 kg/m²，8度-10～12 kg/m²。

4. 表格中地上钢筋含量指标不包含预应力，二次结构等钢筋指标。

5. 预应力钢筋按8～10 kg/m²取值，钢筋桁架楼承板的桁架钢筋按15 kg/m²(TD6-150)取值。

表 5.29 厂房仓库限额指标

	四层厂房仓库 板活载 35 kN/m²，钢筋桁架楼承板，砼次梁，预应力梁，无 PC 梁，基础按照 600 mm 管桩，Ra=3 000 kN 考虑				四层厂房仓库 板活载 25 kN/m²，钢筋桁架楼承板，砼次梁，预应力梁，无 PC 梁，基础按照 600 mm 管桩，Ra=3 000 kN 考虑				两层厂房仓库 板活载 35 kN/m²，钢筋桁架楼承板，钢次梁，预应力梁，PC 框梁，基础按照 2 000 kN 考虑				两层厂房仓库 板活载 25 kN/m²，钢筋桁架楼承板，钢次梁，预应力梁，PC 框梁，基础按照 2 000 kN 考虑			
	地上混凝土含量 (m³/m²)	地上钢筋含量 (kg/m²)	基础混凝土含量 (m³/m²)	基础钢筋含量 (kg/m²)	地上混凝土含量 (m³/m²)	地上钢筋含量 (kg/m²)	基础混凝土含量 (m³/m²)	基础钢筋含量 (kg/m²)	地上混凝土含量 (m³/m²)	地上钢筋含量 (kg/m²)	基础混凝土含量 (m³/m²)	基础钢筋含量 (kg/m²)	地上混凝土含量 (m³/m²)	地上钢筋含量 (kg/m²)	基础混凝土含量 (m³/m²)	基础钢筋含量 (kg/m²)
6 度 (0.05g) 全国Ⅲ类场地	0.42	70.97	0.08	3.56	0.42	69.01	0.08	3.56	0.21	38.55	0.05	1.98	0.21	36.79	0.05	1.98
7 度 (0.10g) 全国Ⅲ类场地	0.42	76.64	0.08	3.56	0.42	74.68	0.08	3.56	0.21	39.99	0.05	1.98	0.21	38.23	0.05	1.98
7 度 (0.10g) 上海Ⅲ类场地	0.42	79.11	0.08	3.56	0.42	77.15	0.08	3.56	0.21	40.87	0.05	1.98	0.21	39.11	0.05	1.98
7 度 (0.10g) 全国Ⅳ类场地	0.42	82.39	0.08	3.56	0.42	80.43	0.08	3.56	0.21	42.02	0.05	1.98	0.21	40.26	0.05	1.98
7 度 (0.10g) 上海Ⅳ类场地	0.42	88.37	0.08	3.56	0.42	86.40	0.08	3.56	0.21	43.84	0.05	1.98	0.21	44.08	0.05	1.98
7 度 (0.15g) 上海Ⅲ类场地	0.43	92.03	0.08	3.56	0.43	90.07	0.08	3.56	0.23	46.41	0.05	1.98	0.23	44.65	0.05	1.98
7 度 (0.15g) 全国Ⅳ类场地	0.47	108.64	0.08	3.56	0.47	106.67	0.08	3.56	0.23	50.18	0.05	1.98	0.23	49.42	0.05	1.98
8 度 (0.20g) 全国Ⅲ类场地	0.63	128.49	0.08	3.56	0.63	126.53	0.08	3.56	0.23	55.80	0.05	1.98	0.23	54.04	0.05	1.98

注：1. 此表指标均为实际模型统计数值的结果，实际应用时可在此表数值后乘以放大系数后的数值。

2. 除 8 度四层厂房柱外其余均认钢筋均为 HRB400，如梁柱主筋均为 HRB500，则钢筋主筋含量在目前的基础上减：6 度 -2 kg/m²，7 度 -3～5 kg/m²，8 度 -7～9 kg/m²。

3. 除表格列举场地类别外，Ⅰ、Ⅱ类场地对应地上钢筋含量在目前的基础上减：6 度 -0 kg/m²，7 度 -1～3 kg/m²，8 度 -8(两层)～12(四层)kg/m²。

4. 表格中地上钢筋含量指标不包含预应力，楼梯，二次结构等钢筋指标值。

5. 预应力钢筋按 4～6 kg/m² 取值，钢筋桁架楼承板的桁架钢筋按 16.6 kg/m²(TD7-120)取值(加上时需根据楼层折算)。

6. 默认厂屋顶为轻钢屋面，地下室钢筋数与表格数据不同根据层数不同进行折算。

7. 表格数据不包括地梁/地下室单层混凝土含量 0.05 m³/m²，钢筋含量 4～6 kg/m² 取值。

第6章
甲壳框架结构体系在多高层物流仓库中的应用

甲壳框架体系是近几年来在多高层物流仓库中得到广泛应用的一种新型组合框架结构，主要适用于层高大于 6 m，楼面活荷载大于 1 t/m²，跨度大于 9 m 的建筑。目前已广泛应用于多高层物流仓库、厂房、商业建筑中。从以下八个方面对甲壳框架体系作一个简单介绍。

6.1 什么是甲壳框架

甲壳框架结构全称"波纹钢板组合框架结构"，是欧本公司专门为多高层重载工业与物流建筑开发的一款新型组合框架结构。

甲壳框架体系由甲壳柱、甲壳梁、甲壳节点三部分构成（图 6.1）。甲壳框架中的甲壳柱由钢管（或钢棒）、波纹钢板及内浇混凝土组合而成；甲壳梁由波纹腹板、钢翼缘板、抗剪连接件、钢筋及内浇混凝土组合而成。在工程应用中，可根据甲方和工程需要进行灵活组合，如甲壳梁与甲壳柱框架、甲壳梁与混凝土柱框架、钢梁与甲壳柱框架、混凝土梁与甲壳柱框架等，相应的组合节点统称为甲壳节点，由此形成灵活多样的甲壳框架系列。

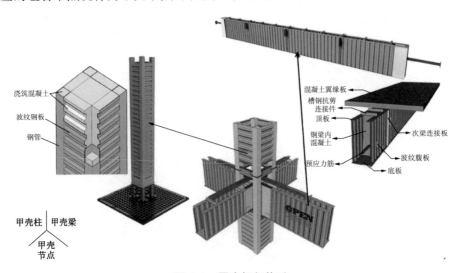

图 6.1 甲壳框架体系

6.2　甲壳框架解决的问题

高层物流仓库具有大层高、大跨度、大荷载、大体量的特点,甲壳框架在不增加建安总成本的前提下,解决了以下三方面的问题。

（1）解决了传统现浇混凝土结构高支模的问题。现浇混凝土框架的模板脚手架用工量大、施工安全隐患大且费用高达 $300\sim400$ 元/m^2,占主体结构建安成本的 $30\%\sim35\%$。甲壳框架全过程免模免撑,不仅能提高建设效率、减少人工和辅材,还可节省施工费用。

（2）解决了预制混凝土结构构件太重、吊装难的问题。梁柱 PC 构件重达 10 t 以上,塔吊吨位不够,场外吊又够不着,施工难度大。甲壳柱的钢甲壳重量基本在 5 t 以内,甲壳梁的钢甲壳件重量多在 2 t 以内,用普通的塔吊及汽车吊即可完成施工吊装。

（3）解决了钢框架结构建造成本高、防火难的问题。

6.3　甲壳梁柱的构造原理及相关研究

1. 构造原理
甲壳梁柱的构造原理有以下三点。

（1）采用钢与混凝土组合,混凝土在抗压和提供刚度方面的性价比明显优于钢材,在抗压方面具有"以一当五"的效果,在提供刚度方面具有"以一当十"的效果,混凝土在强度及刚度等维度的性价比较钢材的倍数如图 6.2 所示。这也是全钢框架结构一直比混凝土结构贵的底层原因。混凝土在防火、防锈等方面也有作用。

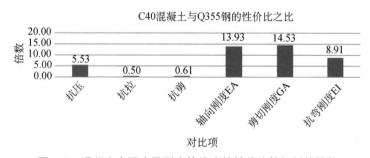

图 6.2　混凝土在强度及刚度等维度的性价比较钢材的倍数

（2）利用波纹钢板来约束混凝土并提供抗剪,波纹钢板的面外抗弯刚度及强度均远大于平钢板,波纹钢板的等效厚度如表 6.1 所列。用波纹钢板来约束混凝土,可以起到"以一当十"的作用。

表 6.1　波纹钢板的等效厚度

波高/mm	波长/mm	波纹板厚/mm	波纹板惯性矩/mm⁴	波纹板抵抗矩/mm³	刚度相当于平钢板厚/mm	强度相当于平钢板厚/mm
40	188	1.0	61 537	3 077	16	10
		1.5	90 578	4 529	18	12
		2.0	118 504	5 925	20	14
		2.5	145 341	7 267	21	15
		3.0	171 118	8 556	22	17
		3.5	195 862	9 793	23	18
		4.0	219 602	10 980	24	19

（3）好钢用在刀刃上，将抗弯所用钢材尽量远离截面中性轴布置。如甲壳柱的方管分布在截面四角，甲壳梁的钢板放在上下翼缘。

2. 相关研究

江南大学的邹昀教授带领课题组针对新型甲壳框架开展了甲壳柱的力学性能研究、甲壳梁的力学性能研究和甲壳节点的力学性能研究。甲壳框架一系列力学研究于 2017 年 10 月开始直到 2021 年 5 月，三年多时间已陆续完成多批次的试验、理论和有限元研究，已完成 100 多根试件的力学性能试验以及 1 000 多根不同参数的有限元模型计算，力学性能包括轴压、偏压、双向偏压、弯剪、抗震等多种工况，完成了甲壳框架的力学性能系统的研究，研发的总体工作如图 6.3 所示，参与主编的《波纹钢板组合框架结构技术规程》（T/CECS 709—2020）于 2020 年 12 月 1 日正式实施。

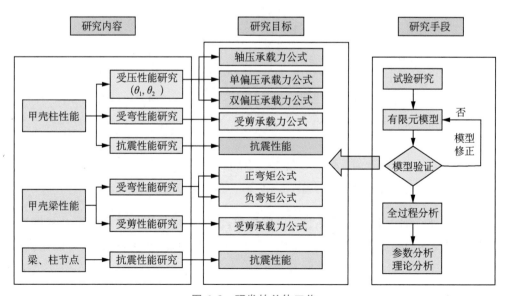

图 6.3　研发的总体工作

相关研究得到以下结果。

（1）甲壳柱：对于轴压加载试件，随着钢管厚度的增加，甲壳柱的承载能力和延性有提升，而随着波纹板厚度增加，甲壳柱呈现出更好的延性，不同柱长的试件均表现出明显优于相同含钢量钢筋混凝土柱的力学性能。对于偏压加载试件，偏心率增大，偏压试件、双向偏压试件的承载能力均大幅下降，增大钢管厚度可有效提高甲壳柱抗弯能力。对于抗震试验试件，随着轴压比与剪跨比的增大，试件峰值荷载与屈服荷载均显著增大。与其他四种现行规范中的公式相比，该课题组建议的甲壳柱承载力公式与试验结果更为吻合（图 6.4）。

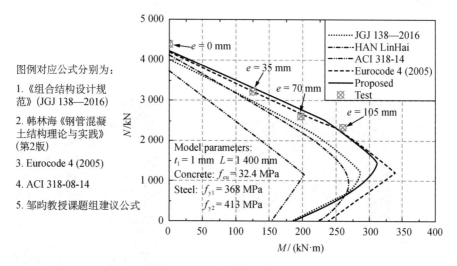

图 6.4　不同方法的承载力对比

（2）甲壳梁：对于正弯矩作用下的甲壳梁，预应力和翼缘板宽度对组合梁的抗弯贡献较大；抗剪连接件数量不足会使组合梁发生纵向水平剪切破坏；钢梁内混凝土可以有效减缓外包钢屈曲，明显提高承载能力。对于负弯矩作用下的甲壳梁，增加下翼缘钢板厚度能有效增大新型组合梁的抗弯承载能力。对于受剪试件，减小剪跨比，试件的刚度和抗剪承载能力均增加但是延性有所降低；增大波高，刚度和抗剪承载能力均减小，对延性影响不大。

（3）甲壳柱—甲壳梁中节点、边节点、混凝土柱—甲壳梁中节点：相关节点试件的破坏形式均为梁端弯曲破坏，满足"强柱弱梁，强节点弱构件"的设计要求。对于甲壳柱—甲壳梁中节点核心区剪切破坏的简化模型，钢材的强度等级、钢管的壁厚以及轴压比对于简化模型的承载力影响较大。甲壳柱—甲壳梁边节点滞回曲线饱满，延性和耗能性能良好。甲壳节点结构示意图如图 6.5 所示，循环加载破坏模态对比如图 6.6 所示，甲壳节点受力机理分析如图 6.7 所示。

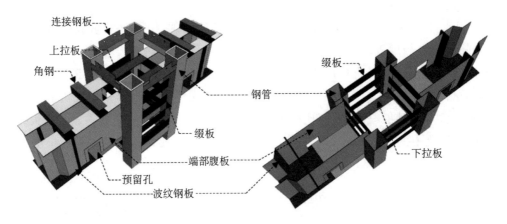

图 6.5　甲壳节点结构示意图

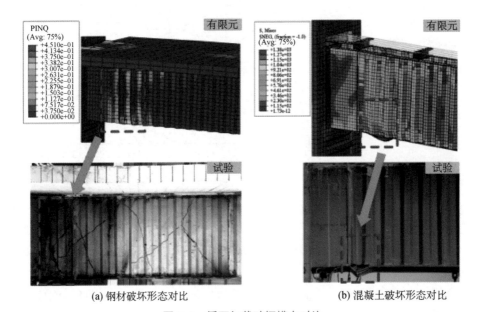

(a) 钢材破坏形态对比　　　　　　　　(b) 混凝土破坏形态对比

图 6.6　循环加载破坏模态对比

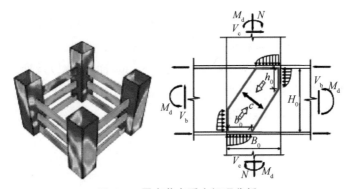

图 6.7　甲壳节点受力机理分析

6.4　甲壳框架在结构计算方面的特点

甲壳框架在结构计算方面主要有以下几个特点。

(1) 最大适用高度:甲壳梁—甲壳柱框架的适用高度比钢管混凝土框架少 5 m,比钢筋混凝土框架多 5 m;钢梁—甲壳柱框架的适用高度同钢管混凝土框架;甲壳梁—甲壳柱框架—支撑结构的最大适用高度比钢筋混凝土框架—支撑结构多 5 m。

(2) 结构阻尼比取值:当建筑高度不超过 50 m 时为 0.04,当建筑高度在 50~100 m 时为 0.035,当建筑高度在 100 m 以上时为 0.03。

(3) 刚重比:甲壳框架结构的最小刚重比为 7,甲壳框架—支撑结构的最小刚重比为 1.0,均介于全钢与混凝土之间。

(4) 多遇地震及风荷载作用下的弹性层间位移角限值:采用钢梁时为 1/300,采用甲壳梁时为 1/350。罕遇地震作用下的弹塑性层间位移角限值为 1/50。

(5) 弹性分析时,组合构件的截面刚度计算方法为钢+混凝土,波纹钢板内混凝土的有效截面宽度取至 1/2 波高位置,波纹板仅对截面剪切刚度有贡献,对截面轴向刚度及抗弯刚度无贡献。构件截面强度计算时,波纹钢板仅对抗剪抗扭有贡献,对抗拉、抗压、抗弯均无贡献。

(6) 甲壳梁柱作为施工阶段的模板支撑,需进行施工阶段的承载力验算。

甲壳框架可以选取比现浇混凝土框架更小的构件截面尺寸及抗侧刚度,从而减少水平地震作用。在地震起主要控制作用的地区,与现浇框架相比,甲壳框架的混凝土用量一般会减少 30%~40%,水平地震作用会减少 15%~25%。

6.5　如何设计甲壳框架

盈建科和佳构开发了能计算甲壳框架的结构计算软件,在构件截面库里添加了甲壳柱、甲壳梁,在结构型式里添加了波纹钢板组合框架结构,可以直接按实际截面输入并进行整体分析及配筋计算(图 6.8)。

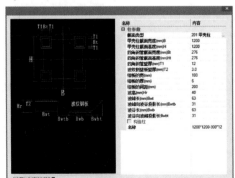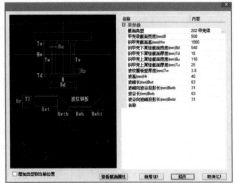

图 6.8　甲壳柱、甲壳梁的截面输入(盈建科)

甲壳梁柱的波纹板波高为 40 mm,波长为 188 mm,波形钢板规格示意图如图 6.9 所示。波纹板的常用厚度为 1.5 mm、2.0 mm、2.5 mm 和 3.0 mm 四种,甲壳柱波纹板的宽厚比不大于 300,甲壳梁波纹板的宽厚比不大于 600,并宜以 50 mm 为模数。

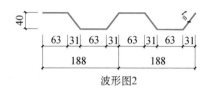

波形图2

图 6.9 波纹钢板规格示意图

甲壳柱的截面可为方形或矩形,短边尺寸不宜小于 400 mm,截面长边与短边的边长比不宜大于 2。甲壳柱的柱边长以 50 mm 为模数。根据经验,当轴力/承载力接近 0.6 时,甲壳柱的截面选择相对经济。

甲壳柱常用的钢管边长为 100 mm、150 mm、200 mm 和 250 mm 四种规格,钢管壁厚不宜小于 4 mm。钢管截面边长与同方向甲壳柱的截面边长比值不宜小于 1:5 且不应小于 1:6,矩形钢管的截面长边与短边边长的比值不宜大于 1.5。钢管长边与钢管壁厚度的比值不宜大于 $60\varepsilon_k$(ε_k 为钢号修正系数,其值为 235 与钢材牌号中屈服点数值的比值的平方根);甲壳柱的四角钢管的截面总含钢率不应小于 1.1%。

甲壳柱的剪跨比不宜小于 1.5,当剪跨比小于 1.5 时,柱的轴压比不应大于 0.6,且波纹侧壁板的厚度不宜小于 2.0 mm。

甲壳梁上翼缘宽度不宜小于 80 mm,厚度不宜小于 8 mm。甲壳梁翼缘钢板的宽厚比,限值如表 6.2 所列。

表 6.2 甲壳梁翼缘钢板的宽厚比限值

抗震等级	一级	二级	三级	四级
上翼缘外伸部分和下翼缘外伸部分	$9\varepsilon_k$	$9\varepsilon_k$	$10\varepsilon_k$	$11\varepsilon_k$
下翼缘在两腹板之间部分	$45\varepsilon_k$	$45\varepsilon_k$	$48\varepsilon_k$	$54\varepsilon_k$

甲壳梁上翼缘之间宜设置拉结角钢或钢板,间距不宜大于 1 000 mm。甲壳梁上翼缘与楼板应采用抗剪连接件与附加"U"形钢筋连接,抗剪连接件的设置按钢甲壳与混凝土板完全抗剪连接设置。

为保证地震作用下甲壳梁具有足够延性,在甲壳梁下翼缘负弯矩区段,且不小于距离梁端部 1.5 倍梁高长度范围内,应设置栓钉,栓钉间距不大于 100 mm。当梁宽不超过 300 mm 时,正弯矩区段的下翼缘不设置栓钉;梁宽超过 300 mm 时,若梁底有附加钢筋,下翼缘不必设置栓钉,否则应设置栓钉,栓钉间距不宜大于 200 mm。

甲壳梁柱节点核心区的验算,遵循"强柱弱梁、强剪弱弯、强节点强连接"的抗震设计原则。

6.6 甲壳框架体系主要节点

甲壳框架的节点设计原则为安全、经济、便捷。根据连接构件不同分为柱脚节点、柱柱连接、梁柱连接、主次梁连接、梁板连接、预应力张拉口和升降平台七大类节点。

（1）甲壳柱柱脚节点有 3 种形式，分别为外包式（图 6.10）、杯口式（图 6.11）和埋入式（图 6.12）。

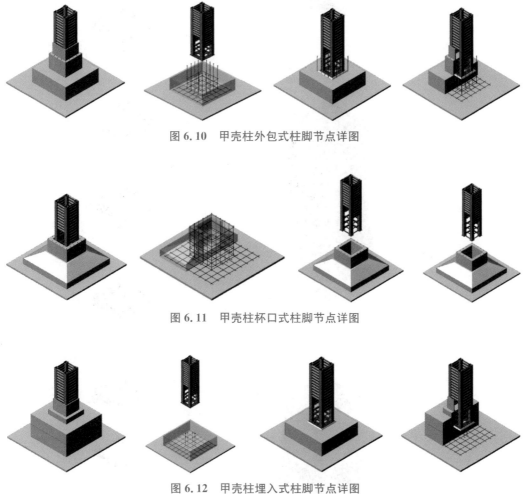

图 6.10 甲壳柱外包式柱脚节点详图

图 6.11 甲壳柱杯口式柱脚节点详图

图 6.12 甲壳柱埋入式柱脚节点详图

（2）上下层甲壳柱的连接根据截面单边缩进尺寸，有 3 种节点形式，分别为不变截面（上下柱 B、H 相等），如图 6.13 所示，每边缩进 25 mm（上下柱截面错位 $s \leqslant 25$ mm），如图 6.14 所示，以及每边缩进 50 mm（上柱钢管变小，内壁对齐），如图 6.15 所示。

（3）梁柱连接节点有 3 种形式，分别为甲壳柱—甲壳梁刚接（中柱节点）（图 6.16）、甲壳柱—钢梁刚接节点（图 6.17）、甲壳柱—屋面钢梁铰接节点（图 6.18）。

（4）甲壳梁与钢次梁连接节点如图 6.19 所示。

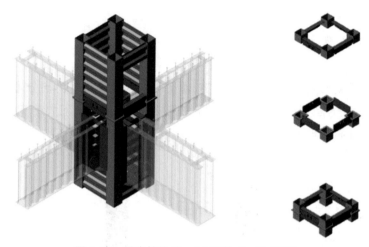

图 6.13　甲壳柱拼接一(上下柱 B, H 相等)

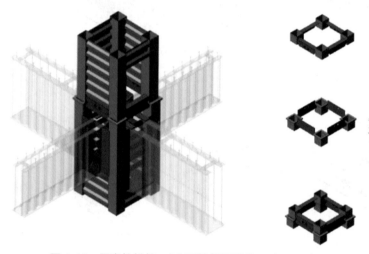

图 6.14　甲壳柱拼接二(上下柱截面错位 $s \leqslant 25$ mm)

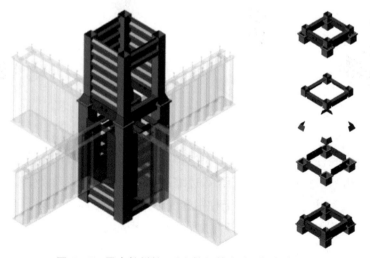

图 6.15　甲壳柱拼接三(上柱钢管变小,内壁对齐)

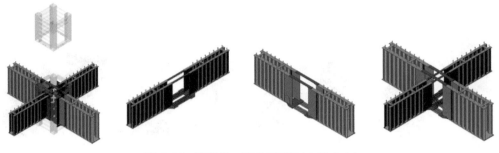

图 6.16　甲壳柱—甲壳梁刚接(中柱节点)

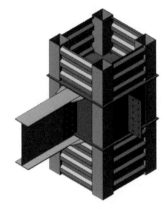

图 6.17　甲壳柱—钢梁刚接节点　　　　图 6.18　甲壳柱—屋面钢梁铰接节点

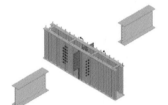

图 6.19　甲壳梁与钢次梁连接节点

(5) 甲壳梁与楼板连接节点如图 6.20 所示。

(6) 预应力张拉端节点如图 6.21 所示。

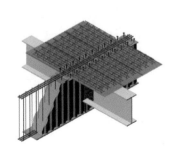

图 6.20　甲壳梁与楼板连接节点　　　　图 6.21　预应力张拉端节点

（7）升降平台节点如图 6.22 所示。

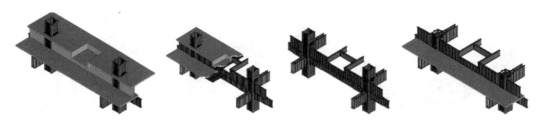

图 6.22　升降平台节点

6.7　甲壳框架的施工与验收

甲壳柱、甲壳梁的钢甲壳均是工厂加工、现场安装，在加工阶段需重点关注构件的尺寸误差及焊接质量，目前工厂已实现自动化加工，运输过程需采取措施防止构件变形。构件出厂需提供下列资料：

（1）产品合格证。

（2）钢材、焊接材料和涂装材料的质量证明书。

（3）焊缝无损检验报告（超声波探伤自检记录）。

（4）喷砂除锈检测验收记录。

（5）涂层检测验收记录。

（6）主要构件验收记录。

（7）焊工操作证复印件。

（8）如项目所在地区有特殊的要求，配合按当地要求提供制作资料。

（9）构件送货清单。

甲壳框架施工流程如图 6.23 所示，需重点关注钢甲壳的定位，以及混凝土的浇筑质量。比如柱脚的平面位置控制及垂直度控制，柱-柱、柱-梁处焊接质量控制，柱内混凝土密实度、

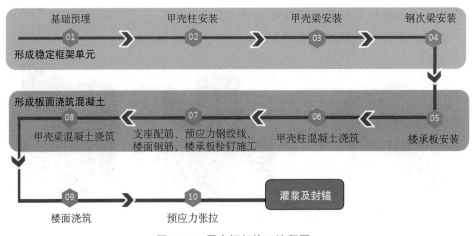

图 6.23　甲壳框架施工流程图

超 6 m 高度的混凝土离析控制。施工过程中梁板混凝土是否一次性浇筑？如二次实施,需关注混凝土和钢筋污染的控制,梁柱处不同混凝土标号的施工控制。混凝土质量控制采用全过程控制,混凝土浇筑前要做坍落度试验,清理甲壳腔体内的杂物及积水,浇筑时全程用敲击法跟随检查,浇筑后再全数用敲击法检查,对有异常者需打开钢板进行检查,必要时对混凝土进行回弹或钻芯取样。

6.8　甲壳框架工程案例

甲壳框架的应用案例已超过 30 个,总建筑面积超过 200 万 m²,主要集中在上海、江苏、浙江、天津、福建、河北、陕西、广东等省市。比较典型的项目有上海同化冷链项目、浙江隆和项目、昆山飞洋项目等。

同华冷链项目位于上海临港,为地下 1 层、地上 3 层冷库,层高 12.5 m,建筑总高 37.5 m,上海楼面使用活荷载 5 t/m²,建筑面积 8 万 m²,采用甲壳柱—甲壳梁—屈曲约束支撑框架结构。上海同华冷链项目如图 6.24 所示。

(a)　　　　　　　　　　　　　　　　　　　　(b)

图 6.24　上海同华冷链项目

浙江隆和项目位于浙江省嘉兴市桐乡市,总建筑面积 12.3 万 m²,地上 3 层,层高 10.8 m,楼面使用活荷载 2.5 t/m²,采用甲壳框架结构。浙江隆和项目如图 6.25 所示。

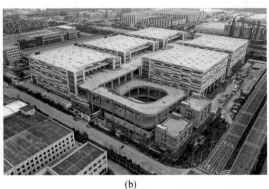

(a)　　　　　　　　　　　　　　　　　　　　(b)

图 6.25　浙江隆和项目

昆山飞洋项目位于江苏省昆山市,为 5 层物流库,层高 10 m,总高 50 m,建筑面积 11.4 万 m²,采用甲壳框架结构,甲壳框架安装过程如图 6.26 所示,昆山飞洋项目如图 6.27 所示。

图 6.26 甲壳框架安装过程

(a)   (b)

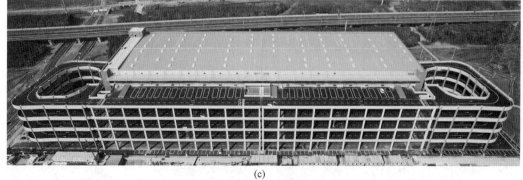

(c)

图 6.27 昆山飞洋项目

甲壳框架的改进方向是生产智能化、设计标准化、施工规范化、产品精致化,目标是更安全、更经济、更便捷、更美好。

第 7 章
多高层物流仓库不同进深柱距经济性比较

物流仓库由于其使用功能的要求,往往都需要采用大跨度柱网,开间柱距和进深柱距一般为 11.5～12 m。加之实际使用楼面活荷载较大,主框架梁受力较大,为了更好地控制主受力框架梁断面以及使用阶段的挠度和裂缝,往往采用预应力混凝土梁。实际工程经验表明,一方面,后张法预应力筋的张拉会导致楼板在预应力主梁两侧产生裂缝;另一方面,对于高层 PC 预制混凝土结构,往往要等到后张法预应力梁中的预应力筋张拉后,才能允许汽车吊在梁板上吊装上面一层的预制混凝土框架梁,这就使得施工周期变长。为了减少楼板中的裂缝并加快施工进度,本章从实际工程案例出发,探讨 9 m 进深柱距、主受力框架梁不设置预应力钢筋情况下对结构经济性的影响。

7.1 工程概况

本工程位于江苏省常熟市董浜镇,基地位于董徐大道北延以西,民益路以北,总用地面积为 54 258.00 m²,为一栋 2 层物流仓库。

仓库檐口高度为 22.100 m,建筑总高度为 23.100 m。仓库平面为长方形,平面尺寸为 92.5 m×130.3 m,结构地上 2 层,层高分别为 10.8 m 和 10.3 m。典型建筑平面布置图与剖面图分别如图 7.1 和图 7.2 所示。

1. 结构设计参数

结构主要设计参数如表 7.1 所列。

表 7.1　结构主要设计参数

参数名称	取值	参数名称	取值
建筑抗震设防分类	丙类	场地类别	Ⅳ类
建筑高度类别	A 级	场地特征周期 T_g	0.65 s
地基基础设计等级	丙级	弹性分析阻尼比(钢筋混凝土结构)	0.05
抗震设防烈度	7 度	框架梁柱抗震等级	三级
抗震措施要求	7 度	周期折减系数	0.90
设计基本地震加速度峰值	0.10g		

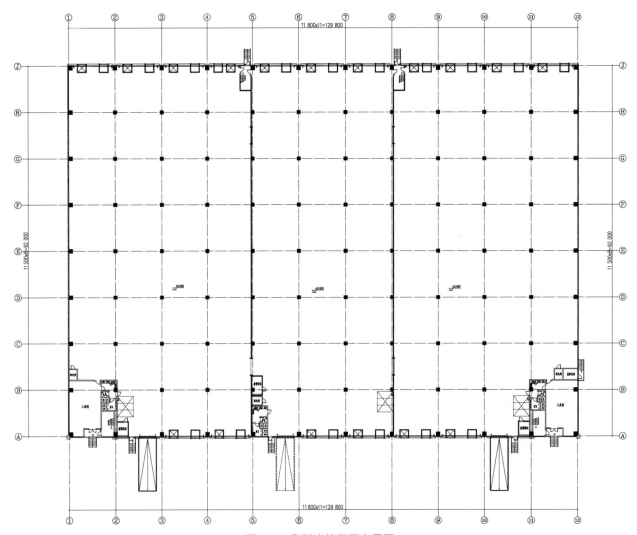

图 7.1　典型建筑平面布置图

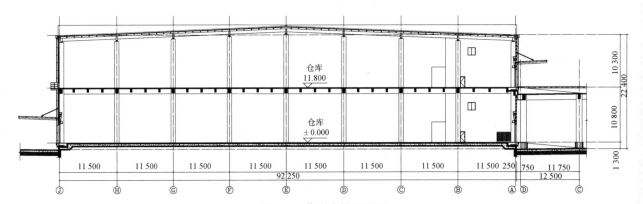

图 7.2　典型建筑剖面图

2. 荷载取值

基本风压:0.45 kN/m²。

基本雪压:0.40 kN/m²(50 年),0.45 kN/m²(100 年)。

库区活荷载:主梁、柱、基础/次梁/板分别为 20 kN/m²、24 kN/m² 和 36 kN/m²。

其余功能分区活荷载按照现行国家规范取值;附加恒荷载及隔墙荷载按照实际建筑做法折算。

3. 工程岩土地质条件

根据本次勘探揭露,结合区域地质资料,由现场勘探揭露和室内土工试验结果得,场地勘察深度范围内揭露的地基土层主要分布有人工填土层、第四系沉积层河湖—湖沼相沉积和第三系沉积层河口—滨海相沉积,自上而下分为 7 个工程地质层(①~⑦),其中层⑤分为 2 个工程地质亚层、层⑥和层⑦分为 3 个工程地质亚层。

① 层素填土:褐色、灰色,松散,以黏性土为主,含有大量的植物根系,夹有少量的碎石、混凝土块等建筑垃圾,填龄大于 10 年,已趋于正常固结状态。场区普遍分布。

② 层淤泥质粉质黏土:灰色,流塑,局部夹薄层粉土,无摇振反应,稍有光泽,韧性及干强度中等。场区普遍分布。

③ 层粉土夹粉质黏土:灰色,湿—很湿,稍密—中密,摇振反应迅速,无光泽,韧性及干强度低。局部夹少量的粉质黏土呈薄层状分布,软塑,无摇振反应,稍有光泽,干强度中等,韧性中等,厚度 1~2 cm,具水平层理。场区局部缺失。

④ 层淤泥质粉质黏土:灰色,流塑,无摇振反应,稍有光泽,韧性及干强度中等。场区普遍分布。

⑤₁ 层黏土:灰褐色—灰黄色,可塑—硬塑,含少量的铁锰氧化物,无摇振反应,有光泽,韧性及干强度高。场区局部缺失。

⑤₂ 层粉质黏土:灰黄色,可塑—硬塑,含少量的铁锰氧化物,无摇振反应,稍有光泽,韧性及干强度中等。场区局部缺失。

⑥₁ 层粉砂夹粉质黏土:灰黄色,饱和,中密,由长石、石英及云母等暗色矿物组成,磨圆度为亚圆形,粒径均匀。局部夹少量的粉质黏土呈薄层状分布,软塑,无摇振反应,稍有光泽,干强度中等,韧性中等,厚度 2~5 cm,具水平层理。场区普遍分布。

⑥₂ 层粉质黏土夹粉砂:灰黄色,可塑,无摇振反应,稍有光泽,干强度中等,韧性中等。夹粉砂呈层状分布,中密,石英及云母等暗色矿物组成,磨圆度为亚圆形,粒径均匀,厚度 1~20 cm,具水平层理。场区普遍分布。

⑥₃ 层粉砂夹粉质黏土:灰黄色,饱和,中密—密实,由长石、石英及云母等暗色矿物组成,磨圆度为亚圆形,粒径均匀。局部夹少量的粉质黏土呈薄层状分布,软塑,无摇振反应,稍有光泽,干强度中等,韧性中等,厚度 1~2 cm,具水平层理。场区普遍分布。

⑦₁ 层粉质黏土夹粉土:灰色,软塑,无摇振反应,稍有光泽,干强度中等,韧性中等。夹粉土薄层,稍密,湿,摇振反应迅速,无光泽,干强度低,韧性低,厚度 1~20 cm,具水平层理。场区普遍分布。

　　⑦₂层粉土夹粉质黏土：灰色，湿—很湿，密实，摇振反应迅速，无光泽，韧性及干强度低。局部夹少量的粉质黏土呈薄层状分布，软塑，无摇振反应，稍有光泽，干强度中等，韧性中等。场区普遍分布。

　　⑦₃层粉质黏土夹粉土：灰色，软塑，无摇振反应，稍有光泽，干强度中等，韧性中等。夹粉土薄层，稍密，湿，摇振反应迅速，无光泽，干强度低，韧性低，厚度 1～5 cm，具水平层理。场区普遍分布，未揭穿。

　　工程地质典型剖面图如图 7.3 所示。

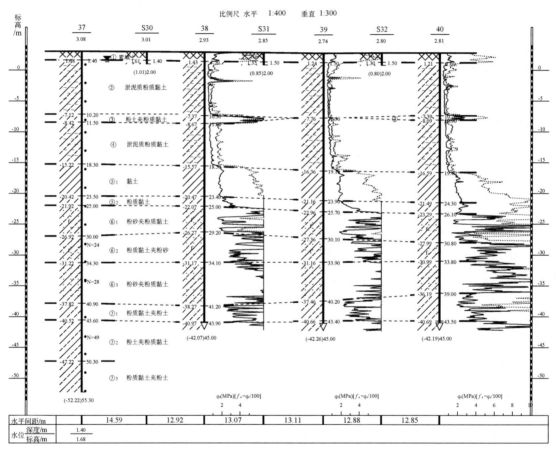

图 7.3　工程地质典型剖面图

4. 不同进深结构柱距方案

结构体系采用钢筋混凝土竖向框（排）架体系＋轻钢屋顶屋盖体系。

方案一：原工程结构柱网布置为进深柱距 11.5 m×8（跨），开间柱距 11.8 m×11（跨）。

方案二：将原工程结构柱网布置进深柱距改为 11 m＋9 m×9（跨），开间柱距 11.8 m×11（跨）保持不变。

7.2　两种结构方案成本对比

1. 结构构件截面尺寸对比

两种结构柱网方案楼盖体系布置均采用单向次梁布置方式,次梁轴线距离按照 3 m 控制,方案一采用三横次梁,方案二采用两横次梁。考虑到装配式及施工进度的要求,采用钢结构次梁,次梁截面(mm):H850×230(260)×10×12(16)。两种方案由于板跨均在 3 m 左右,楼板厚度按照 150 mm 控制。

在满足同等结构性控制指标的前提下,两种方案的结构构件截面尺寸对比如表 7.2 所列。

表 7.2　结构构件截面尺寸对比表

方案	柱截面/ (mm×mm)	主梁截面/ (mm×mm)	楼板/ mm	单位面积混凝土用量/ (m³·m⁻²)	对比
方案一	800×800	600×1 200,400×1 000	150	0.295	100%
方案二	800×700	500×1 100,400×1 000	150	0.297	100.7%

从两种方案的单位面积混凝土用量对比结果可知:在满足同等结构控制性指标的前提下,两种方案混凝土用量基本相当。

2. 竖向构件柱配筋对比

现将两种方案的柱配筋汇总,柱配筋对比如表 7.3 所列。

表 7.3　柱配筋对比表

	方案一	方案二
典型柱配筋 计算简图	(0.31) 3.7 / 1.6 19 / 19 G1.5-0.0	(0.39) 3.2 / 1.5 13 / 13 G1.4-0.0
典型柱配筋 施工图(单位:mm)	800×800 16⊕22 ⊕8@100/200 800×800	800×700 4⊕20 ⊕8@100/200 3⊕18 700×800
纵筋含钢量/kg	562.6	407.9
箍筋含钢量/kg	342.5	318.8
总含钢量/kg	905.2	726.7
对比	100%	80.2%

	方案一	方案二
单位面积含钢量/(kg·m^{-2})	6.67	6.84
对比	100%	102.5%

由表 7.3 汇总数据可知：方案二比方案一的柱子总含钢量降低了 20% 左右，但由于方案二柱子总根数为 132 根，方案一柱子总根数为 108 根。当柱跨减小后柱子根数增加了，平摊到单位面积的柱子含钢量并没有降低。

3. 主梁配筋对比

两种方案典型主梁配筋计算简图分别如图 7.4 和图 7.5 所示。

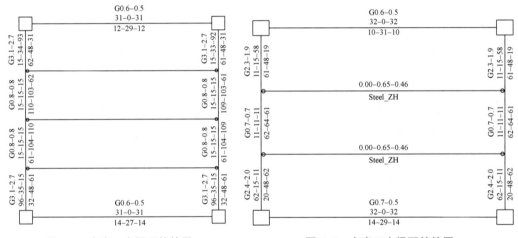

图 7.4　方案一主梁配筋简图　　　　　　图 7.5　方案二主梁配筋简图

根据计算配筋简图，对两种方案进行实际施工图绘制，方案一主梁配筋施工图如图 7.6 所示，方案一预应力曲线控制点示意图如图 7.7 所示，方案二主梁配筋施工图如图 7.8 所示。

将上述实际施工图配筋进行汇总，梁含钢量对比如表 7.4 所列。

表 7.4　梁含钢量对比表

方案	梁编号	纵筋含钢量/kg		箍筋含钢量/kg	合计/kg	单位面积含钢量/(kg·m^{-2})
		普通钢筋	钢绞线	普通钢筋		
方案一	YKL-1	870.4	256.5	353.8	2 220.2	16.4
	KL-1	594.6	—	144.9		
方案二	KL-1	619.5	—	144.9	1 965.9	18.5
	KL-2	903.7	—	297.8		

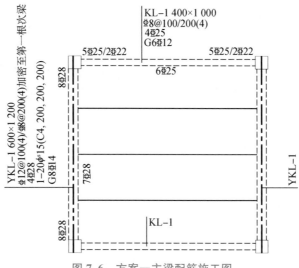

图 7.6　方案一主梁配筋施工图

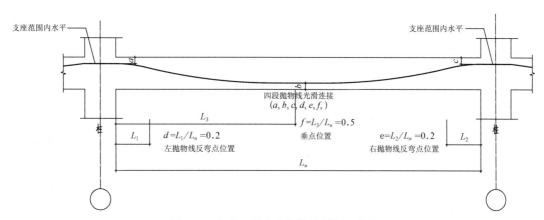

图 7.7　方案一预应力曲线控制点示意图

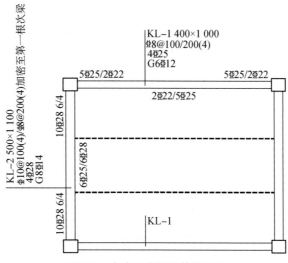

图 7.8　方案二主梁配筋施工图

单从表 7.4 的两种方案的单位面积含钢量来比较,方案一要比方案二节省约 2 kg/m²。主要是因为方案一主受力框架梁采用了预应力混凝土。预应力中采用的钢绞线的抗拉强度标准值为 1 860 MPa,而普通钢筋的抗拉强度标准值为 500 MPa(HRB500),钢绞线的抗拉强度标准值约是普通钢筋的 3.7 倍。因而采用预应力混凝土梁的含钢量比普通混凝土梁更低。但用钢量相对较小并不能表明工程综合成本也相对较小。这是因为方案一中将钢绞线按照普通钢筋的重量来计算,但钢绞线的材料成本相比普通钢筋更高。另外,预应力混凝土梁的施工工艺复杂,施工质量要求高,施工过程中的辅助耗材高,施工周期较长,其综合成本比普通混凝土梁高。

4. 基础成本对比

在整个工程的建设过程中,建筑地基与基础工程是整个工程建设的重要组成部分。多高层物流仓库的基础工程部分的造价一般情况下为 250~300 元/m²,占到整个工程造价的 10% 左右,受地基条件、所选桩型、桩长的影响非常大。因此,基础设计选型的合理性与经济性对于整个工程显得非常重要。

PHC 管桩和钻孔灌注桩作为目前工程中最常用的两种桩型,有着各自的优缺点和使用范围。

首先,从桩身竖向承载力角度出发,由于 PHC 管桩桩身采用高强度混凝土,因此同等直径的两种桩型的单桩桩身承载力更高。其次,从土层侧阻力角度出发,一般情况下 PHC 管桩的侧阻力和端阻力取值比灌注桩大。因此,同等直径的两种桩型土层阻力提供的承载力更高。

从成本角度出发,同等直径的两种桩型中,PHC 管桩的混凝土用量较省。由于 PHC 管桩是在工厂预制运输到现场的,相比灌注桩需要现场制作钢筋笼、泥浆等多道工序,其施工费用更省。

从环境影响角度出发,PHC 管桩施工过程中不产生泥浆,对环境更友好。

从施工周期角度出发,PHC 管桩施工速度更快,能更好地控制施工工期。节约施工工期也能更进一步节约成本。

以上角度均体现出了 PHC 管桩的优势,但是 PHC 管桩对土层敏感度高,适用土层范围没有灌注桩广泛。同等桩径情况下,灌注桩地震工况下的水平承载力较高,抗拔承载力也较高。

本工程位于长三角,属于软土地基,优选 PHC 管桩具有成本优势。根据工程前试桩,桩基参数统计如表 7.5 所列。

表 7.5　桩基参数统计表

桩型	桩长/m	桩端持力层 (桩端进入持力层≥3d)	单桩竖向承载力 特征值/kN
PHC-500(100)AB	36	⑥₃ 粉砂夹粉质黏土	1 150

方案一典型柱底反力标准值约为 4 000 kN;方案二典型柱底反力标准值约为 3 300 kN。方案一采用四桩承台;方案二采用三桩承台。

两种方案典型柱桩长对比如表 7.6 所列。

表 7.6　典型柱桩长对比表

方案	桩数	桩长/m	单位面积桩长/m
方案一	4	36	1.06
方案二	3	36	1.02

两种方案典型柱承台施工图分别如图 7.9 和图 7.10 所示。

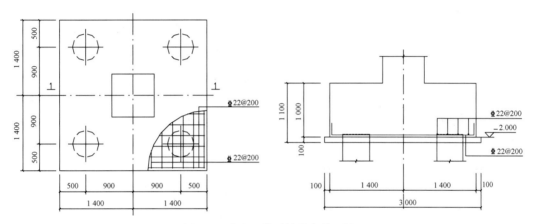

图 7.9　方案一典型柱承台施工图

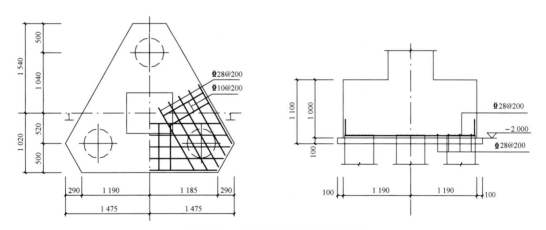

图 7.10　方案二典型柱承台施工图

两种方案基础承台混凝土用量及钢筋用量对比分别如表 7.7 和表 7.8 所列。

表 7.7　典型柱承台混凝土用量对比表

方案	混凝土量/m³	单位面积混凝土量/(m³·m⁻²)	对比
方案一	7.840	0.058	100%
方案二	4.976	0.047	81.0%

表 7.8　典型柱承台钢筋用量对比表

方案	钢筋量/kg	单位面积钢筋量/(kg·m⁻²)	对比
方案一	264.0	1.95	100%
方案二	185.8	1.75	89.2%

根据上述材料用量对比表可得:方案二比方案一在混凝土用量上单位面积节省 20%左右,在钢筋用量上节省 10%左右。

通过上述分析比较,可以得出以下结论。

(1) 进深柱距由 11.5 m 改为 9 m 后,柱截面和主方向受力主框架梁截面均会适当减小。但单位面积的混凝土含量相差不大。因此,从混凝土用量方面来说,两种方案成本相当。

(2) 进深柱距由 11.5 m 改为 9 m 后,原主方向框架预应力混凝土梁可以采用普通混凝土梁。由于预应力混凝土梁施工工艺复杂,施工工期较长,采用普通混凝土梁可以适当降低成本;也可以避免因预应力混凝土梁后张拉过程中由于反拱现象(大板效应)导致楼板产生裂缝的影响。

(3) 进深柱距由 11.5 m 改为 9 m 后,基础混凝土用量和钢筋用量两方面均明显减少,管桩的数量也有所减少,这一部分成本节省是比较明显的。

(4) 当进深柱距由 11.5 m 改为 9 m 后,整个仓库多了两排柱子,对客户而言,仓库储物空间有所减少,视觉上造成柱子比较密的观感。

(5) 9 m 进深柱距可以取消主受力框架梁中的预应力钢筋,避免了因后张法预应力钢筋的张拉所产生的楼板裂缝,总体上可以降低一些工程成本,且施工简单,缩短施工周期。

目前,不少多高层物流仓库为了缩短施工周期,在进深柱距不变的情况下,用普通钢筋替代主受力框架梁中的预应力钢筋,这样总体工程成本按建筑面积测算略有增加,增加约 10 元/m²。

第8章
物流仓库常用的基础型式及设计施工关注事项

物流仓库的基础设计一直是从业者关注的热点问题,物流仓库由于荷载大,基础工程的造价往往占到工程总造价的10%左右,且受地基条件、所选桩型、桩长的影响非常大。桩基、基础连梁的布置对建筑地坪的不均匀沉降、地坪裂缝有直接影响,本章从施工角度对以往工程经验教训进行总结。

1. 桩基合理选型原则

选择合理桩型是一个很大的课题,涉及环保、变形控制、施工技术及经济性等多方面因素,限于篇幅,这里仅提两点概念性建议。

首先,长细比大的细长桩一般是较经济的,具有三方面含义:其一,桩摩阻力的发挥正比于桩表面积,而桩混凝土用量是与桩的截面尺寸的平方成正比;其二,深层土体一般能提供更好的桩端阻力及桩侧阻力;其三,较小截面的桩显然更易满足桩间距的构造要求。因而,从每立方米混凝土能提供的承载力角度,显然细长桩更经济,而且沉降更小,如果桩尖具有强度较高的持力层就更为理想。其次,桩的承载力必须与上部结构的荷载相匹配,能匹配形成合理的布桩系数。

综上所述,桩基选型原则可以概括为选择具有良好持力层并与上部结构荷载相匹配的细长桩。现阶段桩基新技术层出不穷,但是上述基本原理都是通用的,选好了持力层,采用了细长桩,具体的桩型及施工工艺选择面非常广阔。一般来讲,造价上总是灌注桩高于预制桩,但在必须采用灌注桩的情况下,对桩端进行后注浆就能有效固化(或挤出)沉渣,大幅度提升桩基承载力,降低桩基造价。当然,如果采用合理的防挤土技术,如应力释放孔、沙井、预取土技术,就可以在一定程度上减少预制桩的挤土效应,甚至可以采用预制桩,劲性复合桩技术,先做较大直径水泥土搅拌桩(如直径850 mm),再在搅拌桩同位置沉预制桩(如PHC500),也是可以大幅度降低挤土效应,同时也能提高预制桩的承载能力,目前此方法在软土地区得到了一定推广应用。

2. 常用基础型式

多高层物流仓库常见的基础型式一般是CFG桩、PHC管桩/方桩、劲性复合桩、钻孔灌注桩和支盘灌注桩等,需要结合结构分析计算的柱下轴力、弯矩、抗拔力等载荷效应的大小,考虑施工的便利性,并结合具体项目所在地常用的基础类别及当地人防设置对基础型式的要求,进行成本、工期的综合分析,选择性价比最优的基础方案。

对于大家都熟悉的 PHC 管桩/方桩在此不作赘述,只简单说一下竹节桩在结构地坪中的应用。如果项目周边有生产竹节桩的企业,结构地坪桩可以选用竹节桩,其工程成本低于预应力管桩。

1) CFG 桩

CFG 桩在华北地区的多高层仓库中应用比较广泛(主要用于双层库),是一种性价比较高的基础型式,其原理是在碎石桩基础上加进一些石屑、粉煤灰和少量水泥,再加水拌和,用振动沉管打桩机或其他成桩机具制成一种具有一定黏结强度的桩。桩和桩间土通过褥垫层形成复合地基。

2) 劲性复合桩

劲性复合桩除了前文提及的可以大幅度降低挤土效应外,也可以解决预应力管桩在砂性土/砂层中的施工难度问题,先施工水泥土搅拌桩,待水泥土搅拌桩初步成形后再插入高强预应力混凝土管桩。当水泥土搅拌桩采用干法搅拌工艺时,管桩施工宜在水泥土搅拌桩施工后 6 h 内进行。当水泥土搅拌桩采用湿法工艺时,宜在水泥土搅拌桩成桩 12 h 内打入芯桩。当管桩采用空心桩时,底端宜进行封闭。管桩施工前必须重新测放并复核桩位,确保桩位测量误差小于 2 cm。

3) 支盘灌注桩

支盘灌注桩是在常规钻孔灌注桩的基础上,采用专用液压设备对桩长范围内的土层进行多截面扩孔,形成多处锥状或三角形扩径空腔,空腔内灌注混凝土后形成多支点的多截面扩孔混凝土桩。在各部位支盘提供的阻力上,一般上部支盘的发挥程度要大于下部支盘,当上部支盘的土体已开始发生塑性变形时,上部支盘提供的承载力基本为一定值,此后所加的荷载主要由底部支盘端阻力的增大来承担。随着荷载的增大,位移也不断增大,下部支盘的阻力才进一步发挥,各支盘下土层纷纷开始发生塑性变形,整个桩的承载力逐渐达到极限承载力。

扩孔比较适用的岩土地质条件:硬可塑、硬塑、坚硬的黏性土;中密、密实的粉土和地下水位较高的饱和粉砂、中粗砂等砂土;残积土、全风化、软质岩石的强风化层。支盘桩可作为建筑抗压桩、抗拔桩、复合地基、高承载力抗拔锚杆以及地基加固和增层改造的桩基。一般而言,只要地基土中有 6 m 多厚的硬塑土层就可以采用支盘灌注桩,支盘灌注桩的直径不能过小,在成空易坍塌的地基条件下慎用。

支盘灌注桩具有如下优点。

(1) 挤扩支盘可充分增大侧阻及端阻的面积,有效利用场区纵向所有的土层,从而有效地减小桩径,减短桩长。合适的地层条件下单方混凝土的完成承载力比普通灌注桩可提高 1.7~2.3 倍,经济效益显著。支盘灌注桩的工程单价比灌注桩高出约 10%。

(2) 挤扩支盘桩实现扩径体的手段是通过三维挤压,在扩径的同时对盘下土层的挤密作用也比较明显。

（3）通过扩孔过程压力值可反映盘所处土软硬变化情况，有利于控制工程质量。

（4）由于桩身承力盘分担了荷载，可以缩短入岩的深度或降低嵌岩的难度和深度，也可将传统的嵌岩桩改为非嵌岩桩，降低基础桩施工的单价且加快基础桩施工速度。

支盘灌注桩的施工关键是确保挤扩支盘的成型质量，需要通过可视化设备直观显示挤扩设备在桩孔内的状态，将挤扩过程中的挤扩设备工作状态和参数都实时记录下来，做到作业质量可控、可追溯。支盘灌注桩液压挤扩设备如图 8.1 所示。

图 8.1　支盘灌注桩液压挤扩设备

3. 仓库基础连梁的设计原则

物流仓库基础设计不是独立的，还应基于地基土的软硬状况并结合仓库首层地坪的类别综合考量。对于软土地基上的建筑地坪，虽然在施工阶段采用了处理方法对软土地基进行了加固处理，但仓库地坪在后期使用过程中多少都会发生一些沉降。为达到仓库首层地坪均匀沉降的目的，避免仓库建筑首层地坪产生"锅底状"波浪起伏的不均匀沉降现象，柱下基础设计时应以不在每个仓库防火分区内设置基础连梁为原则，特别是柱下桩基础情况下更应如此。

4. 仓库周边基础梁施工注意事项

仓库周边的室内外 1.3 m 高差范围内的裙墙在早期项目中一般是砌块墙，而在园区运营过程中砌块墙很容易被车辆撞损。目前，大多采用清水墙施工工艺的基础连梁 + 混凝土墙，提升防撞能力的同时可以减少后期外墙面污损的维修费用。仓库周边地梁 + 混凝土清水墙如图 8.2 所示。仓库周边基础连梁的尺寸除了需满足正常的结构受力要求外，还需尽可能地将连梁底标高控制在园区道路标高以下，在仓库周边混凝土基础连梁的施工过程中应以素混凝土垫层或地砖为模，避免采用架空木模来支护高出室外地面的基础连梁，从而避免浇筑后的仓库周边基梁底部是空的。如果仓库周边基础连梁的底部是透空的话，在后续的库内回填土夯实过程中，仓库周边基础连梁下方透空部分的回填土夯实质量很难保证，且在回填土施工过程中如遇大雨冲洗，基梁边的回填土很容易塌陷（图 8.3）。

图 8.2　仓库周边地梁＋混凝土清水墙

(a)

(b)

图 8.3　梁底透空无法保证回填夯实质量且容易坍塌

　　另外,在仓库库内回填夯实过程中,总包和专业分包之间应充分协调,事先预埋好给排水及消防管的进库管道,避免等到库内地坪完工后才开始安装进库水管和消防管,这样很容易掏空这一区域的回填土。

　　对于预计建筑地坪后期会发生一定沉降的项目,考虑到叉车经过卷帘门处对地坪的不断冲击,如果存在差异沉降的话这一部分混凝土很容易破损。因而仓库防火分区隔墙上防火卷帘门洞处的基础连梁应尽可能深埋,且不应在基梁顶砌砖墙至仓库建筑地坪底部,而应以褥垫层的思路选择合适材料回填门洞下方地基连梁上部这一部分,同时防火卷帘门门洞两侧各 1 m 范围内的混凝土地坪建议整体浇筑,这一部分的建筑地坪在配置钢纤维的基础上适当增设地坪钢筋,来调节基础地梁两侧可能的地坪沉降差,这 2 m 左右范围的建筑地坪应通过铠甲缝与周边建筑地坪断开,并沿阳角 45° 方向切缝。

第9章
单桩承载力确定要点及概念辨析

9.1 概述

试桩分为依据性试桩和工程桩验收性试桩,前者为工程设计提供依据,后者作为复核设计要求的验证,对此规范均有详细的规定。详见以下规范条文。

1.《建筑地基基础设计规范》(GB 50007—2011)

> 8.5.6 单桩竖向承载力特征值的确定应符合下列规定:
>
> (1) 单桩竖向承载力特征值应通过单桩竖向静载荷试验确定。在同一条件下的试桩数量,不宜少于总桩数的1%且不应少于3根。单桩的静载荷试验,应按本规范附录Q进行。
>
> (2) 当桩端持力层为密实砂卵石或其他承载力类似的土层时,对单桩竖向承载力很高的大直径端承型桩,可采用深层平板载荷试验确定桩端土的承载力特征值,试验方法应符合本规范附录D的规定。
>
> (3) 地基基础设计等级为丙级的建筑物,可采用静力触探及标贯试验参数结合工程经验确定单桩竖向承载力特征值。
>
> (4) 初步设计时单桩竖向承载力特征值可按下式进行估算(略)。

2.《建筑桩基技术规范》(JGJ 94—2008)

> 5.3.1 设计采用的单桩竖向极限承载力标准值应符合下列规定:
> (1) 设计等级为甲级的建筑桩基,应通过单桩静载试验确定。
> (2) 设计等级为乙级的建筑桩基,当地质条件简单时,可参照地质条件相同的试桩资料,结合静力触探等原位测试和经验参数综合确定;其余均应通过单桩静载试验确定。
> (3) 设计等级为丙级的建筑桩基,可根据原位测试和经验参数确定。
> 5.3.2 单桩竖向极限承载力标准值、极限侧阻力标准值和极限端阻力标准值应按下列规定确定:

（1）单桩竖向静载试验应按现行行业标准《建筑基桩检测技术规范》（JGJ 106—2014）执行。

（2）对于大直径端承型桩，也可通过深层平板（平板直径应与孔径一致）载荷试验确定极限端阻力。

（3）对于嵌岩桩，可通过直径为 0.3 m 岩基平板载荷试验确定极限端阻力标准值，也可通过直径为 0.3 m 嵌岩短墩载荷试验确定极限侧阻力标准值和极限端阻力标准值。

（4）桩的极限侧阻力标准值和极限端阻力标准值宜通过埋设桩身轴力测试元件由静载试验确定。并通过测试结果建立极限侧阻力标准值和极限端阻力标准值与土层物理指标、岩石饱和单轴抗压强度以及与静力触探等土的原位测试指标间的经验关系，以经验参数法确定单桩竖向极限承载力。

3.《建筑基桩检测技术规范》（JGJ 106—2014）对于终止静载的规定

4.3.7　当出现下列情况之一时，可终止加载：

（1）某级荷载作用下，桩顶沉降量大于前一级荷载作用下的沉降量的 5 倍，且桩顶总沉降量超过 40 mm。

（2）某级荷载作用下，桩顶沉降量大于前一级荷载作用下的沉降量的 2 倍，且经 24 h 尚未达到本规范第 4.3.5 条第 2 款相对稳定标准。

（3）已达到设计要求的最大加载值且桩顶沉降达到相对稳定标准。

（4）工程桩作锚桩时，锚桩上拔量已达到允许值。

（5）荷载-沉降曲线呈缓变型时，可加载至桩顶总沉降量 60～80 mm；当桩端阻力尚未充分发挥时，可加载至桩顶累计沉降量超过 80 mm。

9.2　试桩的数量以及试桩加载量确定

工程桩单桩承载力特征值的确定，在《建筑地基基础设计规范》（GB 50007—2011）以及《建筑桩基技术规范》（JGJ 94—2008）中并没有区分依据性试桩和验收性试桩，而《建筑基桩检测技术规范》（JGJ 106—2014）对二者作了区分。如果按照后者，且在同一条件下依据性试桩不应少于 3 根；当预计工程总桩数小于 50 根时，检测数量不应少于 2 根，则没有不少于总桩数 1%的要求。而作为验收性试桩，均要满足检测数量不应少于同一条件下桩基分项工程总桩数的 1%，且不应少于 3 根，当总桩数小于 50 根时，检测数量不应少于 2 根的要求。

试桩数量规范规定为同一条件下的工程桩，即在地层、持力层、桩型基本相同的情况下，可以归为同类型桩，按照 1%，不少于 3 根控制，值得注意的是，是整个项目满足就可以，而并非单体工程必须不少于 3 根,原则上控制单体不少于 2 根即可。

　　验收性试桩、依据性试桩,是否需要统一按照试桩总数量满足 1%,不少于 3 根的要求;当总桩数小于 50 根时,检测数量不应少于 2 根? 这一点各规范及各地执行细则也不一致,如上海市《地基基础设计标准》(DGJ 08—11—2018)规定宜进行依据性试桩按 0.5%,验收性试桩 1.0%,总和满足 1.5% 即可,但是依据性试桩不是强制性的。广东地区则按照验收性试桩 1% 要求在执行,没有强制要求依据性试桩(新工艺和甲级桩基且无同类型桩参考除外)。但在江苏地区很多地方,则按照最严格的要求,规定依据性试桩 1%,验收性试桩 1%,总和达到 2%。

　　科学的做法是同型桩需要达到统计学样本量,样本量一般可通过《建筑结构可靠性设计统一标准》(GB 50068—2018)规定的置信水平 $(1-\alpha)$ 和历史试桩标准差 σ 按统计学确定,与地域经验有关。例如,上海地层单元单一、层面起伏较小,因而同型桩离散度较小,试桩数量要求就低且依据性试桩不是必需的。现阶段建议试桩总数应根据各地规范或者质监站要求进行,不一定科学但可避免返工。

　　依据性试桩是为桩基设计服务、提供设计依据,试桩的加载量原则上是应该做到桩基的破坏,或者做到桩身材料的极限承载力标准值为止(桩身材料强度)。然而,很多业主仅仅把试桩当成应付质监站或者合规的一个程序来进行,片面追求试桩本身的经济性,仅仅要求加载到设计承载力特征值的两倍就必须停止,而设计承载力特征值由设计师根据地层参数得出,有很大的局限性,大部分情况下是偏保守的。如按此试桩,桩基实际承载能力、设计是否保守、桩基实际安全储备就都成了未知数,也失去了桩基优化的机会,实在是因小失大。

　　根据规范统计要求,若试桩最大加载量只取规范规定的下限值(两倍特征值),万一当个别桩桩荷载达不到极限荷载时,就会拖累整组试桩,甚至产生试桩不合格的结果。而如果试桩荷载能多加一级荷载,当该组试桩中极限承载力有高有低时,只要极差不超过 30%,就可取平均值作为试桩极限荷载,客观上减少了人为因素导致试桩承载力降低的情况。因此,在制定依据性试桩方案时,最大加载量最好不要刚好等于单桩承载力特征值的两倍,加大到材料强度做破坏性试验更好,至少比两倍特征值多加数级,而不是片面追求节约试桩费用。

9.3　试桩休止期及压桩终压力与承载力的关系

　　相当多的物流仓库项目,由于业主急于推进工程施工,打好桩后经常急于试桩,然而欲速则不达。对于基桩检测开始时间,《建筑基桩检测技术规范》(JGJ 106—2014)3.2.5 条第3 款规定,承载力检测前的休止时间,除应符合本条第 2 款的规定外,当无成熟的地区经验时,尚不应少于表 9.1 规定的休止时间。

表 9.1　休止时间

土的类别		休止时间/d
砂土		7
粉土		10
黏性土	非饱和	15
	饱和	25

注:对于泥浆护壁灌注桩,宜延长休止时间。

对某一根具体的桩而言,一般不能认为单桩竖向抗压承载力是绝对不变的,其影响的因素跟土性及休止期有较大关系。一般在黏性土尤其是饱和黏性土地基中打入桩(挤土桩),单桩承载力将随时间增长而变化。桩打入饱和黏土中,桩周围的土将被排挤,土体被扰动的范围可达约一个桩长的距离。被扰动的土最终随着土体的排水固结,其抗剪强度或对桩上的附着力、支承力导致单桩承载力随时间而增长。

在上海,西南部虹桥地区金牌大厦于 1996 年施工桩基,工程采用 500 断面 26 m 预制桩单桩,根据地质资料设计要求单桩承载力极限标准值达到 4 000 kN。该工程前后共进行三次试验,长达三个月承载力试桩仍然不满足要求,其中 56♯桩于 1996 年 6 月 1 日试桩,承载力为 1 200 kN(桩顶竖向变形 9.01 mm),1996 年 8 月 18 日则为 3 450 kN(33.85 mm),1997 年 11 月 20 日达到 4 200 kN(23.48 mm),可见最终单桩承载力在一年五个月后达到最初试桩值 3.5 倍的极端案例。其他工程远不如其"严重",但也要引起充分重视。对于钻孔灌注桩,根据荷载试验资料,因其扰动较小单桩承载力随时间增长并不明显。

对于不同的土质以及不同的灵敏度,桩基承载力随时间增长的幅度并不一致。一般而言,从灵敏度上讲,灵敏度大的土休止期就需要长一些。而对于端承型嵌岩桩,休止期就很短,建议按照砂土标准就可以,但是对于桩端持力层为遇水易软化的风化岩层,则不应少于25 d。

因此,在黏性土地区一般静压法施工桩基的动阻力终压值会小于试桩的极限承载力,动阻力是扰动后的土,由于黏性土的灵敏度较大,受到沉桩过程桩身的扰动,土的结构强度下降,因而土对桩的支承力有所下降。而后期土固结结构强度恢复后,桩的极限承载力就会有较大幅度的增长,但是在砂性、粉性土地区,土的结构强度重构现象不显著,而且群桩沉桩过程中的扰动导致的结构强度未必能大部分恢复。因此,导致以下情况:①黏性土层为主、长径比较大的桩,单桩承载力极限值比终压值有较大幅度的增长;②粉土、砂土,长径比较短的桩,增长幅度有限,甚至会出现单桩极限承载力标准值低于终压值的情况。后一种情况工程中尤其要予以重视,以免造成返工损失。

静力压桩施工终压值的取得方式建议为在施工中取稳压值,即在一根桩施工终止之前,用一定的压桩力对桩实施持续一段时间(5~10 s)加压的过程。稳压可以部分消除土体后续松动现象,同时也可根据稳压贯入的大小作为判断终压的依据。《建筑桩基技术规范》(JGJ 94—2008)7.5.9 条,终压条件应符合下列规定:应根据现场试压桩的试验结果确定终压标准,终压连续复压次数应根据桩长及地质条件等因素确定。对于入土深度大于或等于 8 m 的桩,复压次数可为 2～3 次;对于入土深度小于 8 m 的桩,复压次数可为 3～5 次;稳压压桩力不得小于终压力,稳定压桩的时间宜为 5～10 s。

上海地区,上海岩土工程勘察设计研究院等通过大量实测数据,结合沉桩阻力和单桩极限承载力实测值的对比分析发现:持力层为一般黏性土或稍密、中密粉性土、砂土。桩侧土层中不存在厚度较大的硬土层。沉桩动阻力一般为计算的单桩极限承载力的 1/3～1/2;持力层为硬塑黏性土或中密以上粉性土、砂土,桩侧土层中不存在厚度较大的硬土层。沉桩阻力主要取决于桩端进入中密～密实砂土中的深度,经大量工程资料统计,当进入深度约为 $(6～8)d$ 时,沉桩动阻力增长很快,其初期动阻力(指密集群桩中最先施工 10 根桩的平均动阻力)接近于单桩极限承载力的估算值。后期沉桩动阻力(指密集群桩中最后 10 根桩的平均动阻力)为单桩极限承载力估算值的 1.2～1.5 倍。据工程经验,每一单项工程的沉桩动阻力大小,除与上述地层组合相关外,还与布桩的面积系数、沉桩顺序、沉桩速率等有关。一般布桩面积系数越大,后期的沉桩阻力越大,甚至是初期沉桩动阻力的 2 倍或更大。对于桩端进入密实砂土的桩,选用设备及桩身强度控制必须考虑这些问题。湖北、广东相关规程中有预估静压桩的压桩力与单桩极限承载力标准值的关系。湖北省和广东省预估压桩力 P 与单桩极限承载力 Q_{uk} 的关系分别如表 9.2 和表 9.3 所列。

表 9.2　湖北省预估压桩力 P 与单桩极限承载力 Q_{uk} 的关系

桩端土类型	桩入土深度 L/m			
	$\leqslant 8$	$8<L\leqslant 20$	$20<L\leqslant 30$	$L>30$
黏性土	$(1.2～1.4)Q_{uk}$	$(1.1～1.2)Q_{uk}$	$(1.0～1.1)Q_{uk}$	$(0.9～1.0)Q_{uk}$
砂类土	$(1.2～1.5)Q_{uk}$	$(1.2～1.3)Q_{uk}$	$(1.1～1.2)Q_{uk}$	$(1.0～1.1)Q_{uk}$

注:1. 表中 Q_{uk} 为预估单桩极限承载力。
　　2. 桩径大或桩长较短者压桩力取大值,砂卵石取小值。

表 9.3　广东省预估压桩力 P 与单桩极限承载力 Q_{uk} 的关系

桩入土深度 L/m	$6\leqslant L\leqslant 9$	$9<L\leqslant 16$	$16<L\leqslant 25$	$L>25$
黏性土	$(1.25～1.67)Q_{uk}$	$(1.0～1.43)Q_{uk}$	$(1.0～1.18)Q_{uk}$	$(0.87～1.0)Q_{uk}$

注:适用于端承摩擦桩或摩擦端承桩,不适用于摩擦桩或端承桩。

显然,上海地区、湖北地区和广东地区的区别均较大,体现了地质条件的差异性。

9.4　试桩桩型与工程桩的关系

试桩的目的是确定单桩极限承载力标准值,进而得出单桩承载力特征值,作为设计的依据或者作为验收依据。单桩承载力特征值由两方面确定,一方面是材料强度,材料强度本质上由桩的材质确定,譬如钢筋混凝土材料或者钢材(钢管桩),材料强度有成熟的计算公式和规范、预应力混凝土管桩图集作为依据;另一方面是土对桩的支承力。前者称为材料强度控制,后者称为土强度控制。

这里的试桩主要指竖向抗压承载力试桩,显然,材料强度能依据钢筋混凝土规范、桩基规范得到确定的结果,试桩的主要目的就是测试土体对桩的支承能力。而土的支承力分为桩侧总摩阻力和桩端总阻力,二者之和构成桩总承载能力,从受力上说,在同一套地层下涉及的桩侧总摩阻力部分仅仅跟桩身周长有关,而桩端总阻力跟桩断面面积有关。

目前,规范和图集并没有妥善解决试桩中的桩身强度与试桩加载量匹配问题,众所周知,试桩需要加载到特征值的两倍,破坏性试验加载量更大,除了桩承载力用得比较低以外,通常两倍特征值不但会超过桩身轴心受压强度设计值,甚至会超过桩身材料承载力标准值。通常情况下,由于试桩属于短时荷载,工程单位一般采用图集反算的桩身材料承载力标准值(保证率95%)复核加载量是否满足,当对桩身质量有担心时可采取填芯等加强措施。

现以某工程采用的预应力管桩试桩为例作计算说明,该工程采用《预应力混凝土管桩》(10G409)图集中 PHC500—125 管桩,该桩轴心受压承载力设计值是 3 701 kN,根据设计要求结合地层验算,工程桩设计承载力特征值为 2 700 kN。PHC500—125 管桩参数计算如表 9.4 所列。

表 9.4   PHC500—125 管桩参数计算表

分项	设计指标	设计数值	依据及备注
①	单桩轴心受压承载力设计值	3 701 kN	10G409 图集计算规定
②	单桩材料强度特征值	3 701/1.35 = 2 741 kN	荷载综合分项系数 1.35
③	设计单桩承载力特征值	2 700 kN	土层计算及工程设计需要
④	单桩材料强度标准值	3 701×1.4 = 5 181 kN	混凝土材料分项系数 1.4(图集)
⑤	单桩材料强度标准值	$(50.2 - 6.18) \times 147\ 187 A_P = 6\ 479$ kN	按照混凝土规范计算,未乘以 0.8
⑥	满足设计需要的试桩加载量	2 700×2 + 100 = 5 500 kN	100 kN 为送桩部分摩阻力

注:因为送桩 4.5 m 作用,按照极限摩阻力(15)计算为 106 kN,现取 100 kN,单桩材料强度标准值的保证率根据规范是 95%,A_P 为桩截面积。

可见,试桩加载量⑥5 500 kN 已经大于图集单桩材料强度标准值④5 181 kN,此时试桩存在桩身尤其是桩顶压碎失败的风险。显然,在周长和桩端断面不变的情况下,设计单位对试桩采用了对桩身全长用 C40 以上微膨胀混凝土灌芯的做法是正确的,确保了试桩的正常进行,得到了建设方和审图部门的认可。该工程为避免桩尖土遇水软化现象,因此对工程桩也采用了桩尖两米灌芯的做法。应予以注意的是,单桩材料强度与加载量的关系和匹配问题,在各规范及图集中都没有明确说明。

9.5 静力试桩要点

在做竖向荷载静力试桩时,同样的地层条件和桩型,往往不同的试桩方式会导致不同的结果,甚至导致错误结果,对建设单位造成很大损失,因此有必要对各种试桩过程中容易碰到的问题进行总结,并给出解释,规范中比较明确的问题就不作赘述。

(1) 试桩的休止期严格按照《建筑基桩检测技术规范》(JGJ 106—2014)执行。

解释:有条件时,尽量延长,对灵敏度高的土层,基桩承载力会有持续的增长。

(2) 加载应分级进行,且采用逐级等量加载的方式;分级荷载宜为最大加载值或预估极限承载力的 1/10,其中,第一级加载量可取分级荷载的 2 倍。

解释:规范给出了分级的建议,应该理解为最少的分级数量建议,在一些大直径桩、高承载桩的实践中,一般在最后的两到四级采取更加细分(譬如每一级 1/20~1/15)的策略,或者做破坏性试桩达到预估值后降低分级荷载,往往会得到更加准确或者更高的承载力。

(3) 当荷载-沉降曲线呈缓变型时,可加载至桩顶总沉降量 60~80 mm;当桩端阻力尚未充分发挥时,可加载至桩顶累计沉降量超过 80 mm。采用该总沉降量所对应的荷载作为极限承载力标准值。

解释:尤其在黏性土地区的长桩,荷载-沉降曲线呈缓变型,没有明确拐点,桩端阻力需要适当位移才能发挥(尚应考虑桩身压缩),就应该按照 60~80 mm 的标准进行控制,而不应该一刀切,若全部按照 40 mm,有时候会差 2~3 级荷载,造成实际采用承载力减损非常可惜。

很多地方规范中都对此有较明确的说明,例如,广东省《建筑地基基础检测规范》(DBJ/T 15—60—2019)响应国家规范《建筑基桩检测技术规范》(JGJ 106—2014)而规定“当荷载-沉降曲线呈缓变型时,可加载至桩顶总沉降量 60~80 mm;在桩端阻力未充分发挥等特殊情况下,可加载至桩顶累计沉降量 80~100 mm”。而广东省《建筑地基基础设计规范》(DBJ 15—31—2016)规定“25 m 以上的非嵌岩桩,Q-S(荷载-沉降)曲线呈缓变型时,桩顶总沉降量大于 60~80 mm”,说明持力层位于土层上的长桩较容易产生缓变型曲线(尚存在桩身压缩),应予注意的是全风化、强风化基岩作持力层不属于嵌岩桩。

(4) 试桩建议采用配有桩靴(桩尖)的桩。

解释:尤其是在黏性土地区,桩靴的采用切割土体会减小对土体的扰动,在客观上起到减少休止期,增加桩承载力增长速率的作用。

(5) 对于采用堆载法的试桩,当堆载较大,大于浅层土地基承载力特征值 1.5 倍时,建议试桩四周打设不少于四根堆载平台支承专用桩,堆载用桩离开试桩不小于 2 000 mm,或者采取其他有效措施减小堆载对试桩的不利影响。

解释:大量的堆载会对土体产生扰动,乃至对试桩产生负摩阻力,影响试桩结果,具体试桩方案可与勘探单位及测试单位协商确定。堆载较大标准采用“大于浅层土地基承载

力特征值 1.5 倍时"摘录于广东省《建筑地基基础检测规范》(DBJ/T 15—60—2019)第
14.2.1 条第 5 款。例如,南通湖滨华庭 PHC600—130 试桩极限承载力为 5 400 kN,一开
始由于将接近 700 t 的混凝土压载块全部堆在试桩周围(图 9.1),导致地面沉陷超过
20 cm,对试桩结果造成不利影响,试桩差了一级,后重新试桩在试桩打设四根堆载专用桩
以后问题得以解决。在天津宝坻区新宜物流维龙项目中也有类似情况,将在后面作为案
例进行分析说明。

(6) 确保桩身质量,禁止采用热桩充当工程桩及试桩,不得用桩体作为送桩设备,必须
采用专门的钢管送桩器。

解释:热桩容易在沉桩过程中损坏,损坏后的试桩容易出现桩身破坏现象。如果是灌注
桩尚应该确保龄期。

(7) 对于有隆起及桩上浮的情况,桩基及试桩一定要进行复压,稳压。

解释:在相当多的地区,沉桩后都会出现由于挤土土体隆起引起桩基上浮的情况,这时
的桩基桩端土就会松动,引起试桩及桩基承载力下降,复压并稳压是消除土体松动的有效方
式。《建筑桩基技术规范》(JGJ 94—2008)7.5.9 终压条件应符合下列规定:终压连续复压次
数应根据桩长及地质条件等因素确定。对于入土深度大于或等于 8 m 的桩,复压次数可为
2~3 次;对于入土深度小于 8 m 的桩,复压次数可为 3~5 次。

(8) 管桩建议进行桩尖封堵,采用 C30 微膨胀混凝土对桩尖进行 1.0~2.0 m 左右的
封堵。

解释:大部分情况下,当地下水、雨水通过桩孔进入桩尖部分,都会引起桩尖土体的软
化,甚至是强风化花岗岩,这种软化效应非常显著。

(9) 试桩需要确定桩身承载力标准值是否达到试桩加载量要求,如果达不到,建议对桩
进行加强,如管桩桩身全长灌芯,以免试桩过程中桩身材料破坏。

解释:当土对桩的支承起控制作用时,可以采取灌芯等加强措施,参见前述第 3)。

(10) 正确理解规范所述的终止加载标准"某级荷载作用下,桩顶沉降量大于前一级荷
载作用下的沉降量的 5 倍,且桩顶总沉降量超过 40 mm;某级荷载作用下,桩顶沉降量大于
前一级荷载作用下的沉降量的 2 倍,且经 24 h 尚未达到相对稳定标准,即每 1 h 内的桩顶沉
降量不得超过 0.1 mm,并连续出现两次。"

解释:规范所述及的第一种情况是出现"拐点"的判断标准。第二种情况,在工程实践中
往往忽视了 24 h 稳定检测,仅仅是如果出现 2 倍上一级变形时就终止加载,尤其是荷载一上
去马上就出现 2 倍以上变形就判定破坏,终止加载,这样可能会错判,特别是桩端刚开始发
挥承载力、桩端土开始压实的一瞬间会出现一个瞬时加大变形。在四川宜宾长江大院项
目采用 900 直径人工挖孔桩的试桩过程中,即使是采用深层载荷板做测试,也出现过加载
曲线呈现台阶型变形现象,就是因为桩端土是卵石土,突然出现卵石排列重组孔隙压密、
变形加大后再压实稳定的表现,而不是屈服破坏。长江大院项目台阶型 P-S 曲线如
图 9.2 所示。

图 9.1 湖滨华庭试桩边堆载导致扰动及负摩阻力

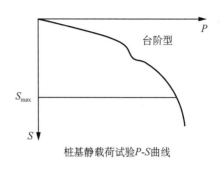

图 9.2 长江大院项目台阶型 P-S 曲线

9.6 工程案例

工程案例:天津宝坻某物流项目,项目拟建物包括 2 栋 2 层仓库(A1 仓库、A2 仓库),建筑高度 23.18 m,以及 1 层连廊和 1 层坡道及辅助用房等。

本场区抗震设防烈度为 8 度,设计基本地震加速度为 0.20 g,场地地震动峰值加速度为 0.20 g,属设计地震第二组。建筑场地类别为 Ⅲ 类,属建筑抗震一般地段,在抗震设防烈度 8 度下,场地内不存在液化土层。

单柱轴力约 4 500 kN,原设计桩基方案拟采用桩基础,由于⑧号粉砂土标贯击数为 26~30 击,预制桩无法穿透,因此原设计拟采用直径 500 支盘钻孔灌注桩,桩基长度 26 m,拟设置 3 个支盘。业主委托优化单位上海同建强华建筑设计有限公司进行研判后,认为在砂土中难以形成支盘,且有坍孔的风险,建议采用预制桩 PHC400 桩,持力层直接放在浅层的⑧号粉砂土,桩长仅仅在 11~12 m,预测桩基承载力成为非常困难的事情,按照当地经验,承载力特征值不超过 400 kN。典型地质剖面图如图 9.3 所示。

鉴于同济大学科技情报站在 20 世纪 70 年代开始就在桩基教研室高大钊、洪毓康两位教授带领下在上海及兖州多地进行了静力触探试验,探索单桥静力触探比贯入阻力 P_s 与桩基侧壁摩阻力、端承力的关系,并在 20 世纪 90 年代陆续在《地基基础设计规范》(DGJ 08—11—1999)以及《建筑桩基技术规范》(JGJ 94—1994)中列入,且推广到双桥静力触探,为准确地预测单桩承载力,在当地岩土工程勘察单位没有办法进行静力触探的情况下,特地聘请了上海岩土工程勘察设计研究院天津分院(简称上勘院)进行静力触探补勘(注:上勘院有一套改进的静力触探设备,可以对静力触探探杆加护套管并进行冲洗,减小了探杆的侧壁摩阻力,进而减小了触探的反顶力,不至于触探反力将静力触探车顶起来,使得静力触探探头能够顺利地沉下去)。

由优化单位对上勘院下达了静力触探任务书,特别说明本次静力触探目的,是因为原来勘察报告没有做静力触探,而且对土层力学指标涉及较少、桩基施工建议较少,对桩基承载力的确定及沉桩不能起到很好的指导作用,为达到桩基优化改预制桩 PHC 桩目的,特作出

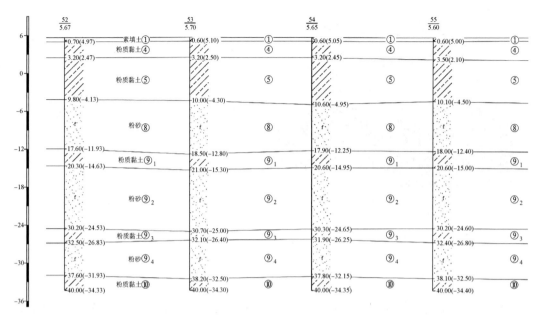

图 9.3 典型地质剖面图

以下作业要求：①静力触探布孔图均匀分布，利于场地地层总体把控；②建议采用双桥静探，同时依据静探成果给出有参考价值的桩基设计参数，如桩基侧摩阻力、端阻力，以及压缩模量，以达到大幅度提高桩基承载力计算值目的；③对地基土进行分层，达到指导沉桩的目的，对原取土分层进行力学修正，对桩尖与持力层的关系给出较明确的力学分层指标；④对采用PHC400(95)AB桩沉桩提出建议，若锤击桩的话提出收锤标准建议，静压桩对终压力值（稳压）进行建议，遇到局部沉桩困难可以采取的措施有"引孔"等；⑤对桩基设计施工要点根据当地经验进行建议：如是否采用桩靴，桩尖土的特性（是否遇水软化），粉砂是否剪胀性进行判断（防止后期应力松弛），是否需要复压及复压前提条件等；⑥如有必要，在静力触探指标换算单桩承载力极限值尚不能达到1 500 kN 左右时（与设计师沟通），对PHC桩的试桩进行建议；⑦根据周边环境保护要求对施工过程中的防挤土措施、沉桩速率与环境的关系进行建议。以上建议作为技术成果协助业主方作为原勘察补充报告的技术支持。

随即，上勘院顺利完成了静力触探施工及补充报告。双桥静力触探成果参数如表 9.5所列，各土层桩基设计参数一览如表 9.6 所列，静力触探测试成果图如图 9.4 所示。

表9.5 双桥静力触探成果参数表

土层编号	土层名称	厚度/m	侧摩阻力 f_s/kPa	锥尖阻力 q_c/MPa
①	素填土	0.4～1.4	—	—
④	黏土	1.7～3.2	66.32	0.93
⑤	粉质黏土	2.9～7.4	21.42	0.90
⑥	粉土	3.5～4.1	78.64	4.91
⑧	粉砂	3.8～12.2	223.84	23.26

（续表）

土层编号	土层名称	厚度/m	侧摩阻力 f_s/kPa	锥尖阻力 q_c/MPa
⑨₁	粉质黏土	1.1～4.1	57.13	2.92
⑨₂	粉砂	7.9～11.1	258.07	29.01
⑨₃	粉质黏土	1.1～3.1	69.95	3.80
⑨₄	粉砂	3.9～6.9	197.48	20.89

表 9.6　各土层桩基设计参数一览表

土层名称及代号	静探锥尖阻力 q_c 值/MPa	预制桩极限侧阻力标准值 q_{sik}/kPa	预制桩极限端阻力标准值 q_{pk}/kPa
④	0.93	15	—
⑤	0.90	30	—
⑥	4.91	55	—
⑧	23.26	120	10 000～15 000

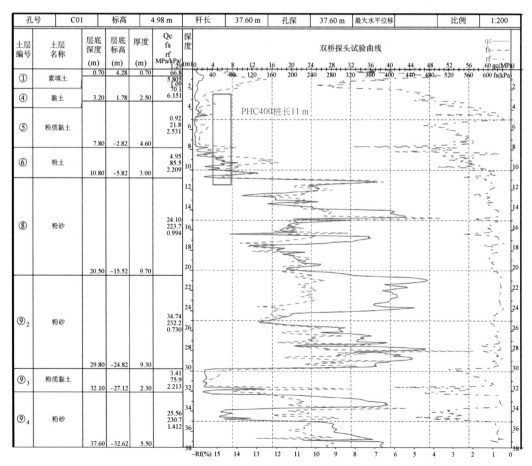

图 9.4　静力触探测试成果图

根据表 9.6 建议的各层土的桩侧极限摩阻力标准值 q_{sk} 和桩端极限端阻力标准值 q_{pk} 值,估算的单桩竖向承载力特征值如表 9.7 所列。

表 9.7 单桩竖向承载力特征值一览表

建筑编号	桩型	送桩/m	桩长/m	计算孔号	桩端入土深度/m	进入持力层深度/m	单桩极限承载力标准值/kN	单桩竖向承载力特征值/kN
A1 仓库	PHC400	1.5	11	C01	12.5	⑧/1.7	1 920～2 550	960～1 275
	PHC400	1.5	10	C06	11.5	⑧/1.7	1 850～2 480	925～1 240
A2 仓库	PHC400	1.5	11	C11	12.5	⑧/1.3	1 920～2 540	960～1 270
	PHC400	1.5	10	C16	11.5	⑧/1.7	1 850～2 480	925～1 240

注:基础埋深按 1.5 m 考虑,如有变化,可相应调整桩长,但桩端进入持力层深度不小于 1.0 m,按单栋建筑统一桩长的原则确定其桩长。采用开口桩尖带桩靴,管桩底部填充 1～2 m 素混凝土。

显然,咨询报告给出的承载力极限值都大于 1 800 kN(特征值 900 kN 以上),试桩交底按照本文前述要求明确了休止期小于 10 d、堆载于支承桩、桩尖填芯 1～2 m、桩顶填芯完整等一系列要求。然而在后续的试桩中,试桩结论仅仅达到 1 000 kN(特征值 500 kN 左右),远远低于预期,由此笔者和优化单位协商,研究认为桩基测试单位方法、工作态度都存在严重不足,让桩基测试单位重新试桩。对此,下达了以下通知书:

天津宝坻项目试桩无效通知函

*** 检测公司:

咨询单位上海勘察设计研究院(集团)有限公司静力触探成果在 2019 年 3 月 27 日出来后,按照国家桩基规范(JGJ 94—2008)相关条款的要求,静力触探单位按照规范作出了桩基单桩承载力特征值的预测,预测特征值位于 925～1 270 kN 区间。

在 3 月 27 日(周五下午)催促现场试桩单位提供试桩方案,之前打完试桩时强调试桩方案需报设计院审核后进行试桩,3 月 28 日下午,试桩单位发了试桩方案,并包含两根试桩结果的资料。试桩结果特征值只有 495 kN,情况极其特殊,出乎所有专家的意料。根据我们对现场图片的观测及相关要求,请各方严格按照试桩要点进行测试,不能马虎。目前试桩,完全没有按照设计要求进行,主要有以下几点:

1. 试桩休止期严重不足,3 月 19 日下午打好桩,应该严格按照至少 10 天的休止期,而实际试桩时间是 3 月 25 日,休止期只有 6 天;

2. 明确要求堆载不能堆在地面上,应堆在支承桩上面(且现场也已经打设了支承桩),否则会产生负摩阻力,影响试桩结果(偏小),而现场堆载仍然没有按照要求堆载,将堆载放在地面;(备注:试桩单位刚开始否认,认为堆载是堆在支承桩上,笔者后来仔细分析现场图片,发现堆载没有堆在支承桩上)

3. 由于测桩单位认为不可能达到预测目标,因为配重严重不足,目测堆载重量远远不到规定的重量,根据目测,在 40 块堆载块,重量估计在 200 吨左右,如果堆载只有 200 吨,那 1 320 kN 的下一级 1 650 kN 考虑偏心后很可能是压不上去的,让人如何相信 1 320 kN 就是最后一级荷载?

4. 试桩的桩头是否加固?放在现场的截断的桩头是否是试桩截下的桩头?横在堆载下面的平放截桩桩头是否作为试桩的垫块?

5. 本次试桩是否做了回弹数据?如果做了,试桩结果回弹为零,只有桩身破坏(材料破坏)才不会产生回弹,具体原因是什么?

鉴于此,本次试桩的结果不予采信,后续试桩方案重新提报,试桩前务必通知设计,建议业主指派监理或相关技术人员现场监督。

图 9.5—图 9.10 为桩基检测单位按照设计院调整试桩方案,使试桩承载力达到设计要求的过程。

根据优化单位要求进行重新试桩后,除了一根桩因为桩头压碎极限承载力为 2 400 kN 外,其余都在 3 000 kN 以上,最后按照 1 200 kN 特征值取用。根据单柱轴力 4 500 kN 的情况,采用了一柱四桩比较经济的做法顺利完成本项目的设计优化,原设计采用直径为 500 mm 的挤扩支盘桩,桩长约为 22 m,承载力特征值为 1 500 kN,仅桩基一项的优化成本约 500 万元。

图 9.5　试桩及四根支承桩

图 9.6　首次试桩荷载不够,支承桩割掉后没有采用

图 9.7　调整支墩重心使得荷载
　　　　加载支承桩上

图 9.8　重新试桩,堆载增加,堆载压在支承桩上

图 9.9　重新试桩加载至 2 400 kN,未加固　　　　　　图 9.10　精心加固的桩头
　　　　而压碎的桩头

第 10 章
喀斯特地貌状况下的仓库基础和地坪设计

地下土洞和溶洞是喀斯特地貌经常遇到的现象,岩溶稳定性主要取决于岩性、厚度、裂隙发育情况、顶板跨度大小、地下水运动、溶洞的充填情况以及人类活动等因素。岩溶塌陷的形成、发展具有长期性、不可预见性、随机性和突发性的特点,危害性很大,对场地的稳定性和地面设施的破坏作用巨大。在项目前期和详勘过程中如何尽可能地查明地下土洞和溶洞的分布情况,对应地选择合适的基础型式和仓库地坪类别对于工程成本控制、仓库建筑结构的安全性非常重要,下面以三个工程案例来展开说明。

1. 案例 1:广东肇庆市大旺高新区项目

该项目为单层轻钢结构仓库,位于广东肇庆市大旺高新区,占地面积约 12 万 m^2,地貌类型为珠江三角洲冲积平原。根据钻探揭露,场地地层由第四系人工填土层、冲积层、第四系残积层及基岩层石炭系灰岩组成,岩土层自上而下分述如下。

(1)素填土:黄色,湿—稍湿,稍压实,大部分地段主要成分为粉质黏土混碎石等,局部以块状物为主,一般硬质物块径小于 20 cm。填土有二年以上,半固结。本场区内分布广泛,全部钻孔均有分布,揭露厚度为 1.00～6.50 m,平均厚度 3.02 m。建议本层土承载力特征值 f_{ak} = 100 kPa。

(2)黏土、粉质黏土:灰黄色,湿,可塑,局部软塑,不均匀,为中高压缩性土。局部见斑状结构。本层分布广泛,共 155 钻孔有揭露,揭露厚度 0.10～15.00 m,平均厚度 2.59 m。层面埋深 1.20～17.70 m,平均埋深 3.10 m。建议本层土承载力特征值 f_{ak} = 90 kPa。

(3)淤泥:黑色、灰黑色,饱和,流塑,欠固结,含粉细砂薄层,有臭味,主要由黏、粉粒及有机质组成,土质一般较均匀,含少量腐殖质偶见贝壳碎屑。本层分布广泛,共 203 个钻孔有揭露,揭露厚度 0.30～19.00 m,平均厚度 8.38 m。层面埋深 1.00～19.20 m,平均埋深 5.09 m。建议本层土承载力特征值 f_{ak} = 30 kPa。

(4)粉质黏土:青灰色,饱和,软塑,揭露厚度 0.90～14.00 m,平均厚度 3.73 m。层顶埋深 4.90～22.50 m,平均埋深 13.31 m。该层土推荐承载力特征值 f_{ak} = 80 kPa。

(5)粉质黏土:灰黄色,饱和,可塑,局部软塑,揭露厚度 0.60～14.45 m,平均厚度 4.89 m。层顶埋深 3.50～17.70 m,平均埋深 10.44 m。该层土推荐承载力特征值 f_{ak} =

120 kPa。

(6) 粉砂：灰色，饱和，稍密，局部松散，含较多黏土，共 70 孔揭露，揭露厚度 0.80～12.60 m，平均厚度 3.56 m。层面埋深 5.50～20.00 m，平均埋深 13.86 m。建议本层土承载力特征值 f_{ak} = 120 kPa。

(7) 中粗砂：灰黄色，饱和，中密，粗砂粒为主，混较多黏土。本层分布不连续，共 120 孔揭露，揭露厚度 0.30～12.60 m，平均厚度 3.29 m。层面埋深 8.00～29.50 m，平均埋深 16.10 m。建议本层土承载力特征值 f_{ak} = 200 kPa。

(8) 粉质黏土：灰黄色，饱和，软塑，不均匀分布，揭露厚度 0.70～7.20 m，平均厚度 3.35 m。层面埋深 13.40～24.80 m，平均埋深 17.27 m。建议本层土承载力特征值 f_{ak} = 80 kPa。

(9) 粉质黏土：灰黄色，饱和，可塑，局部软塑、流塑，不均匀分布，揭露厚度 0.90～7.56 m，平均厚度 4.43 m。层面埋深 11.80～22.00 m，平均埋深 16.83 m。建议本层土承载力特征值 f_{ak} = 100 kPa。

(10) 粉质黏土：棕红色，饱和，软塑，部分流塑，含灰岩碎粒，普遍有分布。揭露厚度 0.50～12.30 m，平均厚度 3.28 m。层面埋深 13.80～25.90 m，平均埋深 18.42 m。建议土层土承载力特征值 f_{ak} = 80 kPa。

(11) 中风化灰岩：灰白色，灰色，细晶—隐晶结构，中厚层构造，裂隙不发育，方解石细脉发育。岩质较硬，本层各孔均有分布。揭露厚度 2.80～8.40 m，平均厚度约 5 m。层面埋深 15.90～35.50 m，平均埋深 22.45 m。建议本层岩土承载力特征值 f_{ak} = 3 000 kPa。本层岩体完整程度分类为较完整，岩石坚硬程度属较硬岩，工程岩体基本质量等级分类为 III 类。本层溶洞发育，203 个孔中有溶洞 85 个孔，见洞率为 41.9%。

本场地地下水类型可分为上部滞水、孔隙潜水和岩溶裂隙水三种，其中岩溶裂隙水位于基岩层中，溶洞充填少，且若连通性好则水量大，若全充填不连通则水量小，与岩溶的发育程度有关。

详勘过程中发现 20 多处土洞和 70 多处溶洞，为进一步明确场地内已发现地下土洞的空间位置、规模及估算洞体体积等，现场又补充了物理探测。根据对物理探测资料的综合分析，共推断了 27 处土洞异常，可组合成 12 个土洞洞体，最大洞体体积约 1 918.1 m³，所有已探明土洞洞体体积共计 5 477.1 m³。

该项目的仓库地坪为无梁楼盖式桩承结构地坪，柱下桩和地坪桩选用直径 500 的 PHC 管桩，桩长约 22～26 m，地坪桩的间距为 4 m×5.5 m，没有对桩基础进行超前钻孔，项目于 2016 年完工。

几年后因地下土洞、溶洞的发育，导致柱下基础下沉，最大下沉量约 40 cm。钢结构屋脊因钢柱下沉波浪起伏（图 10.1），钢屋面檩

图 10.1　屋脊因钢柱下沉波浪起伏

条起伏(图 10.2),整个结构有随时倒塌的风险。好在单层仓库的门式轻钢结构属于柔性结构体系,可以通过对下沉基础下方的溶洞注浆及对钢柱的顶升复位来修复(图 10.3)。

图 10.2　钢屋面檩条起伏　　　　　　　　　　　图 10.3　下沉钢柱顶升复位

2. 案例 2：广东肇庆市高要区项目

该项目为双层坡道库,PC 结构体系,场地位于肇庆市高要区,占地面积约 10 万 m²,本场地位于高要—惠来东西向构造带的夹持部位,受北东向罗定—悦城断裂构造带的影响。场地下伏基岩为泥盆系灰岩,区域地貌单元基本属于珠三角冲积平原。场地岩土层按成因类型自上而下划分为第四系人工填土层、第四系冲积层、第四系残积层、泥盆系炭质页岩和砂岩和灰岩层五大层:

(1) 杂填土:杂色,稍湿,松散,尚未完成自重固结,为近期回填土及建筑垃圾。本次勘察拟建项目场区现阶段 169 个孔均有揭露,普遍分布。本次勘察揭露厚度 1.00~7.70 m,平均厚度 4.16 m。

(2) 淤泥质土(淤泥):灰黑色,饱和,流塑,以黏粒为主,富含少量有机质及少量细粒,手捏具有滑腻感,略具腥臭味,普遍分布。本次揭露厚度 3.40~22.60 m,平均厚度 14.57 m。层顶埋深 1.00~7.70 m,平均埋深 4.14 m。建议该层承载力特征值 f_{ak} = 60 kPa。

(3) 粉质黏土:灰、灰褐色,稍湿,可塑,以黏粒为主,土质较均匀,干强度及韧性高,冲积而成,局部地段缺失。揭露层厚 0.60~8.30 m,平均层厚 2.78 m。层顶埋深 9.40~24.20,平均埋深 18.39 m。建议该土层地基承载力特征值取 f_{ak} = 150 kPa。

(4) 粉砂:灰褐色、黄褐色,饱和,稍密,主要成分为石英,粉细粒组成,含少量黏粒,大部分地段缺失。揭露层厚 1.20~2.70 m,平均层厚 1.85 m。层顶埋深 17.10~23.00 m,平均埋深 20.86 m。建议其地基承载力特征值取 f_{ak} = 120 kPa。

(5) 细砂:黄褐色,饱和,中密,主要成分为石英,细粒组成,含少量黏粒,大部分地段缺失。揭露层厚 0.60~12.30 m,平均层厚 3.50 m。层顶埋深 18.30~25.00 m,平均埋深 20.72 m。建议其地基承载力特征值取 f_{ak} = 140 kPa。

(6) 砾砂:黄褐色,饱和,中密,主要成分为长石—石英质,粒径大于 2 mm 的颗粒占总质量的 25%～50%,含泥质较少,级配不良,大部分地段缺失。揭露层厚 0.90～6.20 m,平均层厚 2.51 m。层顶埋深 19.10～24.00 m,平均埋深 21.13 m。建议其地基承载力特征值取 $f_{ak} = 240$ kPa。

(7) 圆砾:杂色,饱和,稍密,母岩成分为中微风化硅质岩、石英砂岩、粉砂岩等,亚圆形,粒径大于 2 mm 的颗粒超过总质量的 50%,骨架间多充填中粗砂,级配良好,大部分地段缺失。揭露层厚 0.80～5.30 m,平均层厚 2.28 m。层顶埋深 19.20～32.50 m,平均埋深 21.15 m。建议其地基承载力特征值取 $f_{ak} = 280$ kPa。

(8) 强风化砂岩:灰白色,岩石风化强烈,岩芯呈半岩半土状,碎块状,岩芯手捏易碎,岩石强度低,节理裂隙较发育,岩质软,主要为石英砂岩,该层在大部分地段缺失。本次勘察揭露厚度 1.90～9.00 m,平均厚度 4.36 m。顶面埋深 10.60～33.70 m,平均埋深 19.40 m。推荐该岩带地基承载力特征值 $f_a = 450$ kPa。

(9) 强风化炭质页岩:灰黑色,岩石风化强烈,组织结构已大部分破坏,节理裂隙发育,岩体被裂隙分割成碎块状,局部半岩半土状,遇水易软化崩解,该层在大部分地段缺失。本次勘察揭露厚度 1.10～16.40 m,平均厚度 7.05 m。顶面埋深 10.20～26.40 m,平均埋深 19.34 m。推荐该岩带地基承载力特征值 $f_a = 450$ kPa。

(10) 微风化灰岩:灰色、青灰色,组织结构基本未变,风化裂隙稍发育,隐晶质结构,块状构造,岩石较致密,坚硬,岩芯短柱状,少量碎块状,敲击声脆,大部分岩石节理裂隙中见有方解石细脉充填,普遍分布。揭露层厚 0.20～5.80 m,平均厚度 3.48 m。层顶埋深 19.40～39.20 m,平均埋深 24.16 m。建议其地基承载力特征值 $f_a = 7\ 000$ kPa。

土岩层承载力特征值等参数建议值如表 10.1 所列。

表 10.1   土岩层承载力特征值等参数建议值

层号	岩土名称	状态	地基承载力特征值 f_{ak} 或 f_a/kPa	天然重度 γ/kN·m^{-3}	直接快剪		压缩模量 E_{s1-2}/MPa	变形模量 E_0/MPa	锚杆的极限黏结强度标准值 q_{sk}/kPa	渗透系数 k/m·d^{-1}
					黏聚力 c/kPa	内摩擦角 φ/(°)				
①	杂填土	松散	—	18	24.90	16.30	4.75	—	16	1.50
②₁	淤泥质土	软塑	60	16.5	8.20	5.0	1.16	5.0*	16	0.001
②₂	粉质黏土	可塑	150	18.7	32.0	13.5	5.45	20.0*	30	0.08
②₃	粉砂	稍密	120	18.5*	—	22.0*	—	13.0*	20	5
②₄	细砂	中密	140	18.5*	—	25.0*	—	15.0*	22	8
②₅	砾砂	中密	240	19.0*	—	28.0*	—	40.0*	190	45
②₆	圆砾	稍密	280	20.0*	—	28.0*	—	42.0*	210	60
③	粉质黏土	硬塑	240	19.1	25.8*	16.9*	6.53*	22.0*	53	0.08

（续表）

层号	岩土名称	状态	地基承载力特征值 f_{ak} 或 f_a/kPa	天然重度 γ/kN·m^{-3}	直接快剪		压缩模量 E_{s1-2}/MPa	变形模量 E_o/MPa	锚杆的极限黏结强度标准值 q_{sk}/kPa	渗透系数 k/m·d^{-1}
					黏聚力 c/kPa	内摩擦角 φ/(°)				
④₁	强风化砂岩(D)	半岩半土、碎块状	450	19.6	24.8*	28.4*	7.36*	110*	150	0.80
④₂	强风化炭质页岩(D)	半岩半土、碎块状	450	19.5	27.5*	15.2*	7.11*	110*	150	0.80
④₃	微风化灰岩(D)	—	7 000 $f_{rk}=35.0$ MPa（饱和）	—	—	—	—	—	800	0.70

　　根据详勘钻探揭露,其中 39 个钻孔在勘察深度范围内有溶洞揭露,占当前入岩勘察钻孔总数的 23.07%,无充填,钻进时漏水。详勘揭露的溶洞顶板较薄,溶洞发育的灰岩顶板不稳定,受力后易塌陷。洞包括裂隙、溶沟、溶槽等,岩溶发育程度等级为岩溶中等发育,且地下水较丰富。从典型工程地质剖面图 8——8(图 10.4)、17——17(图 10.5)可以看出场地淤泥土层很厚,埋深也浅,地下土洞、溶洞发育良好。

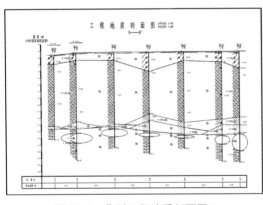

图 10.4　典型工程地质剖面图 1

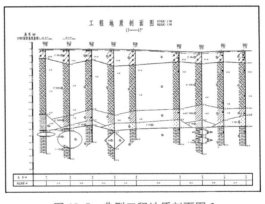

图 10.5　典型工程地质剖面图 2

　　由于园区地表下存在平均厚度约为 14.5 m 的淤泥质土(淤泥)层,仓库首层地坪应选用结构地坪方可满足后期的客户运营需求,但在梁板式结构地坪和无梁楼盖式桩承结构地坪中选择哪一种更合适呢? 考虑到场地下土洞、溶洞分布的复杂性,难以全面排查出地坪桩下的土洞、溶洞分布情况,以及土洞和溶洞在地下水作用下的发育性,应尽量避免大量地坪桩下可能的溶洞及其后期发育的隐患。因此该项目的首层结构地坪没有采用常见的无梁楼盖桩承结构地坪模式,而是决定选用 PC 装配式梁板体系,首层架空结构地坪照片如图 10.6 所示,由柱下桩基础来承担首层结构地坪的载荷,柱下桩基础为钻孔灌注桩,灌注桩的直径分别为 800 mm、1 000 mm 和 1 200 mm,有效桩长为 22~27 m,原则上一柱一桩,每根混凝土柱下桩基础需进行超前钻孔以充分了解地下土洞、溶洞信息，超前钻孔钻至稳定持力层以下6 m。

图 10.6　首层架空结构地坪照片

整个项目超前钻探总数约为 689 个，已发现的有溶洞桩数量为 223 个（约为桩基总数的 32.4%），其中通过场地详勘发现的柱下溶洞 11 个，通过每根混凝土柱下桩的超前钻探发现的有溶洞桩数量为 212 个。溶洞层厚 2 m 以下的有 110 个，溶洞层厚在 2~5 m 的有 75 个，溶洞层厚在 5~10 m 的有 29 个，溶洞层厚超过 10 m 的有 9 个（其中层厚 20 m 以上的溶洞有 2 个，最大的层厚约为 24 m），存在部分串联溶洞。目前发现的溶洞主要分布在坡道、平台 1、A1 库及 A2 库的南半部。总体平均桩长为 26~27 m，最长的桩长为 51 m。溶洞处理方式为超灌混凝土，整个项目桩基因溶洞的超灌混凝土量约为 7 821 m³，因每根桩超前钻孔所增加的工程勘探费用按项目建筑面积测算为 15~17 元/m²。

因地下淤泥层浅而厚，这个项目的室外装卸货道路后期也会沉降，但因成本和时间因素无法对道路下淤泥土进行有效加固，在施工过程中要高度重视地下管网、检查井等因可能的不均匀沉降所导致的拉裂、渗漏等状况，尽可能采取一些预防措施。

3. 案例 3：广东花都区项目

该项目为四层盘道库，总建筑面积约 16 万 m²，建筑物高度约 45 m。场地位于广州市花都区，金谷南路以西、花北路以南，东侧为金谷南路。地貌单元为低山丘陵及丘间谷地地貌区，局部已开挖，地形起伏变化较大，当时场地为荒地。场地地层由第四系人工填土层，第四系冲积层，碳系下统地层组成，各地层的主要岩性特征自上而下分述如下：

（1）素填土：灰黄色、灰褐色，松散，稍湿，主要以黏性土为主，含少量砂粒，多为中粗砂颗粒，局部含植物根系，土质稍均匀，为附近冲积土层回填，未经分层压实，稍有湿陷性，未完成自重固结，堆填时间为 3~5 年。

（2）第四系冲积层，粉质黏土层：浅黄色、褐黄色，硬可塑状态，主要由粉黏粒组成，无摇振反应，光泽反应稍光滑，干强度及韧性中等，局部含少量砂粒和植物根系。

（3）强风化泥质粉砂岩：灰黄色，散体状结构，岩石风化强烈，岩芯呈硬土状、半岩半土状、块状,遇水易软化、崩解。岩石坚硬程度整体属极软岩,岩体完整程度属极破碎,岩体基本质量等级属Ⅴ类。

（4）强风化石灰岩:灰黑色,原岩结构大部分破坏,矿物成分显著变化,风化强烈,裂隙发育,岩芯多呈土状、碎块状、块状,局部夹中风化岩块,遇水易软化、崩解。岩石坚硬程度整体属极软岩,岩体完整程度属极破碎,岩体基本质量等级属Ⅴ类。

（5）中风化石灰岩:灰黑色,中风化状态,裂隙稍发育,局部充填方解石细脉,隐晶结构,层状构造,岩芯一般呈短柱状、块状,岩芯一般节长 3～45 cm,采取率 60%～95%,RQD = 5～50,岩芯面上未见有小溶孔或溶蚀小沟槽,岩面新鲜,致密坚硬,敲击声响。本层取岩石饱和抗压样 19 组,岩石饱和单轴极限抗压强度 f_r = 22.40～48.30 MPa,平均值 f_{rk} = 31.47 MPa,标准值 f_{rk} = 29.42 MPa。岩石坚硬程度整体属较软岩—较硬岩,岩体完整程度属较破碎—较完整,岩体基本质量等级属Ⅳ～Ⅲ类。

溶洞:全充填溶洞处于休眠期,岩溶水流动性差;半充填、无充填溶洞岩溶水在其中流动强烈,连通性强,溶洞的发育在水平方向分布规律不明显,未揭露串珠状多层溶洞,单层溶洞分布位置相近。该区域判断为岩溶中等发育;其他区域未见溶洞,判断为岩溶不发育。由于溶洞顶板厚度小,岩溶洞体高度较大,洞内充填状态的充填物工程性质软弱,易被水流冲蚀,属于不稳定洞体,对结构稳定性很不利,对桩基施工影响很大,可能造成地面沉陷、突水等工程事故。溶洞发育情况如表 10.2 所列。

表 10.2　溶洞发育情况一览表

序号	孔号	洞高/m	洞顶高程/m	洞顶深度/m	洞底高程/m	洞底深度/m	备注
1	ZK48	1.50	－8.25	39.60	－9.75	41.10	
2	ZK58	3.70	－3.48	36.30	－7.18	40.00	
3	ZK74	3.10	－4.80	35.00	－7.90	38.10	
4	ZK84	6.50	－3.79	35.20	－10.29	41.70	
5	ZK85	2.60	－10.64	44.70	－13.24	47.30	
统计个数		5	5	5	5	5	
最大值		6.50	－3.48	44.70	－7.18	47.30	
最小值		1.50	－10.64	35.00	－13.24	38.10	
平均值		3.48	－6.19	38.16	－9.67	41.64	

注:本次在揭露有溶洞的区域统计钻孔数 28 个,5 个钻孔揭露溶洞,见洞率为 17.86%,线岩溶率 6.60%,综合判断为岩溶中等发育。其他区域未见溶洞,判断为岩溶不发育。

灰岩中的岩溶洞隙对地基稳定性构成的危害主要体现在以下方面。

（1）在附加荷载或振动荷载作用下,地基主要受力层范围内的溶洞顶板坍塌,使地基下沉。

（2）当基础埋置于基岩上时,其附近有溶沟、竖向溶蚀裂隙、落水洞等,有可能使基础下岩层沿倾向于上述临空面的软弱结构面产生滑动。

岩溶地基洞隙稳定性的定性评价如下:

(1) 场地石灰岩为厚层—中厚层状,硬质岩石,强度高,对稳定性有利。

(2) 钻探岩芯观测,溶洞顶板岩体中裂隙较为发育,大都为方解石胶结,结合较差,对稳定性不利。

(3) 据区域地质资料,场地附近地段岩层走向与洞轴发育方向大致平行,对稳定性不利;岩层倾角平缓,对稳定性有利。

(4) 洞隙埋藏浅,呈扁平状顺层发育,局部有多层洞体,对稳定性不利。

(5) 洞隙顶板岩层厚度与洞径比值大都较小,对稳定性不利。

(6) 洞隙内的充填物大部分为软塑状黏性土,存在水流冲蚀充填物的可能性,充填物易流失、搬运,对稳定性不利。

(7) 拟建建筑物上部设计荷重较大,对稳定性不利。

综上所述,本场地的岩溶地基洞隙稳定性差。

溶洞情况及稳定性定量评价表如表 10.3 所列,天然地基岩土设计参数建议值如表 10.4 所列。岩溶地基洞隙稳定性的半定量评价如下。

表 10.3 溶洞情况及稳定性定量评价表

序号	钻孔编号	顶板深度/m	底板深度/m	洞体高度/m	顶板厚度/m	所需坍落高度/m	有无充填物	是否稳定	是否处理
1	ZK48	39.6	41.1	1.5	0.10	7.5	半充填	否	是
2	ZK58	36.3	40	3.7	0.20	18.5	半充填	否	是
3	ZK74	35	38.1	3.1	3.00	15.5	无充填	否	是
4	ZK84	35.2	41.7	6.5	0.50	32.5	半充填	否	是
5	ZK85	44.7	47.3	2.6	0.20	13	无充填	否	是

表 10.4 天然地基岩土设计参数建议值

层序号	岩土性	状态	推荐承载力特征值 f_{ak}/kPa	天然重度 γ/kN·m^{-1}	压缩模量 E_{s1-2}/MPa	变形模量 E_0/MPa	直接快剪		开挖波比	基底摩擦系数
							黏聚力 c/kPa	内摩擦角 φ/(°)		
①	素填土	松散	—	14.0	3.5	7.0	17.0	12.0	1:1.50	0.20
②	粉质黏土	硬可塑	160	18.2	5.6	15.0	19.0	13.0	1:1.25	0.30
③	泥质粉砂岩	强风化	500	19.0*	8.7*	120.0	35.0	22.0	1:0.75	0.40
④₁	石灰岩	强风化	550	21.0*	—	100.0	25*	21*	1:0.75	0.40
④₂	石灰岩	中风化	3 500	25.0*	—	—	260*	35*	1:0.25	0.50

从典型工程地质剖面图 8——8′(图 10.7)可以看出,场地内基岩风化不均,岩面起伏较大。

该项目为四层盘道库,传至基础的中柱荷载约 12 000 kN,项目地基以风化岩(砂岩、石灰岩)为主,采用桩基可以获得极高的承载力。柱下基础应优先采用钻(冲)孔灌注桩,以④₂层中风化石灰岩作桩端持力层,原则上一柱一桩,桩长为 14.40~50.50 m 不等。考虑到岩面起伏大和部分区域存在溶洞的原因,建议桩基施工前增加超前钻探工作,以探明桩位风化岩层厚度、埋深及桩位范围内是否有溶洞,以此指导桩基施工。另外,对于场地内的首层素填土和仓库首层地坪与道路

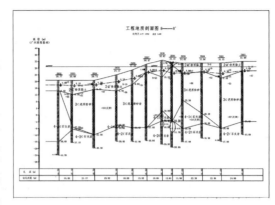

图 10.7　典型工程地质剖面图 3

1.3 m 高差范围内的回填土应采取有效措施减少后期沉降量,避免仓库建筑地坪与基础连梁间出现大的差异沉降。

那么,该项目是否可以采用华北地区的多高层仓库项目常用的 CFG 桩复合地基呢?

(1) 采用 CFG 桩复合地基的两个目的:一是提高地基土的承载力、提高地基土刚度;二是因②层粉质黏土的天然地基承载力不大,仅仅为 160 kPa,且②层粉质黏土的厚度和面层起伏较大,CFG 桩复合地基需要充分利用的是天然地基本身的承载力,而②层粉质黏土本身承载力有限,因此利用②层粉质黏土做 CFG 桩不合适。

(2) 当 CFG 桩复合地基的承载力不高时,对于四层库的柱底荷载,所需要的柱下独立基础的尺寸会很大,过大的独立基础尺寸造价未必经济,且因此所增加的回填夯实的工作量也很大。

(3) CFG 桩本身由于褥垫层的作用其承载力需要打折(为 0.7~0.9),对于③层泥质粉砂岩,其承载力如果可以用载荷板试验能提高到 800~1 000 kPa 的话,因为天然地基有了很好的利用价值,那就可以考虑 CFG 桩了,但因场地岩层面起伏很大,每个柱下 CFG 桩的长度需现场确定且变化较大。

通过以上三个项目的分析,对建于喀斯特地貌的物流项目,要高度重视地下土洞、溶洞的分布情况;对于多高层仓库为准确把控每个柱下桩基的长度,避免因地下未知土洞、溶洞及其后期发育所导致的基础下沉、梁板开裂、库房倒塌等风险,必须对每个柱下桩基础进行超前钻孔以充分了解地下土洞、溶洞的情况,为设计和施工提供尽可能全面、准确的地下土洞、溶洞分布信息。

第 11 章
物流仓库常用软土地基处理方法

投资者经常会问为什么同样是建在软土地基上,地坪均布活荷载 $30\,kN/m^2$ 的标准工业厂房不需要结构地坪或对软土地基进行有效处理,而物流仓库就需要花那么多钱去处理软土地基呢? 最主要的原因是:①标准工业厂房的室内地坪不像仓库地坪,仓库地坪与园区道路有 1.3 m 的高差,这个高差的回填土质量难以控制;②标准工业厂房地坪上的堆载远小于仓库地坪上的货物堆载,工业厂房大部分是局部荷载较大,其余荷载较小,而物流仓库是属于密集货架,荷载面很大且持续时间长,地基中应力叠加效应显著;③标准工业厂房对于重要的机械设备往往会设置专门的设备基础。

如果建在软土地基上的物流仓库地坪不对软土地基进行有效处理,又或者随意选用某种不合适的软基处理方案对不良地基进行加固,仓库地坪在堆满高位货架货物的情况下会发生什么情况呢? 本章结合理论与案例介绍物流仓库软土地基处理方法。

11.1 物流仓库建筑地坪沉降案例分析

1. 案例 1:上海地区 10 个物流园区仓库地坪沉降观测

表 11.1 所列是 2013 年对上海地区 10 个物流园区建筑地坪沉降的观测记录,这些园区当时的完工时间大概为 3~6 年。各项目软土地基的处理方式分别是水泥搅拌桩、小方桩、真空堆载预压、灰土换填夯实等。从沉降观测结果来看所有园区的仓库建筑地坪均出现不同程度的沉降。不同软土地基处理方法的处理效果差异较大,部分仓库地坪出现明显的类似"锅底"状的差异沉降变形,严重影响仓库内高位货架的稳定性(存在货架倒塌的风险)以及叉车的运行。

早期的高标库出现那么多地坪沉降、开裂的质量缺陷,主要原因是在早期的物流仓库项目开发过程中,无论是开发商、设计院还是承包商对软土地基上仓库建筑地坪的沉降、不均匀沉降以及由此带来的危害都缺乏直观的认知,也未给予足够的重视。

物流仓库的工程成本大多是基于投资回报率、土地成本、仓库租金推算而来的,在工程成本有限的情况下,用于软土地基处理的费用更少,同时由于设计理念和认知的局限性,导致所选择的软土地基处理方案不能有效地控制好后期的工况沉降,早期物流仓库的建筑地坪基本上是配单层双向钢筋,因各种原因所引起的地坪裂缝也很多。当仓库柱下基础采用桩基础时,柱下桩基承台间基本上都设置了基础连梁。另外承包商对库内外 1.3 m 高差范围内的回填材料和分层夯实也不够重视,导致仓库地坪在使用过程中出现较大的沉降量,而库内柱下桩基承台和地基连梁的沉降量很小,必然导致承台和地基连梁周边地坪存在明显的沉降差。

表 11.1 上海 10 个物流园区建筑地坪沉降观测记录表

序号	物流园名称	地基处理方案	仓库名称	沉降均值/mm					高差均值/mm	高差绝对值/mm
				1 个月	2 个月	3 个月	6 个月	累积	截至 2013 年 1 月	
1	上海虹桥西物流园	水泥搅拌桩 8 m	B1	1.03	−1.97	−2.06	−2.82	−6.02	63.14	80.19
			B2	0.84	−0.94	−3.59	−5.39	−9.13	51.61	63.02
			B3	0.20	−1.57	−4.04	−2.67	−8.07	22.80	56.90
			B4	−0.25	−1.55	−0.71	−5.58	−8.31	39.65	87.31
2	上海闵行物流园 1	碾压回填	B1	−2.13	−4.96	1.36	−2.84	−7.94	53.35	99.93
			B2	−4.58	−0.38	−0.31	−1.00	−6.44	45.30	89.33
			B3	−7.37	−1.16	−0.22	1.68	−6.37	35.33	84.32
			B4	−5.27	−0.47	0.33	−5.68	−12.80	48.08	78.06
			B5	−3.86	−1.86	3.42	−7.42	−9.30	50.86	76.98
3	上海桃浦物流园 1	碾压回填	W1	1.01	0.31	−1.55	−2.13	−0.70	143.50	321.43
			W2	0.71	0.53	−1.28	−0.80	−0.89	38.47	105.35
			W3	1.78	0.14	−0.33	−1.00	−0.40	132.19	347.36
4	上海桃浦物流园 2	碾压回填	W4	−0.04	−0.46	−1.63	−4.55	−6.26	163.37	310.41
			W5	0.03	0.06	−1.38	−3.49	−4.33	159.83	397.77
5	上海松江物流园 1	砼小方桩 4.5 m	B1	−1.45	−0.36	1.09	−2.63	−1.94	91.36	194.64
			B2	−2.26	0.18	−0.98	−5.14	−6.22	130.96	318.57
			B1U1	—	—	—	—	−3.40	60.49	96.20
6	上海松江物流园 2	水泥搅拌桩 8~12 m	B3	—	—	—	—		86.27	171.96
7	浦东申江物流园	真空预压	通用仓库	−3.47	0.02	−0.53	−3.17	−7.10	139.45	337.04

（续表）

序号	物流园名称	地基处理方案	仓库名称	沉降均值/mm					高差均值/mm	高差绝对值/mm
				1个月	2个月	3个月	6个月	累积	截至 2013 年 1 月	
8	上海松江物流园3	碾压回填	库1	−0.39	−3.07	−0.73	−4.06	−8.30	82.36	168.57
			库2	−0.10	−2.98	−6.60	−4.11	−13.82	62.12	157.49
			库3	−0.76	−7.25	−4.41	−4.99	−17.50	55.81	105.31
9	上海闵行物流园2	小方桩	B1	1.32	−0.46	−0.43	−2.45	−1.96	218.74	361.56
			B2	−1.01	−1.57	1.62	0.41	−0.56	291.42	447.47
			B3	0.26	0.14	−0.06	−0.72	−0.82	277.15	466.93
			B5	2.63	1.08	−3.59	0.59	0.71	74.51	147.74
10	上海嘉定物流园	碾压回填	1♯库	−1.73	−0.29	−1.52	−9.31	−12.77	89.02	188.48
			2♯库	−2.21	−2.50	−2.91	−1.33	−8.0	80.9	221.36

2. 案例 2:广东中山某物流项目

该项目建于 2011 年,整个场地地处河床边,淤泥、淤泥质土层发育,场地各土层分布如下。

(1) 耕土:灰色、灰褐色,湿,软—可塑状,含少量植物根系及中粗砂颗粒,黏性较好。该土层分布广泛,层厚 0.40~0.90 m,平均厚度为 0.52 m。

(2) 淤泥:深灰色,饱和,流塑状,黏性好,含少量有机质及贝壳碎,味臭,局部间夹薄层粉细砂,层厚 3.70~9.60 m,平均厚度为 7.49 m。少数孔以淤泥质黏土为主。

(3) 粉质黏土:灰黄色、棕红色、黄褐色,湿,以可塑状为主,局部呈软塑状,黏性好,韧性较好,刀切面光滑,局部混夹少量中砂。该层各孔均见及,层厚 0.50~7.30 m,平均厚度为 3.65 m。

(4) 淤泥质粉质黏土:灰色、深灰色,饱和,以流塑状为主,局部呈软塑状,含少量有机质,略带腐臭味,局部间夹薄层粉细砂。该层在 50 个钻孔中见及,层厚 0.80~8.40 m,平均厚度为 5.41 m。

(5) 中粗砂:浅黄色,饱和,稍密为主,局部松散,级配良好,呈次棱角状,成分为石英,颗粒不均匀,含少量黏性土,分选性一般。该层仅在少量孔中见及,呈透镜体出现,层厚 1.40~2.40 m,平均厚度为 1.92 m。

(6) 粉质黏土:灰黄色,湿,硬塑状,黏性一般,为砂砾岩风化残积土,泡水易变软,局部混夹风化砾石。该层仅在 1 个孔中见及,层厚 7.10 m。

(7) 强风化砂砾岩:褐红色、棕红色,岩石风化强烈,原岩结构大部分已破坏,岩芯呈半岩半土状,局部呈碎块状,岩块用手轻易折断。该岩层分布广泛,层厚 0.50~16.20 m,平均厚度为 3.25 m。

（8）中风化砂砾岩：棕红色、褐红色，砂粒碎屑结构，层状构造，泥硅质胶结，裂隙发育，岩石较完整，岩芯呈短柱状，个别为碎块状，岩质软，锤击易碎。该岩层分布广泛，层厚 3.05～6.66 m，平均厚度为 4.33 m。

各岩土层物理力学参数建议值如表 11.2 所列，水泥搅拌桩设计参数建议值如表 11.3 所列，各土层物理力学性质统计如表 11.4 所列，典型地质剖面如图 11.1 和图 11.2 所示。

表 11.2　各岩土层物理力学参数建议值

成因	层序号	力学指标土名	岩土状态	承载力特征值 f_{ak}/kPa	黏聚力 c/kPa	内摩擦角 φ/(°)	压缩模量 E_s/MPa
Q_{4pd}	①	耕土	软—可塑	90	—	—	—
Q_{4mc}	②$_1$	淤泥	流塑	45	6.04	3.09	1.88
	②$_2$	粉质黏土	可塑	140	21.53	8.32	5.01
	②$_3$	淤泥质粉质黏土	流塑	55	8.82	6.15	2.90
	②$_4$	中粗砂	稍密为主	160	—	—	—
Q_{e1}	③	粉质黏土	硬塑	230	*25.0	*18.0	*5.00
K	④$_2$	强风化砂砾岩	半岩半土状	600	—	—	—
	④$_3$	中风化砂砾岩	短柱状，岩块状	2 000	—	—	—

表 11.3　水泥搅拌桩设计参数建议值

层号	岩土名称	土层厚度/m	含水量/%	孔隙比 e	液性指数 I_L	有机质含量/%	压缩模量 E_s/MPa
②$_1$	淤泥	3.7～9.6	59.2	1.63	1.52	按 5.0	1.88
②$_2$	粉质黏土	0.5～7.3	29.9	0.87	0.36	—	5.01
②$_3$	淤泥质粉质黏土	0.8～8.4	43.4	1.22	1.37	按 5.0	2.90

表 11.4　各土层物理力学性质统计表

地层编号	统计项目	湿密度 p_o (g/cm³)	干密度 p_d (g/cm³)	土粒比重 G_s (/)	含水率 ω (%)	孔隙比 e (/)	饱和度 S_r (%)	孔隙度 n (%)	液限 ω_L (%)	塑限 ω_p (%)	塑性指数 I_p (/)	液性指数 I_L (/)	压缩系数 α_{v1-2} (MPa⁻¹)	压缩模量 E_{s1-2} (MPa)	黏聚力 c (kPa)	内摩擦角 ϕ (°)	圆砾(角砾) 20~2 (%)	粗 2~0.5 (%)	中 0.5~0.25 (%)	细 0.25~0.075 (%)	粉粒 0.075~0.005 (%)	<0.075 或 0.005 (%)	水上 坡角 (°)	水下 坡角 (°)
②₁	最大值	1.72	1.20	2.65	73.90	2.02	99.68	66.89	60.50	40.70	19.80	1.88	2.14	3.07	16.40	8.00								
	最小值	1.51	0.87	2.62	43.60	1.21	88.30	54.80	38.40	22.60	13.10	1.15	0.72	1.41	3.30	2.20								
	平均值	1.60	1.01	2.63	59.20	1.63	95.55	61.76	50.25	33.10	17.15	1.52	1.45	1.88	7.12	3.60								
	标准差	0.055	0.078	0.008	7.444	0.203	3.289	2.964	5.885	4.882	1.417	0.220	0.302	0.372	2.879	1.375								
	变异系数	0.034	0.077	0.003	0.126	0.124	0.034	0.048	0.117	0.148	0.083	0.145	0.208	0.198	0.404	0.381								
	标准值	1.58	0.98	2.63	61.97	1.55	94.33	60.66	48.06	31.27	16.63	1.60	1.57	2.01	6.04	3.09								
	统计个数	22	22	22	22	22	22	22	22	22	22	22	22	22	22	22								
②₂	最大值	2.03	1.71	2.71	42.20	1.19	99.46	54.42	53.00	33.20	19.80	0.80	0.53	7.16	56.30	24.90								
	最小值	1.75	1.23	2.65	16.30	0.57	83.32	36.28	21.90	14.40	7.50	−0.17	0.22	3.79	11.70	2.60								
	平均值	1.89	1.45	2.69	29.90	0.87	94.28	46.19	39.34	24.58	14.76	0.36	0.39	5.01	25.94	11.01								
	标准差	0.073	0.124	0.015	6.715	0.158	4.309	4.753	7.983	4.865	3.314	0.291	0.087	0.957	10.903	6.653								
	变异系数	0.039	0.086	0.006	0.225	0.182	0.046	0.103	0.203	0.198	0.225	0.802	0.224	0.191	0.420	0.604								
	标准值	1.86	1.40	2.69	32.53	0.81	92.54	44.27	36.20	22.67	13.46	0.48	0.42	5.40	21.53	8.32								
	统计个数	19	19	19	20	19	19	19	20	20	20	20	19	19	19	19								

（续表）

地层编号	统计项目	湿密度 ρ_o (g/cm³)	干密度 ρ_d (g/cm³)	土粒比重 G_s (/)	含水率 ω (%)	孔隙比 e (/)	饱和度 S_r (%)	孔隙度 n (%)	液限 ω_L (%)	塑限 ω_p (%)	塑性指数 I_p (/)	液性指数 I_L (/)	压缩系数 a_{v1-2} (MPa⁻¹)	压缩模量 E_{s1-2} (MPa)	粘聚力 c (kPa)	内摩擦角 ϕ (°)	圆砾(角砾) 20~2 (%)	粗 2~0.5 (%)	中 0.5~0.25 (%)	细 0.25~0.075 (%)	粉粒 <0.075或0.075~0.005 (%)	水上 (°)	水下 (°)
②₃	最大值	1.92	1.53	2.65	55.60	1.56	99.54	60.96	50.60	33.30	18.30	2.06	1.37	4.71	15.30	18.20							
	最小值	1.57	1.03	2.63	25.20	0.73	86.47	42.13	22.10	13.60	7.70	1.04	0.37	1.78	5.90	3.40							
	平均值	1.71	1.21	2.64	43.38	1.22	93.16	54.23	38.98	25.33	13.64	1.37	0.90	2.90	10.70	9.71							
	标准差	0.114	0.182	0.008	11.206	0.296	4.640	6.777	11.350	7.337	4.226	0.315	0.401	1.107	2.783	5.268							
	变异系数	0.066	0.151	0.003	0.258	0.242	0.050	0.125	0.291	0.290	0.310	0.229	0.445	0.382	0.260	0.542							
	标准值	1.64	1.09	2.63	50.39	1.04	90.26	49.99	31.88	20.74	11.00	1.57	1.15	3.59	8.82	6.15							
	统计个数	9	9	9	9	9	9	9	9	9	9	9	9	9	8	8							
②₄	最大值																19.00	34.00	20.60	18.40	30.30	42.00	36.00
	最小值																14.70	16.00	10.70	14.00	22.30	40.00	35.00
	平均值																16.85	25.00	15.65	16.20	26.30	41.00	35.50
	统计个数																2	2	2	2	2	2	2
③	最大值	2.01	1.70	2.67	18.1	0.569	85.0	36.3	33.7	23.3	10.4	−0.50	0.401	3.91	25.8	11.1							
	最小值	2.01	1.70	2.67	18.1	0.569	85.0	36.3	33.7	23.3	10.4	−0.50	0.401	3.91	25.8	11.1							
	平均值	2.01	1.70	2.67	18.1	0.569	85.0	36.3	33.7	23.3	10.4	−0.50	0.401	3.91	25.8	11.1							
	统计个数	1	1	1	1	1	1	1	1	1	1	1	1	1	1	1							

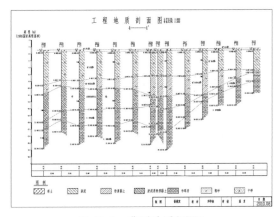
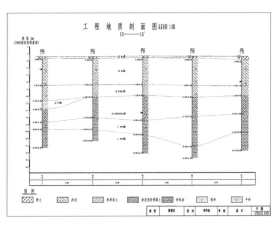

图 11.1　典型地质剖面 1　　　　　　　　　　　　　图 11.2　典型地质剖面 2

整个场地地基条件不佳,淤泥平均厚度为 7.5 m,淤泥质粉质黏土平均厚度为 5.4 m,且均含有少量有机质,基于详勘报告仓库地坪应该设计为结构地坪,但因工程成本原因最终只选用 8 m 长水泥搅拌桩对软土地基进行处理,水泥搅拌桩桩端未进入③层粉质黏土层。钢柱下基础为 PHC 管桩,投入运营后不久出现约 30 cm 的严重地坪沉降和不均匀沉降情况,整个园区室外绿化和道路也发生明显下沉。

该工程仓库地坪沉降如图 11.3 所示,基础连梁处地坪差异沉降如图 11.4 所示,仓库隔墙防火卷帘门处如图 11.5 所示,室外装卸货月台倾斜如图 11.6 所示。

仓库建筑地坪沉降量过大且因地梁原因整个地坪波浪起伏,无法满足客户正常运营的功能要求,导致仓库很长一段时间都无法出租。后期业主不得不将仓库内的建筑地坪全部砸掉,改为结构地坪,地坪桩的直径为 300 mm,桩长约 17 m,桩间距 4 m 多,整个仓库地坪加固改造的工程费用约 2 000 万,工程单价约为 1 000 元/m²。

图 11.3　仓库地坪沉降　　　　　　　　　　　图 11.4　基础连梁处地坪差异沉降坡度

图 11.5　仓库隔墙防火卷帘门处　　　　　图 11.6　室外装卸货月台倾斜

3. 案例 3:苏州吴江汾湖镇某物流项目

该项目位于苏州市吴江区汾湖镇元白荡路南侧、联秋路东侧。项目总建筑面积约 10 万 m²,于 2017 年完工。场地主要分布有人工填土层和第四系海陆交互相沉积层,分述如下。

(1) ①₋₁ 层素填土:杂色,主要由黏性土组成,局部以粉土、粉砂为主,夹碎石,局部为淤泥质土。场区普遍分布,层厚 1.80～4.90 m,平均厚度为 3.44 m。

(2) ①₋₂ 层淤泥质素填土:杂色,主要由淤泥质土组成,局部为粉质黏土、粉土。场区大部分有分布,局部缺失,层厚 0.50～3.50 m,平均厚度为 1.78 m。

(3) ③ₐ 层粉土:灰色,很湿,稍密,摇振反应中等,韧性及干强度较低,夹粉砂及薄层状粉质黏土。场区局部分布,层厚 1.00～3.60 m,平均厚度为 2.60 m。

(4) ③层淤泥质粉质黏土:灰色,饱和,流塑—软塑,稍有光滑,韧性中等,干强度中等,含少量腐殖质,有腥味。场区普遍分布,层厚 3.90～8.10 m,平均厚度为 6.67 m。

(5) ④₋₁ 层粉质黏土:灰黄色,可塑,稍有光泽,韧性及干强度中等,含铁锰氧化物结核。场区大部分有分布,局部缺失,层厚 0.50～3.80 m,平均厚度为 2.23 m。

(6) ④₋₂ 层粉质黏土:灰色,软塑—可塑,稍有光泽,韧性及干强度中等,夹层状或薄层状粉土。场区普遍分布,层厚 0.50～2.90 m,平均厚度为 1.50 m。

(7) ⑤₋₁ 层粉土夹粉质黏土:灰色,很湿,稍密—中密,摇振反应中等,韧性及干强度较低,黏粒含量高,夹粉质黏土,局部呈互层状。场区普遍分布,层厚 1.60～5.10 m,平均厚度为 3.46 m。

(8) ⑤₋₂ 层粉土夹粉砂:灰色,很湿,中密—密实,摇振反应迅速,干强度和韧性低,夹层状或薄层状粉砂。场区普遍分布,层厚 6.30～9.30 m,平均厚度为 7.64 m。

(9) ⑤ₐ 层粉质黏土夹粉土:灰色,软塑,稍有光泽,韧性中等,夹薄层状粉土。场区局部分布,层厚 0.30～0.80 m,平均厚度为 0.47 m。

(10) ⑥层粉质黏土:灰色,软塑—可塑,稍有光泽,韧性及干强度中等,夹层状或薄层状粉土。该层未穿透。

(11) ⑥ₐ 层粉土:灰色,很湿,稍密—中密,摇振反应中等,韧性及干强度较低,黏粒含量高,夹粉质黏土。场区局部分布,层厚 1.20～1.60 m,平均厚度为 1.43 m。

该项目设计施工过程中未对软土地基进行有效处理,只是采用了井点降水措施,而短期的井点降水措施对减少淤泥土的固结没有作用,因而对减小沉降量没有作用。项目完工后1年左右仓库地坪沉降约 10 cm,后期采用水泥搅拌桩、钢管桩等措施补救,但部分区域处理效果仍不理想,最终部分区域采用预制桩结构地坪处理。由于软土地基事先未进行有效处理,客户使用过程中首层建筑地坪发生较大沉降,而因地坪沉降再采取加固措施所需要的费用为 750～800 元/m²。

该项目的场地地基状况参见图 11.7 所示的典型地质剖面图,图 11.8 为单桥静力触探单孔曲线柱状图,表 11.5 为地基承载力特征值及物理力学性质一览表。

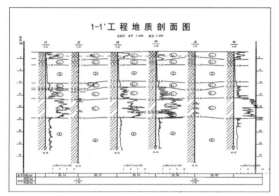

图 11.7　典型地质剖面图

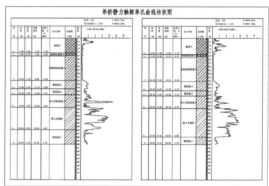

图 11.8　单桥静力触探单孔曲线柱状图

表 11.5　地基承载力特征值及物理力学性质一览表

层号	岩土名称	计算依据				地基土承载力特征值建议值/kPa	压缩模量建议值/MPa
		固结快剪指标	标贯试验	单桥静探	双桥静探		
③ₐ	粉土	—	—	82	88	80	6.6
③	淤泥质粉质黏土	64	—	67	64	60	3.1
④₁	粉质黏土	181	—	204	191	160	6.4
④₂	粉质黏土	131	—	147	133	120	4.9
⑤₁	粉土夹粉质黏土	—	135	137	131	130	6.8
⑤₂	粉土夹粉砂	—	195	183	197	180	8.8
⑤ₐ	粉质黏土夹粉土	130	—	127	144	120	4.7
⑥	粉质黏土	135	—	167	135	130	5.0
⑥ₐ	粉土	—	149	151	—	130	7.2

事后对该项目的软土地基详勘报告进行了分析,并估算在不对软土地基进行处理情况下的仓库地坪沉降值,以详勘报告中 J9 孔为例:地下水位标高按 −2.300 m 考虑,填土荷载和仓库地坪均布活荷载合计按 67 kPa 考虑,地基土容重按 20 kN/m³ 考虑,基于分层总和法

估算一个 24 m(长)×24 m(宽)的地坪沉降值。各土层参数如表 11.6 所列,沉降计算点($x = 0.000$ m,$y = 0.000$ m)各层土的压缩情况如表 11.7 所列。

表 11.6　各土层参数

层号	土类名称	层厚/m	层底标高/m	重度/(kN·m⁻³)	饱和重度/(kN·m⁻³)	压缩模景/MPa
①₁	素填土	2.00	−2.00	18.00	—	4.00
①₂	淤泥质素填土	3.00	−5.00	18.00	19.00	3.00
③	淤泥质粉质黏土	7.80	−12.80	—	19.00	3.10
④₁	粉质黏土	1.20	−14.00	—	19.00	6.40
④₂	粉质黏土	1.20	−15.20	—	19.00	4.90
⑤₁	粉土夹粉质黏土	3.30	−18.50	—	19.00	6.80

表 11.7　沉降计算点($x = 0.000$ m, $y = 0.000$ m)各层土的压缩情况

层号	土类名称	层厚/m	底标高/m	压缩模量/MPa	压缩量/mm	应力面积/(kPa·m)	平均应力面积/(kPa·m)
①₁	素填土	2.000	−2.000	4.000	33.478	133.819	66.909
①₂	淤泥质素填土	3.000	−5.000	3.000	65.721	197.233	65.744
③	淤泥质粉质黏土	7.800	−12.800	3.100	138.708	430.273	55.163
④₁	粉质黏土	1.200	−14.000	6.400	8.101	52.159	43.466
④₂	粉质黏土	1.200	−15.200	4.900	9.830	48.272	40.226
⑤₁	粉土夹粉质黏土	0.800	−16.000	6.800	3.894	30.221	37.776

最后估算出的最大沉降值约为 $S = 259.732 \times 1.038 = 269.60$ mm。

另外,如果事先对软土地基采用水泥搅拌桩进行处理,假设水泥搅拌桩的直径为 500 mm,桩间距 1.5 m,桩长 14 m,则估算出的水泥搅拌桩处理后的工况最大沉降值约为 147 mm,也超出了仓库地坪正常使用情况下的沉降要求范围。

该地块的二期项目选用结构地坪,且采用真空预压法对上部浅厚淤泥土进行处理,便于桩基、承台、地梁的施工,避免施工过程中重型设备下沉及土体侧移塌方。

从以上这些案例可以看出,对软土地基上的物流项目仓库地坪不能抱有任何侥幸心理,在设计、施工过程中应采取有效的软基处理方式对软土地基进行加固处理,按正常流程进行的软基处理费用远低于事后的仓库地坪加固改造措施所需的费用,且从软基处理效果而言,正常流程的软基处理要好于事后的加固改造补救措施。

11.2　物流仓库建筑地坪沉降机理

多高层物流仓库的首层净高一般是 9 m 或 10.5 m,通常布置六至七层的层高 1.5 m 的

高位货架,每层货架上的单个托盘的货物重量约 1 t。仓库室内建筑地坪与园区道路通常有 1.3 m 的高差,对于大多数软土地基上的物流仓库而言,往往还有鱼塘、暗浜等需要清淤回填。仓库正常运营时施加在地基软土层上的外部荷载作用区域一般不低于 60 kPa,在外部荷载作用下,淤泥和淤泥土等软土层必然会发生排水固结、孔隙比减小、导致仓库地坪缓慢下沉。

荷载作用下地基产生竖向变形,即地基沉降,其原理是地面荷载引起影响范围内地基(压缩层)土中附加应力,土中附加应力引起土骨架有效应力增加,土体孔隙体积在有效应力作用下减小,土体体积减小,土体被压缩,地面发生沉降。

黏性土地基表面总沉降量 S 是由三个分量组成的,即在荷载作用下,土体的总沉降 S 通常可分为初始沉降 S_d、固结沉降 S_c 和次固结沉降 S_s 三部分,可用式(11-1)表示:

$$S = S_d + S_c + S_s \tag{11-1}$$

S_d 为初始沉降,也称瞬时沉降、畸变沉降、不排水沉降,是土体在附加应力作用的体积保持不变情况下产生的不排水剪切变形引起的沉降。它与地基土体的侧向变形密切相关,是一种形状变化引起的沉降。S_d 由式(11-2)计算得到:

$$S_d = \omega \frac{p_0 b}{E_0} (1 - \mu^2) \tag{11-2}$$

S_c 为固结沉降,又称主固结沉降,在外荷载的作用下饱和土体所受附加应力由土骨架和孔隙水共同承担,即土骨架上产生有效应力。孔隙流体内产生超静孔隙水压力,随着孔隙水的排出,超静孔隙水压力逐渐消散,有效应力逐渐增加,土体变形随之增加,这一过程称为渗流固结。饱和土地基一般都要经历缓慢的渗流固结过程,压缩变形逐渐趋于稳定。固结沉降即渗流固结超孔隙水压力完全消散终时达到的最终沉降量。对于饱和软黏土地基,固结沉降持续时间与土的渗透系数、地基土层厚度、排水条件、排水路径和土体固结特性等因素有关。深厚软黏土地基深处超静孔隙水压力消散历时很长,有时需要几年,或十几年,甚至几十年。S_c 可由式(11-3)计算得到:

$$\begin{cases} S_c = \alpha_u \cdot S \\ \alpha_u = A + (1 - A) \dfrac{\sum\limits_{i=1}^{n} \Delta\sigma_3 . H_i}{\sum\limits_{i=1}^{n} \Delta\sigma_1 . H_i} \end{cases} \tag{11-3}$$

S_s 为次固结沉降,是土体在附加应力作用下,随着时间的推移,土体产生蠕变变形引起的,故又称蠕变沉降,是土颗粒排列组合引起空隙减小导致。它基本上发生在土中超孔隙水压力完全消散以后,是在恒定的有效应力下的沉降。根据对长期观测资料分析,一般情况下,沿海地区饱和软黏土地基次固结沉降在总沉降中所占比例一般都小于 10%。S_s 可由式(11-4)计算得到:

$$S_s = \frac{H}{1+e_1} C_s \lg \frac{t_2}{t_1} \qquad (11-4)$$

因初始沉降和次固结沉降涉及参数多,难以准确测定和计算,而且沉降三分量(S_d、S_c 和 S_s)往往很难分清,依据多年的实测沉降数据,初始沉降在施工期间基本完成,这里解释一下《建筑地基基础设计规范》(GB 50007—2011)第 7.5.2 条的规定,大面积堆载填土,宜在基础施工前三个月完成,指的就是初始沉降完成后再做基础施工,次固结时间跨度很长、沉降量占比很小,一般在建筑物使用年限内次固结沉降经判断可忽略,最终沉降量计算简化为计算主固结沉降,用"考虑初始沉降和地区地基沉降规律的"沉降计算经验系数 ψ_s 修正沉降计算结果,提高计算精度,使其更符合客观沉降规律。

《建筑地基基础设计规范》(GB 50007—2011)的"建筑物地基变形允许值"和"沉降计算经验系数 ψ_s",上海市工程建设规范《地基基础设计标准》(DGJ 08—11—2018)"建筑物地基变形允许值"和"沉降计算经验系数 ψ_s"都是经过对大量实测数据统计分析而成的。规范中沉降计算主要针对一定尺寸的矩形基础,计算时按平均附加应力系数进行附加应力计算。但是,规范中并没有明确大面积均布荷载下的附加应力系数如何取值,理论上大面积堆载不考虑附加应力扩散、附加应力沿深度不衰减。大面积堆载基础尺寸往往又是几十米到几百米(物流仓储室内堆载地坪)甚至几千米(路基),如何选择合理的基础长宽尺寸(l, b),套用规范准确计算沉降成了难题,若按实际尺寸取用套用规范方法,确定的压缩层底往往很深,也不太符合实际,这么看规范沉降计算方法不适合大面积堆载,但对大面积堆载沉降规律的研究甚少,脱离了规范的计算方法,沉降经验系数选取又成了难题,手算也缺乏规范依据,同时也存在该不该考虑附加应力扩散及如何考虑的疑惑,尤其为不知如何套用规范方法计算大面积堆载沉降而焦虑。

笔者就这一问题结合实例谈一下自己的看法,某大型堆载场地做了详细的沉降观测,堆载平面尺寸为长 900 m、宽 450 m,堆载高度为吹填堆高 3.6 m($p = 65$ kPa),实测分层沉降数据表明沉降影响深度约为 41.3 m(45 m - 3.7 m,管口在堆载面,扣除堆载高度),不到 $0.1b$,远小于常规基础压缩层底 $2b$ 的经验值,按实际堆载尺寸($l = 900$ m,$b = 450$ m)$l/b = 2$,$z/b = 0.1$ 查角点的附加应力系数计算中心点附加应力为 $0.249\,5 \times 4p = 0.998p$,即 $0.1b = 45$ m,深附加应力 σ 为 $0.998p$,附加应力按套用规范计算几乎不衰减,按国标地基规范变形控制法 $\Delta s'_n \leqslant 0.025 \sum_{i=1}^{n} \Delta s'_i$,不考虑应力扩散,计算压缩层底深度为 40 m,按上海规范应力控制法沉降计算,不考虑大面积堆载附加应力扩散衰减,地基压缩层厚度应自基础底面算起,算至附加应力等于土层有效自重应力的 10% 处,压缩层底应为 81.25 m,地基压缩层厚度应自基础底面算起,算至附加应力等于土层有效自重应力的 20% 处,压缩层底约为 39 m。根据上述计算分析可以看出,不考虑附加应力扩散,套用国标地基规范按变形控制法 $\Delta s'_n \leqslant 0.025 \sum_{i=1}^{n} \Delta s'_i$ 计算沉降是和实测比较吻合的,国家地基规范中的沉降经验系数大面积堆载可以采用,可以提高沉降计算精度;同样,不考虑附加应力扩散,套用上海地基规范按应力控

制法 $\sigma_z \leqslant 0.2\sigma_s$ 压缩层底算至附加应力等于土层有效自重应力的 20% 处,计算沉降是和实测也是比较吻合的,上海地基规范中的沉降经验系数大面积堆载也是可以采用的,可以提高沉降计算精度。接下来就剩下如何套用附加应力系数的问题了,两个规范都提供了附加应力系数,国家地基规范提供的附加应力系数是矩形面积上均布荷载作用下角点的平均附加应力系数 $\bar{\alpha}$,大面积堆载计算中心沉降时,$\sigma_z = 4\bar{\alpha} \cdot P$,不考虑附加应力扩散,角点的平均附加应力系数 $\bar{\alpha}$ 取值为 0.25,即 $\sigma_z = 4\bar{\alpha} \cdot P = 4 \times 0.25 \times P = P$,算例详见专利工法实例 1 和实例 2。对应上海地基规范提供的是矩形基础中心应力系数 α_i 取值为 1,$\sigma_z = \alpha_i \cdot P = 1 \times P = P$,附加应力系数按规范不同取常值 0.25 或 1.0,物流仓储地坪大面积均布荷载沉降按此改进算法也就不存在基础长度 l 和宽度 b 如何取值的困扰了,同时该算法压缩层底取值建议按地基规范变形控制法确定。

物流仓库建筑地坪对软土地基的工后沉降控制要求较严,通过沉降计算可预估施工期间地基沉降量、所需增加的回填量、所需预压工期及固结沉降随时间的变化情况。预估沉降值还起到理论导向、信息化施工、工程判断等作用,依据施工期内到达的固结度,计算工后残余沉降量,判断是否满足建筑物的沉降控制标准。竣工后,根据实际使用荷载及加荷速率,按改进太沙基法或改进高木俊介法推算工后 1~3 年内的固结度随时间变化值,用工后 1~3 年建筑物沉降观测数据采用实测曲线法推算最终沉降量,通过工后沉降计算,推算工后建筑物使用期间的沉降是否小于允许沉降值。沉降计算包括天然地基沉降计算、施工期间逐级加荷固结度主固结沉降计算、工后使用荷载下主固结沉降计算、利用工后沉降观测数据采用实测曲线拟合法推算最终沉降量及任意时刻工后沉降量四个方面。

11.3　软土地基的加固方法

软土地基无论采用何种加固处理方法,其目的无非是降低地基土的含水量和孔隙比,提升地基土的密实度、压缩模量和承载力。常用的软土地基处理方法可以分为三类:第一类是结构地坪,通过地坪桩将地坪和高位货架堆载直接传给软土层下方好的持力土层;第二类是真空预压、堆载预压、强夯、排水固结 + 轻夯多遍等方法,通过在软土层上施加荷载和采取降水措施,来降低含水量、孔隙比,提升密实度、压缩模量和承载力,使得软土层的大部分沉降在施工期间完成,相应地减少了仓库地坪下软土层的后期工况沉降;第三类是通过在软土中掺入水泥等固化剂与软土充分搅拌后发生化学反应来提升软土地基的压缩模量、承载力,从而减少仓库地坪下软土地基的沉降量,诸如水泥搅拌桩、高压旋喷桩等。从 ESG 的角度,第二类软土地基处理方式应该是对环境不利影响最小的方式,当然强夯处理也会在一定范围内产生振动和噪声。

具体项目的软土地基到底采用哪种软基处理方法,除了基于软土地基的类别、厚度、预估的沉降量进行评估外,软土地基处理的成本与工期也是影响软土地基处理方案选择的关键因素,表 11.8 所列是目前物流仓库常用的软土地基处理方法的适用范围和参考单价。

表 11.8　常用软土地基处理方法适用范围和参考单价

常用地基处理方式	典型技术指标	单位	参考单价/元	包含工作内容	折合首层地坪面积单价/元	备注
灰土换填	2:8 或 3:7 灰土换填	m³	160.00~175.00	成品购买或者现场搅拌,回填夯实,达到设计压实系数	96.00~105.00	按照填土深度 0.6 m(不是原土开挖外运再填灰土)
水泥搅拌桩	水泥掺量 15%,桩径 500@1 500,桩长 9 m	m	46.50	含机械进出场费及检测费	182.30	掺量,均匀性,有机质
高压旋喷桩	水泥掺量 20%,桩径 600@1 800,桩长 9 m	m	73.50	含机械进出场费及检测费	288.15	掺量,均匀性,挤土效应
强夯	点夯势能 2 000 kN·m~8 000 kN·m,点夯两遍;满夯势能 1 000 kN·m,满夯一遍	m²	23.00~58.00	不含夯补土	23.00~58.00	点夯势能每增加 1 000 kN·m,强夯单价约增加 5.00~7.00 元/m²
轻夯多遍+竖向排水	轻井间距 4 m,深度 6 m 左右;或(管井间距 8~15 m,深度 8~10 m 左右);软土强夯能级 2 000 kN·m	m²	45.00	降水+软土强夯	45.00	主要处理浅层土,工期 3 个月左右
井点塑真空预压软土强夯	塑料排水板的间距 1~2 m,长度 15~25 m;降水软土强夯能级 2 000 kN·m,遍数 3~4 遍	m²	150.00~160.00	真空预压+堆载预压+降水+软土强夯,不含堆土	150.00~160.00	可同时处理深层土与浅层土,室外道路的处理约 40 元/m²,工期 4~6 个月
真空预压	塑料排水板的间距 1~1.3 m,长度 15~25 m	m²	110.00	铺设砂垫层+打排水板+抽气	110.00	主要处理深层土,工期 6 个月左右

（续表）

常用地基处理方式	典型技术指标	单位	参考单价/元	包含工作内容	折合首层地坪面积单价/元	备注
堆载预压	按照素土堆载 8 t，塑排间距 1～1.3 m	m²	160.00	打排水板、堆土、挖土、转运	160.00	主要处理深层土，工期 6～8 个月
CFG 复合地基	桩径 400 mm，有效桩长 14.0 m，间距 3d	m	94.20	成孔、灌注、检测	149.86	估算单价与桩径、桩长、桩间距密切相关
	桩顶铺设 200 mm 厚的碎石褥垫层	m³	230.00	褥垫层铺设、压实		

　　对于软土地基上仓库的建筑地坪的设计,如何减少仓库建筑地坪的绝对沉降和差异沉降是设计、施工阶段必须慎重考虑的,需要在工程成本与后期运营功能方面取得平衡,早期的施工图纸中会注明仓库地坪的绝对沉降控制在 6 cm 以内,现在的施工图纸中有关仓库地坪的绝对沉降值改为 10 cm 以内,但在物流仓库的实际运营中往往几厘米的不均匀沉降就会导致客户投诉抱怨。(备注:绝对沉降通常是指基础形心处的计算沉降,一般近似地认为基础形心就是应力叠加最大的地方,以此处的计算沉降作为"绝对沉降"。一般情况下差异沉降很难准确计算求得,而总沉降大差异沉降也会增大,因此现行规范或者设计经验就以控制绝对沉降作为实际设计中的控制准则。)

　　具体项目的软土地基处理方案的选择需要综合考虑处理功效、成本、时间三个主要因素,需要进行多种软基处理方案的分析比较,选择出最合适该项目的软基处理方案。

　　1. 结构地坪

　　结构地坪是最有效的软基处理方式,但工程成本过高,一般在淤泥、淤泥土等软土地基过于复杂、淤泥土层厚度过大的情况下选择结构地坪。

　　仓库的结构地坪设计有梁板式(图 11.9)和地坪桩承台无梁楼盖式(图 11.10)两种,通常更多选择地坪桩承台无梁楼盖模式设计结构地坪。地坪桩承台上的锚入钢筋对结构地坪板的约束作用也会导致结构地坪楼板产生一些复杂的微裂缝,可以通过将地坪桩承台与结构地坪板断开的方式来减少微裂缝的产生,但需要加厚相应的结构地坪板的厚度,工程成本会略有增加,且在施工过程中素混凝土垫层与地坪桩承台面应尽可能平整,从而弱化因混凝土垫层和地坪桩承台凹凸不平对结构地坪板的约束作用。

　　图 11.9　现浇梁板式结构地坪　　　　　图 11.10　无梁楼盖式结构地坪桩承台

　　为了减少地坪桩承台无梁楼盖式结构地坪的板面裂缝,个别项目尝试按简支板思路来布置结构地坪的受力钢筋,并在板面预先切缝,从而避免无规律的板面微裂缝的产生,另外,钢纤维结构地坪对成本控制和减少地坪微裂缝也有良好的效果。

　　对于梁板式的结构地坪,应尽可能避免采用图 11.9 中的现浇梁板式结构地坪,主要原因是施工过程非常麻烦,地梁之间的回填土夯实质量难保证且费工费时,地坪混凝土浇筑前梁中钢筋的保护也很麻烦。以回填土为地模的结构地坪板在浇筑过程中也可能因下方回填土模不密实导致结构地坪板施工过程中就出现裂缝。

如果因特殊地质原因一定要采用梁板式结构地坪(如在地下土洞、溶洞非常发育的喀斯特地貌条件下),首层结构地坪建议选用 PC 装配式结构地坪,混凝土主次梁可以预制,考虑到桁架楼承板尺度及板面配筋类似于单向板,为了减少板面微裂缝可以在柱距中沿桁架楼承板布置方向预先切缝,切缝深度控制在 5～10 mm。

从一些案例也可以发现,对于一些地下水位比较高且周边水系发达的场地,考虑到地下水位的季节变化,如果场地回填施工期间地下水上方的土层/回填土为透水性比较好的粉质黏土类、砂质粉土等土层,当土壤的毛细水作用比较发达时,那么在仓库地坪完工后不久及地下水丰水期期间,则可能会因为地下水位的上升及土壤中的毛细水作用,导致地坪下回填土体微胀,回填土体因地下水作用的微胀对建筑地坪以及结构地坪板面与地坪桩承台脱开的无梁楼盖结构地坪的影响不大,人们可能都感觉不到这种膨胀效应,但这种膨胀效应会对地坪桩承台钢筋约束地坪板的无梁楼盖式结构地坪产生不利影响,在板面会产生不规则裂缝。因此,建议在此类场地的结构地坪的设计和施工中:①将无梁楼盖式结构地坪的地坪桩承台与结构地坪板脱开;②如因成本原因需将地坪桩承台钢筋锚入结构地坪板,则在场地回填施工阶段,对回填土的土性有所选择,并在丰水期地下水位的上方形成一定厚度的透水性弱的土层,起到隔水效果,这样能减弱这种回填土遇水微胀效应。

图 11.11 是上海浦东祝桥的一个两层坡道库项目,首层地坪为结构地坪,原场地有大片鱼塘、明浜、暗浜,稳定水位埋深为 0.35～1.10 m,图 11.12 是该项目典型地质剖面图。①$_1$ 层为素填土,平均厚度为 0.72 m;①$_2$ 层为浜底淤泥,平均厚度 1.13 m;②$_1$ 层为褐黄—灰黄色粉质黏土,平均厚度为 1.22 m;②$_3$ 层为灰黄—灰色砂质粉土,平均厚度为 3.16 m。该项目于 2016 年年底完工,2017 年 3 月份发现局部结构地坪有微胀现象并出现一些不规则细微裂缝;从仓库结构地坪裂缝与场地鱼塘、明浜、暗浜位置的对比来看(图 11.13),透水性弱的土层(①$_2$ 层浜底淤泥)上方的结构地坪基本上没发生微胀或微胀程度很小。后期回填土沉降稳定后也不再观测到这种微胀效应。

图 11.11　物流园区场地周边新开河道

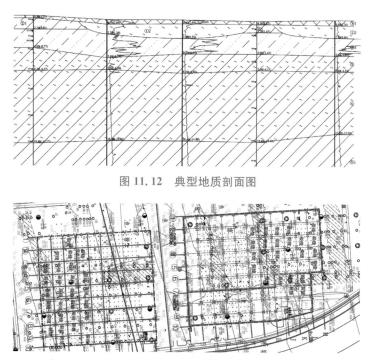

图 11.12　典型地质剖面图

图 11.13　结构地坪裂缝位置(蓝色字体位置)与场地鱼塘、明/暗浜位置对比图

2. 换填法

对于场地软土浅而薄的项目,通常采用 3∶7 或 2∶8 灰土换填,分层夯实后也可以达到良好的处理效果。

仓库室内外 1.3 m 高差范围内的回填,很多项目施工图纸中一般是按 700 mm 厚回填土＋300 mm 厚碎石垫层来设计,考虑到碎石垫层在大多数项目施工过程中通常未必是级配良好的碎石,因此从回填夯实效果上来看类似于 300 mm 厚回填土＋300 mm 厚回填土＋300 mm 厚碎石垫层的分层夯实方式,不如 200 mm 厚回填土＋100 mm 厚碎石夯实后,再以 200 mm 厚回填土＋100 mm 厚碎石夯实循环的分层夯实效果好。

灰土垫层土料的施工含水量控制在 $w_{op}\pm2\%$,对于砂类回填材料,施工含水量反而以干砂或饱和砂为宜,稍湿的砂土,因假黏聚力压实效果稍差,饱和或失水干燥时假黏聚力消失反而易于压实,故其最好的密实方式是充分洒水使其饱和。在垫层中铺设土工格栅等土工合成材料可以提高垫层的强度、刚度和稳定性,有利于控制地基变形并调节差异沉降。

3. 水泥搅拌桩

根据室内试验,一般认为用水泥作加固料,对含有高岭石、多水高岭石、蒙脱石等黏土矿物的软土加固效果较好,而对含有伊利石、氯化物和水铝石英等矿物的黏性土,以及有机质含量高、pH 值较低的黏性土加固效果较差。

对拟采用水泥土搅拌法的工程,除了常规的工程地质勘察要求外,详勘过程中尚需查明以下内容。

(1)填土层的组成:特别是大块物质(石块和树根等)的尺寸和含量。含大块石对水泥土搅拌法的施工速度有很大影响,所以必须清除大块石等再进行施工。

(2)土的含水量:当水泥土配比相同时,其强度随土样的天然含水量的降低而增大,试验表明,当土的含水量在50%~85%范围内变化时,含水量每降低10%,水泥土强度可提高30%。

(3)有机质含量:有机质含量较高会阻碍水泥水化反应,影响水泥土的强度增长,故对有机质含量较高的明、暗浜填土及吹填土应予以慎重考虑,一般采用提高置换率和增加水泥掺入量措施来保证水泥土达到一定的桩身强度。对于生活垃圾的填土不应采用水泥土搅拌法加固。

水泥土搅拌桩复合地基属于满堂加固,对于淤泥质粉质黏土的软土层,水泥土搅拌桩成桩桩身强度与拟加固软土土层性质关系密切。在淤泥质土、流塑、含水率高、孔隙比大、塑性指数高、软土中含有有机质等情况下,会存在以下问题。

(1)含有有机质,会阻碍水泥水化反应,影响水泥土的强度增长,对水泥土固化强度提升产生较大影响。

(2)淤泥质土黏粒含量高、塑性指数高,搅拌桩容易糊泥糊钻,钻头形成泥团,致使成桩搅拌欠均匀,而水泥土搅拌桩,顾名思义,搅拌最重要,要将水泥浆和软弱土充分搅拌均匀,才能达到较好的"成桩效果"。淤泥质土因为容易糊泥糊钻,容易导致搅拌桩成桩质量不佳。

(3)糊泥糊钻还容易堵塞喷浆口,造成喷浆量下降,当钻头深入一定程度时,土的上覆压力很大,在喷射水泥浆泵压不足、搅拌轴动力不足的情况下,导致水泥土搅拌桩搅拌不均匀、注入水泥浆量偏少等问题,故搅拌桩加固深度是有限的,一般搅拌桩加固深度都不超过十几米。上海地区的工程经验是水泥搅拌桩的成桩质量在12 m以下很难保证,现场开挖时12 m以下部分的水泥搅拌桩桩体还是软的,因此对于软土层较厚,处理深度超20 m的项目,因施工工艺所限,超长搅拌桩施工质量无法保证。

(4)水泥掺量过低,当水泥土配比相同时,其强度随土样的天然含水量的降低而增大,试验表明,含水量每降低10%,水泥土强度可提高30%。淤泥质土普遍含水量高,含水量越高需要水化的水泥量也越高。

(5)水泥土搅拌桩只适宜用于正常固结土的加固,不适宜用于欠固结土,包括新近回填土及欠固结淤泥及淤泥质土。

(6)水泥土搅拌桩俗称"良心桩",属于隐蔽工程,施工质量很难控制。

(7)水泥搅拌桩的造价与桩径、桩长、桩间距及桩体水泥含量密切相关,其综合单价未必经济。

因为物流仓库项目采用水泥土搅拌桩处理软土地基的案例比较多,后期建筑地坪沉降偏大的项目也很多,所以本书就淤泥及淤泥质土中的水泥搅拌桩中的水泥掺量过低及如何优化的问题进行探讨:水泥掺量定义为被加固体加固后头水泥土重量(一般按照19 kN/m³计算)的百分比,即重量比,一般为8%~15%,和孔隙比e、孔隙率n无关。而实际上,通常的水泥土搅拌桩俗称"土法",SMW三头搅拌桩称为"洋法",二者区别在于后者有取土,前者不取土,造成实际上"土法"桩10%以上的水泥掺量很难注入,存在大量减料情况,因此"土法"在建筑地基中被明文禁止,作为地坪加固应慎重,以采用"洋法"桩并管控好水泥掺量为宜。

淤泥质土含水量高,因为饱和土为二相体,孔隙中充满了水,也就是说,含水量越高,孔隙体积也越大,故需要用来固化的水泥更多。而《建筑地基处理技术规范》(JGJ 79—2012)

中只是按土的饱和重度即质量掺入比进行水泥掺量计算。比如,本书第 12 章的工程实例 2 江阴项目的淤泥质粉质黏土的天然重度为 17.7 kN/m³,第 12 章的工程实例 1 珠三角高明项目的淤泥的天然重度为 15.2 kN/m³,按这个原则推算同样 1 m³ 土体的水泥掺量,掺入比都按常规 15%,淤泥质粉质黏土需要 266 kg,而淤泥需要 228 kg,反而淤泥的水泥用量少了 16.7%,容易造成水泥掺量过低而水化作用很弱,达不到效果,这是非常不合理的,应该土越软、孔隙越大需要的水泥掺量越多才对,才能由弱变强。

目前的掺入比计算方式,往往导致淤泥土越弱补强掺入水泥越少的怪现象,造成水泥土不同土层明显刚度差异,同时也造成土越软水泥土搅拌桩加固质量越差的现象。若水泥土仅用于满堂布桩控制浅层强度只要求承载力还好,因为安全度一般为 2,问题不大;但是若将水泥土搅拌桩用于控制沉降,那掺量的多少就对应是水泥土压缩模量的大小差异,从而决定了沉降的大小差异,而沉降控制是没有安全系数概念的,土加固的效果差了地坪沉降就大了。

为了优化水泥搅拌桩的水泥掺量,定义一个标准,即孔隙比为 1 的土对应的水泥掺量为一个标准掺量 a_m,即设计常用的常规的 $a_m = 15\%$ 掺量,反算其他孔隙比大的软黏土的建议掺入比,通过这样调整掺入比解决上述问题。公式推导如下。

标准掺量 $a_m = 15\%$ 对应孔隙比 $e = 1$,则 $n_1 = e_1/(1 + e_1) = 50\% = 1/2$,说明土颗粒体积占比 50%,即单位土体有 1/2 的孔隙,而淤泥孔隙比 e 往往在 1.5 以上,很多达到了 2,$n_2 = e_2/(1 + e_2)$,相同体积下,二者孔隙率之比 n_2/n_1 即为孔隙体积比,最终使二者孔隙体积都达到相同的掺入比 a_m,即:

$$\frac{a_{m1}}{n_1} = \frac{a_{m2}}{n_2} \tag{11-5}$$

$$a_{m2} = \frac{n_2}{n_1} a_{m1} = \frac{n_2}{50\%} a_m = 2n_2 a_m = 2a \frac{e_2}{1 + e_2} \tag{11-6}$$

以上就是优化后的水泥掺入比的计算公式,是按照孔隙率 n 进行计算的,也可将孔隙率用孔隙比代入求得,通过优化达到孔隙率下同样的掺入比。

基于过往项目经验,用于软土地基处理的水泥搅拌桩的设计需要考虑以下几点。

(1) 水泥搅拌桩的长度一般控制在 12 m 左右为宜,否则很难保证成桩质量,12 m 以下易出现软芯。(备注:如果采用 SMW 工法则不在本深度控制之列。)

(2) 当软土地基中有机质含量偏高、塑性指数偏高、含水量偏高时,慎用水泥搅拌桩处理软土地基,因为搅拌桩成桩质量不佳。

(3) 水泥搅拌桩的水泥掺入量应考虑软土的含水量和孔隙比。

(4) 对于含水量高一些的软土地基,在确保搅拌均匀性的前提下粉体搅拌法的干法应该比浆液搅拌法的湿法处理效果更好些。

(5) 对于仓库地坪下满堂布置的水泥搅拌桩,边跨的水泥搅拌桩的间距可以适当增大些。

(6) 避免采用"悬浮桩"设计。

以下通过上海松江新桥某三层物流项目案例介绍水泥搅拌桩在工程实践中的运用。

该项目位于上海市松江区新桥镇工业区民益路,东侧为围河路,西侧为茸欣路。项目于 2018 年施工,其场地土层特性如表 11.9 所列,工程地质剖面图如图 11.9 所示。

表 11.9 场地土层特性表

地质时代	土层层号	土层名称	层厚/m	层顶标高/m	成因类型	颜色	湿度	状态	密实度	压缩性	土层描述
	水	水		2.70~2.70							
Q₄³	①₁	杂填土	1.80~2.10		人工	杂色	稍湿		松散		以建筑垃圾和黏性土为主，土质松散不均。
	①₂	沉成淤泥	1.10~3.80	4.26~3.22		灰黑色					含有机质和生活垃圾，土质很差。
	②	粉质黏土	0.40~0.60	0.90~0.60	滨海~河口	灰黄色	饱和	流塑		高	含氧化铁锈斑及铁锰质结核，土质不均，韧性及干强度中等，稍有光泽
Q₄²	③	淤泥质粉质黏土	0.20~2.70	2.80~0.20	滨海~浅海	灰色	湿	可塑		中等	含云母，有机质，夹薄层状粉砂，韧性及干强度中等，稍有光泽
	④	淤泥质黏土	2.50~5.20	1.93~-0.68	滨海~浅海	灰色	饱和	流塑		高等	含云母，有机质，夹少量薄层状粉砂，局部夹贝壳碎屑，韧性及干强度高等，有光泽
Q₄¹	⑤	黏土	2.50~5.10	-2.43~-4.17	滨海，沼泽	灰色	饱和	流塑		高等	含云母，有机质，夹泥质钙质结核，土质较匀，韧性及干强度高等，有光泽
	⑥	粉质黏土	12.40~14.80	-6.57~-7.78	河口~湖泽	暗绿色	很湿	软塑		高等	含氧化铁斑点，偶夹钙质结核，土质较匀，韧性及干强度中等，稍有光泽
	⑦₁	砂质粉土	2.50~4.20	-19.93~-21.47	河口~滨海	草黄~灰绿	湿	可~硬塑		中等	含云母，夹薄层状黏性土，局部夹薄层粉质黏土，韧性及干强度低等，无光泽，摇振反应迅速
Q₃³	⑦₁夹	粉质黏土	0.70~11.40	-22.79~-26.78	河口~滨海	草黄色	饱和		中密		含氧化铁斑点，夹粉质黏土含量较高，局部粉性土含量较高，韧性及干强度中等，稍有光泽
	⑦₂	粉砂	0.30~1.40	-24.07~-25.00	河口~滨海	草黄色	湿	可塑		中等	由长石，石英，云母等矿物颗粒组成，土质均匀，级配不良，局部夹薄层砂质粉土
			未钻穿	-33.75~-36.89	河口~滨海	灰黄色	饱和		密实	中等	

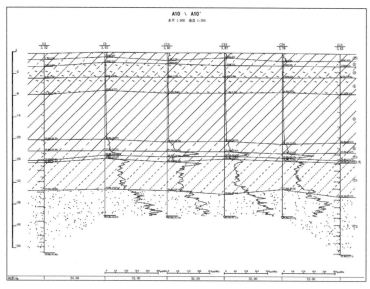

图 11.14　工程地质剖面图

　　拟建场地内有明浜分布,明浜深为 2.20～2.60 m,浜底标高为 + 0.10 m～ + 1.61 m。整个场地地基的特点是淤泥层浅而厚且有机质含量高,⑤层及以上分布的土层,大部分为软塑—流塑、高压缩土层,埋藏浅。土层物理力学性质参数如表 11.10 所列,静力触探分层参数如表 11.11 所列,地基承载力如表 11.12 所列。

　　最初的软基处理方案是水泥搅拌桩,水泥搅拌桩的直径为 500 mm,桩长 12 m,桩间距 1.5 m,以第⑤层黏土为持力层(从详勘报告来看,第⑤层土的承载力也很低,不适合作水泥搅拌桩的持力层)。在柱下桩基和基坑开挖施工过程中,在侧向挤压及挖土堆载效应的作用下,发现部分管桩发生移位、倾斜现象,随后的水泥搅拌桩施工过程中发现周边土侧移明显,水泥搅拌桩施工完成后对搅拌桩的取芯试验发现搅拌桩成型不佳,分析原因应该是第③、④层淤泥质土的有机质含量比较高且相应土层的含水量也很高,导致水泥搅拌桩成桩质量不佳。经专家评估,最终采用高压旋喷桩对软土地基进行加固,高压旋喷桩的直径为 700 mm,桩长 15 m,桩间距 3 m,仍是以第⑤层黏土为持力层(从工程地质剖面图来看,如果以第⑥层粉质黏土为持力层处理效果会更好些),从后期反馈来看软土处理效果还可以接受。

　　对于场地内淤泥土厚且埋深浅的项目,在选用结构地坪的同时,为了避免桩基施工过程中出现桩基侧移、设备下沉以及基坑开挖时土体侧移等现象,需事先对浅而厚的淤泥土层进行加固处理,可选用合适的浅层软土处理方法。

表 11.10　土层物理力学性质参数表

注：每一土层给出 统计个数、平均值、最大值、最小值、标准差、变异系数；"固结快剪" 含黏聚力 c 与内摩擦角 φ；"常规压缩试验" 含压缩系数 $a_{0.3-0.2}$ 与压缩模量 $E_{0.1-0.2}$。

土层编号	土层名称	统计指标	比重 G	饱和度 S_r/%	孔隙比 e	液限 W_L/%	塑限 W_p/%	塑性指数 I_p	液性指数 I_L	固结快剪 黏聚力 c/kPa	固结快剪 内摩擦角 φ/(°)	常规压缩 压缩系数 $a_{0.3-0.2}$/MPa^{-1}	常规压缩 压缩模量 $E_{0.1-0.2}$/MPa	标准贯入 N/击	比贯入阻力 P_s/MPa
②	粉质黏土	统计个数	19	19	19	19	19	19	19	9	9	10	10	—	34
		平均值	2.73	96	0.877	37.2	21.1	16.0	0.61	20	19.5	0.37	5.19	—	0.68
		最大值	2.73	99	0.959	39.3	22.7	16.7	0.73	22	20.0	0.42	5.48	—	1.15
		最小值	2.73	95	0.766	34.8	19.0	15.1	0.41	18	18.0	0.34	4.62	—	0.56
		标准差	0.00	1.14	0.05	1.29	1.11	0.41	0.08	1.41	0.61	0.02	0.23	—	0.14
		变异系数	0.00	0.01	0.06	0.04	0.05	0.03	0.13	0.08	0.03	0.06	0.05	—	0.17
③	淤泥质粉质黏土	统计个数	19	19	19	19	19	19	19	10	10	9	9	—	31
		平均值	2.73	98	1.081	36.9	21.1	15.8	1.11	12	16.5	0.64	3.26	—	0.46
		最大值	2.73	100	1.153	39.0	22.7	16.6	1.23	14	17.5	0.71	3.56	—	0.62
		最小值	2.73	97	1.036	35.9	19.7	14.6	1.06	11	15.5	0.58	3.03	—	0.41
		标准差	0.00	0.69	0.04	0.89	0.76	0.46	0.05	0.70	0.63	0.04	0.16	—	0.05
		变异系数	0.00	0.01	0.04	0.02	0.04	0.03	0.05	0.06	0.04	0.06	0.05	—	0.09
④	淤泥质黏土	统计个数	21	21	21	21	21	21	21	11	11	10	10	—	33
		平均值	2.74	99	1.338	44.1	25.1	19.0	1.22	11	11.5	1.06	2.22	—	0.50
		最大值	2.74	100	1.358	45.1	25.6	19.6	1.31	13	13.0	1.16	2.38	—	0.67
		最小值	2.74	98	1.318	43.1	24.4	18.5	1.11	10	10.5	0.99	2.04	—	0.43
		标准差	0.00	0.42	0.01	0.56	0.34	0.32	0.05	0.83	0.75	0.05	0.10	—	0.06
		变异系数	0.00	0.00	0.01	0.01	0.01	0.02	0.04	0.08	0.07	0.05	0.05	—	0.10
⑤	黏土	统计个数	67	67	67	67	67	67	67	34	34	39	39	—	37
		平均值	2.74	97	1.162	43.1	24.6	18.5	0.89	15	13.0	0.69	3.20	—	0.75
		最大值	2.74	100	1.291	45.3	26.5	19.8	1.18	18	19.5	0.96	4.52	—	1.17
		最小值	2.74	95	1.010	36.6	20.9	14.6	0.76	12	9.5	0.45	2.34	—	0.67
		标准差	0.00	1.02	0.07	2.08	1.15	1.15	0.07	1.62	2.32	0.12	0.52	—	0.10
		变异系数	0.00	0.01	0.06	0.05	0.05	0.06	0.08	0.11	0.18	0.17	0.17	—	0.12
⑥	粉质黏土	统计个数	19	19	19	19	19	19	19	9	9	9	9	—	37
		平均值	2.73	95	0.706	35.8	20.3	15.6	0.27	44	18.0	0.25	6.94	—	2.70
		最大值	2.73	96	0.768	36.8	20.9	16.2	0.40	45	19.5	0.27	7.35	—	3.86
		最小值	2.73	94	0.661	35.0	19.5	14.8	0.20	40	16.0	0.23	6.29	—	2.29
		标准差	0.00	0.74	0.03	0.49	0.44	0.38	0.06	1.55	1.02	0.01	0.29	—	0.41
		变异系数	0.00	0.01	0.04	0.01	0.02	0.02	0.22	0.04	0.06	0.05	0.04	—	0.13
⑦₁	砂质粉土	统计个数	60	60	60	—	—	—	—	33	33	29	29	50	37
		平均值	2.72	92	0.744	—	—	—	—	5	34.0	0.15	11.92	28.1	8.14
		最大值	2.72	94	0.826	—	—	—	—	7	36.0	0.17	13.76	37.0	11.51
		最小值	2.72	89	0.650	—	—	—	—	2	32.5	0.12	10.29	23.0	7.19
		标准差	0.00	0.51	0.04	—	—	—	—	1.37	0.93	0.01	0.89	3.70	0.98
		变异系数	0.00	0.01	0.05	—	—	—	—	0.31	0.03	0.09	0.08	0.13	0.11
⑦₁夹	粉质黏土	统计个数	7	7	7	7	7	7	7	7	7	7	7	—	37
		平均值	2.70	96	0.773	35.3	20.2	15.1	0.47	39	17.0	0.29	6.06	—	2.13
		最大值	2.70	97	0.804	37.6	21.0	16.6	0.57	48	19.5	0.33	6.71	—	3.63
		最小值	2.70	95	0.747	33.2	19.5	13.5	0.37	32	15.5	0.26	5.24	—	1.70
		标准差	0.00	1.03	0.02	1.64	0.63	1.27	0.07	6.32	1.19	0.02	0.42	—	0.42
		变异系数	0.00	0.01	0.03	0.05	0.03	0.09	0.16	0.18	0.07	0.07	0.08	—	0.17
⑦₂	粉砂	统计个数	70	70	70	—	—	—	—	33	33	37	37	45	37
		平均值	2.69	92	0.692	—	—	—	—	3	35.0	0.12	13.71	46.2	18.96
		最大值	2.69	94	0.853	—	—	—	—	5	36.0	0.17	16.34	60.0	25.47
		最小值	2.69	90	0.590	—	—	—	—	1	33.5	0.10	10.71	35.0	16.37
		标准差	0.00	0.98	0.04	—	—	—	—	1.23	0.62	0.01	1.01	8.01	2.27
		变异系数	0.00	0.01	0.06	—	—	—	—	0.45	0.02	0.10	0.07	0.18	0.11

表 11.11　静力触探分层参数表

比贯入阻力 p_s （MPa）及埋藏深度 H （m）（自天然地面算起）

土层编号	土层名称	孔号:C1 标高:3.92		孔号:C2 标高:3.85		孔号:C3 标高:3.56		孔号:C4 标高:3.42		孔号:C5 标高:3.65		孔号:C6 标高:3.89		孔号:C7 标高:3.91		孔号:C8 标高:3.87		孔号:C9 标高:3.93		孔号:C10 标高:3.46		孔号:C11 标高:3.42		孔号:C12 标高:3.57		孔号:C13 标高:3.56	
		H	p_s	H	p_s	H	p_s	H	p_s	H	p_s	H	p_s	H	p_s	H	p_s	H	p_s	H	p_s	H	p_s	H	p_s	H	p_s
②	粉质黏土	2.10~3.80	0.76	1.30~2.30	0.96			2.10~4.10	0.92			1.70~3.50	0.63	2.10~3.30	0.61	2.10~3.90	1.15	1.30~2.80	0.78	2.80~3.90	0.64			1.40~3.10	0.66	1.40~3.30	0.63
③	淤泥质粉质黏土	3.80~7.50	0.57	2.30~7.50	0.53	3.80~7.50	0.74	4.10~7.50	0.50	3.00~6.80	0.57	3.50~6.80	0.41	3.30~6.80	0.49	3.90~6.80	0.57	2.80~6.80	0.57	3.90~6.80	0.46	3.40~6.80	0.62	3.10~6.80	0.45	3.30~6.80	0.53
④	淤泥质黏土	7.50~10.80	0.63	7.50~10.80	0.67	7.50~10.50	0.67	7.50~10.50	0.53	6.80~10.80	0.72	6.80~10.80	0.47	6.80~10.50	0.48	6.80~10.50	0.85	6.80~10.50	0.53	6.80~10.70	0.53	6.80~10.50	0.59	6.80~10.80	0.60	6.80~11.10	0.69
⑤	黏土	10.80~24.90	0.75	10.80~25.10	1.13	10.50~24.40	0.90	10.50~24.40	0.83	10.80~24.40	0.75	10.80~24.50	0.77	10.50~24.40	0.76	10.50~25.20	1.17	10.50~24.00	0.80	10.70~24.30	0.81	10.50~24.60	0.89	10.80~24.00	0.92	11.10~24.30	0.84
⑥	粉质黏土	24.90~28.20	3.22	25.10~28.30	3.40	24.40~28.10	2.55	24.40~28.60	2.76	24.40~27.40	3.23	24.50~27.20	3.10	24.40~27.40	3.54	25.20~28.00	3.86	24.00~27.20	2.52	24.30~27.30	3.51	24.60~27.50	3.66	24.00~27.20	3.47	24.30~26.90	3.38
⑦₁	砂质粉土	28.20~29.40	9.85	28.30~29.40	7.54	28.10~28.90	7.62	28.60~29.60	7.82	27.40~29.30	10.84	27.20~28.40	9.93	27.40~28.50	12.01	28.00~28.90	13.63	27.20~28.40	5.92	27.30~28.50	10.78	27.50~28.70	9.04	27.20~28.50	9.77	26.90~28.50	11.75
⑦₁夹	粉质黏土	29.40~30.20	2.38	29.40~30.20	2.79	28.90~29.90	3.63	29.60~36.20	2.68	29.30~30.20	2.88	28.40~29.49	2.50	28.50~29.50	2.52	28.00~30.00	2.97	28.46~29.30	2.24	28.50~29.40	2.50	28.70~29.40	1.94	28.50~29.40	3.24	28.50~29.40	2.44
⑦₁	砂质粉土	30.20~38.50	8.45	30.20~39.20	8.48	29.90~38.50	8.55	30.20~37.40	7.72	30.20~39.00	9.13	29.40~40.40	9.79	29.50~39.70	11.03	30.00~39.20	10.28	29.30~37.80	9.60	29.40~38.10	10.80	29.40~39.70	11.80	29.40~38.50	9.08	29.40~39.10	9.58
⑦₂	粉砂	38.50~45.00	16.37	39.20~45.00	17.93	38.50~55.00	22.14	37.40~45.00	18.54	39.00~45.00	17.37	40.40~55.00	23.27	39.70~45.00	24.59	39.20~55.00	22.85	37.80~45.00	21.83	38.10~45.00	22.38	39.70~55.00	23.60	38.50~45.00	20.27	39.10~45.00	23.06

表 11.12　地基承载力一览表

| 层号 | 土名 | p_s/MPa | 直剪固快试验强度标准值 | | 地基承载力特征值 |
			c/kPa	φ/(°)	f_{ak}/kPa
②	灰黄色粉质黏土	0.68	20	19.5	80
③	灰色淤泥质粉质黏土	0.46	12	16.5	55
④	灰色淤泥质黏土	0.50	11	11.5	45
⑤	灰色黏土	0.75	15	13.0	65

4. 高压旋喷桩

高压旋喷桩一般用于已完工项目的地坪沉降加固处理,或者在项目施工后期发现原先的软基处理方式效果不佳,需要另采取补强措施所采用的软基加固方案。水泥土桩的成桩质量主要取决于三个因素:搅拌均匀性、喷浆压力和喷浆量。高压旋喷桩的转速高、喷浆压力大、喷浆量大,成桩质量明显好于水泥土搅拌桩。

高压喷射注浆法是利用钻机把带有喷嘴的注浆管钻进至土层的预定位置后,以高压设备使浆液形成 20～40 MPa 的高压射流从喷嘴中喷射出来,冲击破坏土体,同时钻杆以缓慢速度渐渐向上提升并旋转喷射水泥浆,将浆液与土粒强制搅拌混合。待浆液凝固后,在土中形成一个水泥土固结体,固结体形状与喷射流移动方向有关,一般分为旋转喷射、定向喷射和摆动喷射三种形式,常用旋转喷射,故称为旋喷桩,又因其喷浆压力相对水泥土搅拌桩及注浆法高出几倍到几十倍,故又称为高压旋喷桩。

高压喷射注浆法的基本工艺类型有单管法、双液分喷法、二重管法、三重管法等多种方法,按有效处理深度来看,三重管法最大,二重管法次之,单管法最小。高压旋喷桩有效加固深度目前已达 30 m 以上。物流仓储软土地基通常采用二重管法进行地基加固。二重管法喷射高压水泥浆液和压缩空气两种介质,使用双通道二重注浆管喷射 20 MPa 左右压力的高压浆液,同时喷射 0.7 MPa 左右的压缩空气。二重管法处理后形成高压旋喷桩的直径一般为 0.8～1.2 m。

高压旋喷桩对淤泥、淤泥质土、黏性土(流塑、软塑和可塑)、粉性土、砂土、素填土和碎石土等地基都有良好的处理效果。对于硬黏性土、含有较多的块石或大量植物根茎的地基,因喷射流可能受到阻挡或削弱,处理效果较差;对于含有较多有机质的土层,则会影响水泥固结体的化学稳定性,其加固质量较差,应根据室内外试验结果确定其适用性。

高压旋喷桩全套设备因结构紧凑、体积小、机动性强、占地小,能在狭窄和低矮的空间施工,既可用于新建工程的软基处理,又可用于已完工项目地坪沉降的后期补强加固处理。对于已完工物流仓库的沉降地坪只需在地坪表面钻一个孔径大于 50 mm 的小孔,便可在土中喷射成直径 0.5～1.2 m 左右的固结体,因而施工时能贴近既有建筑物,成型灵活,软基加固后可以增加地基土的强度,提高地基土的承载力,减少并控制物流仓储建筑地坪的沉降及差异沉降。

与水泥搅拌桩类似,当水泥土配比相同时,其强度随土样的天然含水量的降低而增大,试验表明,含水量每降低 10%,水泥土强度可提高 30%。淤泥及淤泥质土普遍含水量高,含水量越高需要水化的水泥量也越高。高压旋喷桩水泥掺量定义为被加固体湿土重量的百分比,即重量比,一般为 20%~30%,和孔隙比 e、孔隙率 n 无关,这是不合理的,应该是单位体积孔隙越多、土越软,需要掺入的水泥越多才对。为了优化高压旋喷桩水泥掺量,定义一个标准,即孔隙比为 1 的土对应的水泥掺量为一个标准掺量 a_m,即设计常用的常规的 $a_m=20\%$ 掺量,反算其他孔隙比大的软土的建议掺入比,通过这样调整掺入比解决上述问题。公式推导与水泥搅拌桩相同。

标准掺量 $a_m=20\%$ 对应孔隙比 $e=1$,则 $n_1=e_1/(1+e_1)=50\%=1/2$,说明土颗粒体积占比 50%,即单位土体有 1/2 的孔隙,而淤泥孔隙比 e 往往在 1.5 以上,很多达到了 2,$n_2=e_2/(1+e_2)$,相同体积下,二者孔隙率之比 n_2/n_1 即为孔隙体积比,最终使二者孔隙体积都达到相同的掺入比 a_m,即:

$$\frac{a_{m1}}{n_1}=\frac{a_{m2}}{n_2} \tag{11-7}$$

$$a_{m2}=\frac{n_2}{n_1}a_{m1}=\frac{n_2}{50\%}a_m=2n_2a_m=2a_m\frac{e_2}{1+e_2} \tag{11-8}$$

以上就是优化后的水泥掺入比的计算公式,是按照孔隙率 n 进行计算的,也可将孔隙率用孔隙比代入求得,通过优化达到孔隙率下同样的掺入比。

高压旋喷桩的施工应关注以下几个方面。

(1) 注浆压力应大于 20 MPa,流量应大于 30 L/min,提升速度宜慢不宜快,应为 0.1~0.2 m/min。

(2) 水泥浆液的水灰比宜为 0.8~1.2。

(3) 在高压旋喷桩施工中,应注意孔内返浆量情况。当返浆量小于注浆量的 20% 时,可视为正常现象;当返浆量超过 20% 或完全不返浆时,应分析原因。在高压喷射注浆过程中遇到孔口返浆大于 20% 情况时,可采用提高喷射压力,缩小喷嘴孔径,增大旋转和提升速度等方法减少返浆量。

(4) 在浆液与土搅拌混合后的凝固过程中,由于浆液析水作用,一般均有不同程度的收缩,造成固结体顶部出现一个凹穴。凹穴的深度随土质、浆液的析水性、固结体的大小等因素不同而不同、一般深度为 0.5~1.0 m。有些漏浆地层的深度还会更大一些。补凹穴是高喷作业的一个重要环节,凹穴填补的好坏,直接关系到工程质量的好坏。因此,应指定专人负责凹穴的填补工作,严格按技术要求操作。为防止浆液凝固收缩影响桩顶高程及桩头质量,也可在原孔位采用冒浆回灌或第二次注浆等措施进行处理。

(5) 当采用高压旋喷桩满堂布桩加固地基时,挤土效应明显,新建建筑物施工时应采用监测孔隙水压力、隔行跳打、从一侧向另一侧推进或从中间向四周方向推进的减少挤土效应方式施工,必要时应设置能量释放孔。既有建筑物基础托换、地坪地基加固采用高压旋喷桩施工时,应进行保护性监测,降低施工速度,严格控制每天的成桩数量,隔四行或多行跳打,分四遍或多遍、分批次完成所有的旋喷施工,中间设置一定的间歇期,确保孔隙水压力的消散。在既有工程桩附近施工时,应保持一定的安全距离,减少每日成桩数量,降低成桩速度,对称施工、间歇施工,采用定向摆喷等方式减少挤土效应,确保工程桩不受影响。

(6) 在采用高压旋喷桩加固既有建筑物地基时,浆液未硬化前,有效喷射范围内的地基因受到扰动而强度降低,容易产生附加沉降,需要重视并采取措施减小施工期间的附加沉降。如采取合理安排旋喷桩施工顺序、隔多行跳打、控制施工进度,并采用速凝剂加速水泥土固化等措施防止或减小附加沉降,还应在施工过程中对该建(构)筑物影响区域进行变形监测。当发现施工扰动加剧了建(构)筑物基础影响区域的变形时,应暂停施工,在采取了应对手段和防范措施后再恢复施工。

(7) 在软弱地层进行高压喷射注浆时,可在喷射后用砂浆泵注入 M15 的砂浆。对需要局部扩大加固范围或提高强度的部位,可采用复喷措施。

(8) 旋喷桩复合地基宜在基础和桩顶之间设置褥垫层,厚度宜为 150～300 mm,褥垫层材料可选用中砂、粗砂和级配砂石等,褥垫层最大粒径不宜大于 20 mm。褥垫层的夯填度不应大于 0.9。

(9) 采用高压旋喷桩加固地基后,在其固结体强度未达到设计强度的 75% 时,不宜在加固有效范围内堆载。固结体强度未达到设计强度时,不应投入使用。如在高压旋喷桩未达到一定的强度时进行堆载,特别是不均匀堆载,将会增加加固区域的不均匀沉降,破坏固结体结构形态和强度,引起附加沉降。

高压旋喷桩施工完成后,可根据工程要求和当地经验采用开挖检查、钻孔取芯、标准贯入试验、动力触探和静载荷试验等方法进行检验,特别是对成桩质量方面的评估,需不断总结经验教训。

5. 预压法

预压法又称排水固结法,排水固结即饱和土体孔隙排水、孔隙减小、土体压缩压密固结过程。排水固结加固对象为饱和土,饱和土是由固体颗粒构成的土骨架和充满其间的孔隙水组成的两相体,排水固结法是指两相体饱和土边界条件发生变化,主要是指应力边界条件 $\sigma = \sigma' + u$ 和排水边界条件变化,引起孔隙水压力 u 变化 Δu,形成超静孔隙水压力 $u' = \Delta u$,超静孔隙水压力 u' 引起水头差 Δh,在水头差压力作用下,孔隙水逐渐从孔隙中排出,即排水。超静孔隙水压力 u' 逐渐减小亦称逐渐消散,饱和土土骨架有效应力 σ' 逐渐增加,土体孔隙逐渐减小,土体积随之减少,土体逐渐压缩压密固结,即固结。

为了加速地基固结,缩短预压时间,以满足物流仓库等工程建设的工期要求,排水固结法主要是从排水系统和加压系统两方面进行优化。

1) 排水系统

排水系统优化主要在于改善地基原有的排水边界条件,增加孔隙水排出的途径,缩短孔隙水排水距离。竖向排水体一般采用塑料排水板或者袋装砂井,竖向排水体深度、间距确定原则是,深度决定有效加固深度、加固厚度,间距决定固结所需时间。

对于物流仓库地基,竖向排水体长度应根据在限定的预压时间内需要完成的变形量和满足上部建筑物容许的沉降量确定,应穿透软弱受压层。排水体长度也不宜过深,越深井阻越明显,传递负压衰减越明显,深层土层的固结效果越差,一般常用深度为 20～25 m。

2)加压系统

加压系统的目的是在地基土中产生超静孔隙水压力、水头差、水力梯度,从而使地基土中的孔隙水在压差下排出,孔隙体积减小,孔隙比减小,土体压密固结。加压系统通常采用堆载预压法、真空预压法、真空预压联合堆载预压法、降水预压法、真空预压联合降水预压动力固结法等。

物流仓库项目可以利用大面积回填土自重作为堆载,不过为了减少工后沉降,对于沉降控制较严的地基,欠载预压、等载预压往往是不够的,会形成欠固结土,故必须进行超载预压,荷载一般不小于工后永久荷载 + 使用荷载的 1.2 倍,若工期紧造成常规加载下地基固结度达不到 80% 以上,则必须提高荷载水平,如计算固结度为 60%,则需要提高超载至 1.6 倍以上,但需要花费更多的费用。

3)适用范围

排水固结法适用于处理淤泥质土、淤泥、冲填土等饱和黏性土地基。堆载预压法适用于存在连续薄砂层的地基;真空预压适用于处理以黏性土为主的软弱地基。当存在粉土、砂土等透水、透气层时,加固区周边应采取确保膜下真空压力满足设计要求的密封措施。对塑性指数大于 25 且含水量大于 85% 的淤泥,应通过现场试验确定其适用性。当加固土层上覆盖有厚度大于 5 m 的回填土或承载力较高的黏性土层时,不宜采用真空预压处理。

很多设计人员尤其是结构设计人员对排水固结法或预压法的加固效果表示怀疑,他们往往是用结构上的经验来分析岩土的问题,认为预压法用于改变地基土的压缩性指标压缩模量的思路理解这一加固进程,看待加固效果,土还是土,没添加任何材料,看起来工前工后没区别,土工试验工后土的参数变化也不大,所以很疑惑。这里说明一下,不论是堆载预压或者是真空预压,在地基处理后对地基土重新取样进行压缩试验,以测得处理后地基土压缩模量 E'_s,用工后 E'_s 和工后使用荷载 p' 按分层总和法计算处理后的天然地基沉降量,把这个计算结果作为工后沉降是错误的,往往得出工前、工后最终沉降量差值不大、预压法加固无效的错误结论。排水固结法加固机理并不是以改变地基土材料力学特性为目的减少工后沉降,而是改变地基土应力历史、提前完成主固结沉降或完成大部分主固结沉降,形成超固结土,减少工后沉降,虽然改变了土的压缩性形成超固结土,但是却没改变土的压缩性指标土的压缩系数 $a_{(0.1-0.2)}$ 和土的压缩模量 $E_{s(0.1-0.2)}$。

再举一例分析助于理解,某软弱地基淤泥质粉质黏土厚度为 20 m,堆载预压 80 kPa,堆载 12 个月实测地表沉降 659 mm,工前工后取样土工试验压缩模量 E_s 分别为 3.4 MPa 和 3.6 MPa,加固前后变化不大,工后 5 年实测沉降稳定满足工后沉降控制要求,说明加固是有效果的,那怎么理解和解释加固前后 E_s 变化不大呢?笔者认为可以用式(11.9)土的应变粗略估算加固前后的 $E_{s(0.1-0.2)}$ 变化,经计算变化量不到 4%,基本符合实测结果。当然因为土的独特性,土的碎散性、多相性、自然变异性、不均匀性、各向异性、非线性等,影响结果的不可能是一两个参数,也不可能是线性关系,这个算例仅供参考,目的是便于读者理解和消除疑虑。

$$E'_s \approx \frac{\Delta H}{H} E_s = \frac{s_f}{H} E_s \qquad (11\text{-}9)$$

按时间加载比推算,真空预压法往往需要 4～6 个月,堆载预压法则工期更长。

《建筑地基处理技术规范》(JGJ 79—2012)推荐的真空预压法或堆载预压法均用于对沉降控制不严的地基,地基处理后,工后沉降一般控制在 20～30 cm 以内,而不是控制在 10 cm 以内。

6. 堆载预压法

堆载预压法是在地基中设置塑料排水板等竖向排水通道,用填土等堆载材料作为外荷载,对地基进行排水预压固结。堆载预压是通过加载在地基中形成正超静孔隙水压力的边界条件下使软土在孔压差 Δu 下排水固结,称为 k_0 正压固结。

堆载预压根据土质情况分为单级加荷或多级加荷;根据堆载材料分为自重预压、充水预压和加荷预压。堆载一般就近取材用填土、碎石等散粒材料。物流仓储室内地坪地基,在正式开工前需要大面积回填,在土源充足、时间充裕的情况下,可以采用堆载预压对地坪地基进行排水固结预压处理。

当采用堆载预压法加固的地基土抗剪强度较低时,荷载作用下容易产生土体强度破坏,必须分级逐渐加荷,设计加载原则是土体固结抗剪强度增量要大于土中应力增量引起的剪应力增长,不致产生水平向塑性变形过大,过大的接近强度破坏的塑性变形包括水平向和竖向都是不利的,属于附加沉降,不是有利的、积极的排水固结沉降,是必须减少和控制的。

堆载预压工程,应根据设计要求分级逐级加载。加载期间应加密观测频率,对水平位移、垂直位移及孔隙水压力等监测项目按不少于 1 次/d 的频率进行监测,且应根据监测数据判断、控制、调整加载速率。垂直位移不宜大于 10～15 mm/d,水平位移不宜大于 4～7 mm/d,孔隙水压力系数 $\Delta u/\Delta p$ 不宜超过 0.6,并且应根据监测数据及变化趋势综合判断地基稳定性。

7. 真空预压法

真空预压法是在需要加固的软土地基表面先铺设土工布砂垫层,然后打设袋装砂井或塑料排水板,形成水平向和竖向排水通道。砂垫层上铺设密封膜使其与大气隔绝,砂垫层内铺设滤水管道,连接总管用真空射流泵抽水抽气形成真空,通过砂垫层和竖向排水通道传递真空负压至土体内,在总应力不变的前提下,通过抽真空在地基中形成负超静孔隙水压力的边界条件下使软土在孔压差 Δu 下排水固结,真空负压是体积力,是各向相等的,称为等向负压固结。

与堆载预压法不同,真空预压法是用密封膜密封,加固区表面隔绝大气抽真空形成负压"加载",加载系统包括密封系统和抽真空系统,密封系统设置包括密封膜、密封沟、覆水、密封墙等。

真空预压法的关键在于要有良好的气密性,与大气隔绝。当在加固区外发现有透气层和透水层时,可在加固区周边漏气位置采取设置水泥土搅拌桩密封墙或黏性土搅拌桩泥浆密封墙的措施,其渗透系数不大于 1×10^{-5} cm/s。

真空预压法为负压等向固结,不存在剪切破坏,不需要分级加载,可一次抽真空至负压最大,密封膜膜内真空度应稳定保持在 86.7 kPa(650 mmHg)以上,在加固区边界条件复杂时,膜下真空度应稳定维持在 80 kPa(600 mmHg)以上,满载预压时间不宜低于 90 d。

真空预压法的抽气设备一般宜采用 7.5 kW 射流真空泵,真空负压不小于 95 kPa,每台加固面积 1 000~1 500 m^2,开泵率不小于 80%。

真空预压法每块加固场地的面积宜大不宜小。真空滤管要均匀分布,渗透系数不小于 10^{-2} cm/s。泵及膜内真空度应达到技术要求,地表总沉降规律应符合一般堆载预压时的沉降规律。必须做好真空度、地面沉降量、深层沉降、水平位移、孔隙水压力和地下水位的现场监测工作。

竖井深度范围内土层的平均固结度不宜低于 90%。当连续 5 d 实测沉降速率不大于 2 mm/d,或满足工程要求时,可停止抽真空。

8. 真空联合堆载预压法

真空预压法和堆载预压法相结合的处理方法,通常称为真空联合堆载预压法。真空预压法与堆载预压法同属于排水固结法,其加固原理基本相同,均是通过施加正压或负压形成超静孔隙水压力,孔压差引起水头差,孔隙排水土体固结。二者的加固效果可以叠加,符合有效应力原理,真空预压法是逐渐降低土体的孔隙水压力,不增加总应力条件下增加土体有效应力;而堆载预压法是增加土体总应力和孔隙水压力,并随着孔隙水压力的逐渐消散而使有效应力逐渐增加。当采用真空联合堆载预压法时,既抽真空降低孔隙水压力,又通过堆载增加总应力。开始时抽真空使土中孔隙水压力降低有效应力增大,经不长时间(7~10 d)在土体保持稳定的情况下堆载,使土体产生正孔隙水压力,并与抽真空产生的负孔隙水压力叠加。正、负孔隙水压力的叠加,转化的有效应力为消散的正、负孔隙水压力绝对值之和,孔隙水压力是中性应力,球应力,也是体积力,是标量。它是位置的函数,大小各向相等,引起的土体内大小主应力相等,剪应力为零。

真空预压法等向收缩固结和堆载偏应力竖向压缩侧向挤出固结二者叠加,可以改善堆载预压法引起的地基强度问题、稳定问题,真空和堆载效应相互叠加是增益的,采用真空预压法与堆载预压法联合加固软土地基是可行有效的,通过叠加是可以拓宽两种排水固结方法应用范围的。

对设计预压荷载大于 80 kPa,承载力要求高、沉降限制严的建筑工程,如物流仓库工程,可采用真空和堆载联合预压地基处理。真空部分和堆载部分设计按真空预压和堆载预压上述对应要求。

堆载时间应根据理论计算确定,现场可根据实测孔隙水压力资料计算当时地基强度值来确定堆载时间和荷重。一般软黏土,堆载施工宜在真空预压膜下真空度稳定地达到 80 kPa 以上,且抽真空时间不少于 10 d 后进行,若天然地基很软,可在膜内真空度值达 80 kPa 后 20 d 开始堆载。

在真空联合堆载预压施工时,除了要按真空预压和堆载预压的要求进行以外,还应注意以下几点。

(1) 堆载前要采取可靠措施保护密封膜,防止堆载时刺破密封膜。

(2) 堆载底层部分应选颗粒较细且不含硬块状的堆载物,如砂料等。

(3) 选择合适的堆载时间和荷重。

堆载部分的荷重为设计荷载与真空等效荷载之差。如果堆载部分荷重较小,可一次施加;当荷重较大时,应根据计算分级施加。

9. 强夯

现代强夯法,又称动力固结法,是法国 Menard 技术公司于 1969 年研发的一种地基加固方法,其创新点在于利用大型起重机械,提高重锤和落锤高度,增大夯击冲击力,常采用 8~60 t 的重锤和 8~40 m 的落距,能级范围为 1 000~8 000 kN·m,按能级大小划分为低能级(小于 4 000 kN·m)、中能级(4 000~6 000 kN·m)、高能级(6 000~8 000 kN·m)和超高能级(大于 8 000 kN·m)。强夯法对地基土施加冲击能,在地基土中产生压缩波、剪切波、瑞利波等冲击波,对地基土强力夯实,以降低土的压缩性、提高地基土的强度、改善砂土的抗液化性、消除黄土的湿陷性等。同时,强夯可提高土层的均匀程度,减少不均匀沉降。

强夯英文名为 Dynamic Compaction 或 Dynamic Consolidation,也称 Heavy Tamping。不同名称揭示了强夯法作用和机理的不同及发展变化。强夯法应用初期,仅适用于对浅层素填土、碎石填土、砂土进行加固,处于重锤夯实(Heavy Tamping)阶段。后期应用范围逐渐拓宽,应用于低饱和度的粉土与黏性土、湿陷性黄土,当应用于高饱和度的细粒土,特别是在处理高含水量的淤泥、淤泥质土等软黏土地基时,强夯法处理效果不明显,甚至可能形成橡皮土导致加固失败。随着工程实践的增加、应用的拓宽,对某些条件下的细粒土软弱地基的处理通过改善边界条件和施工方法也取得了一定的效果,于是就发展成为动力固结法(Dynamic Consolidation Method)和强夯置换法(Dynamic Replacement Method)。

强夯法至今还没有一套成熟的理论和设计计算方法,通常通过经验和现场试夯得到设计施工参数,施工效果往往依赖施工经验,有不确定性。另外,采用强夯法加固地基过程中由于振动、噪声等对周围环境产生的不良影响也应引起足够的重视。

强夯法具有原理直观、效果可视、设备简单、速度快捷、造价低廉、适用范围广等特点,可用于机场、公路、铁路、港口、储罐、堆场、仓储、工厂和房屋建筑等工程场地的地基处理。物流仓储地基新近回填土,未经分层压实,松散而且厚度较大,采用强夯法处理往往是最经济有效的。且强夯法的施工周期也比较短,一般在 1 个月左右。

强夯置换法适用于高饱和度的粉土与软塑—流塑的黏性土地基上对变形要求不严格的工程,处理深度不宜大于 7 m,对于高饱和度的粉土和黏性土地基,往往在夯坑内回填碎石等粗颗粒材料,并不断夯击坑内砂石填料,使其形成连续密实的强夯置换墩,与周围混有砂石的夯间土形成复合地基。

1) 加固机理

强夯法处理地基是利用强夯机将夯锤提升到一定高度,此过程中强夯机对夯锤做正功,这部分功转换为夯锤的重力势能,夯锤脱钩以重力加速度 g 自由落下,势能转化为动能,落锤以 $mv = m\sqrt{2gh}$ 动量与地面非弹性碰撞,夯锤对地基的冲击力为 $F = mv/t$,夯锤动能 $(1/2)mv^2 = mgh$,夯锤夯击地面时,其动能一小部分转化为声能,以声波的形式向四周传播,另一小部分由于夯锤和土体摩擦转化为内能(热能),其余的大部分冲击动能转化为大地动能,使地基土产生振动,并以体波即压缩波(纵波、P 波)和剪切波(横波、SV 和 SH 波)及由压缩波(P)波和剪切波(SV)干涉产生的面波即瑞利波(表面波、R 波)的波体系联合方式在地基中传播,其中压缩波在固相、气相、液相中传播,剪切波在固相中传播,遇土层界面反射,入射波和反射波在地基中产生一个波场,三种波占总输入能量的百分比按大小分别为 R 波占 67.3%,S 波占 25.8%,P 波占 6.9%。其中,压缩波和剪切波在强夯过程中起到夯实加固作用,并且压缩波的作用最为重要,瑞利波在深度方向衰减较快,而在水平方向衰减很慢,即瑞利波主要沿半空间表面传播,故瑞利波是面波,瑞利波水平分量可使土得到密实,竖向分量起到松动土的作用,会造成夯坑底上附近地面隆起。

　　当强夯法应用于非饱和土时,压密过程基本上同实验室中的击实试验相同,是气相排出土体压密的过程,挤密振密效果明显。当应用于饱和无黏性土地基时,土体可能会产生液化,其压密过程同爆破和振动密实的过程相同。对于饱和黏性土地基,1%～4%溶解气相挤出、液相产生超孔隙水压力,土体结构破坏,通过裂隙或排水通道排水,孔压逐渐消散,孔隙比减小,地基土固结,触变恢复,强度提高,强夯加固饱和细粒土,既有成功工程实例也有失败的案例。不同的地基土、不同的饱和状态、采用不同的施工工艺和排水条件,强夯法的加固机理和效果也是不相同的。强夯法按加固机理分为动力密实(Dynamic Compaction Method)、动力固结(Dynamic Consolidation Method)和动力置换(Dynamic Replacement Method)。

　　2) 强夯加固类型

　　(1) 动力密实。

　　采用强夯法加固非饱和粗颗粒、细颗粒土是基于动力密实的机理。非饱和土体由固相、液相和气相三部分组成,由于气相的压缩性比固相和液相的压缩性大得多,在冲击力的作用下,土骨架有效应力增加,颗粒间产生相对位移、重新排列,孔隙中的气相首先被压缩挤出,土颗粒固相及孔隙内液相压缩可以忽略不计,孔隙随之减小,土体密实。因此,非饱和土的夯实压密过程,就是土颗粒重新排列而将气相挤出的过程。土在动荷载作用下被挤密压实,强度提高,压缩性降低。

　　强夯冲击能除了使夯坑以下的主压实区、次压实区的土体竖向压密外,还会产生较大的侧向挤压力,在起到水平向挤密作用的同时又引起夯坑以上周围土体的隆起。隆起越大,说明土体破坏的程度越大。继续增加夯击次数,并不能使地基土得到更有效的加固,反而破坏周边已加固的土体,故存在"最佳夯击次数"和"最佳夯击能",可以用有效夯实系数来确定最佳夯击次数,有效夯实系数 α 的表达式为:

$$\alpha = (V - V')/V = V_0/V \qquad (11-10)$$

式中　α——有效夯实系数；

　　　V——夯坑体积；

　　　V'——夯坑周围地面隆起体积；

　　　V₀——有效压缩体积。有效夯实系数高,说明夯实效果好。

（2）动力固结。

用强夯法处理细颗粒饱和土时,则属于动力固结理论,即巨大的冲击能量在土中产生很大的应力波,破坏了土体原有的结构,土体局部发生液化并产生许多裂隙,相当于增加了排水通道,土体的固结系数得以提高,超孔隙水压力逐渐消散,土体逐渐固结。由于软土的触变性,降低的强度会逐渐得到恢复提高。Menard 根据强夯法的实践,对传统的太沙基静力固结模型作了改进,提出了新的动力固结模型,认为饱和土是可以动力压缩固结的。体现在以下四个方面。

① 饱和土的压缩性。太沙基二相体饱和土,由于水和土颗粒不可压缩,可以认为强夯瞬时作用饱和土中孔隙水是来不及排出的,土体是不可压缩的。研究发现,由于饱和土中大多含有以微气泡形式出现的气体,其含气量在 1%～4% 之间,含气量 1% 的液相的压缩性要比完全不含气的液相高 200 倍。因此,天然状态的饱和土具有一定的可压缩性。进行强夯时,气体体积先压缩,孔隙水压力增大,随后气体有所膨胀,孔隙水排出的同时,超孔隙水压力就减少,也就是说在夯锤的夯击作用下会发生瞬时的有效压缩变形。

② 产生局部液化。在重复夯击作用下,当土中某点的超孔隙水压力累积上升至等于上覆土的自重压力时,土中的有效应力完全消失,土的抗剪强度降为零,土体即产生局部液化。此时,吸附水变成自由水,毛细管排水通道横断面增大,土的强度下降到最小值,水头损失减小,渗透系数大大增加,处于很大水力梯度作用下的超孔隙水迅速排出。

③ 渗透性变化。在强夯过程中,地基土中超孔隙水压力逐渐增长且不能及时消失,致使饱和土地基中产生很大的拉应力。水平拉应力使土颗粒间出现一系列的竖向裂隙,形成排水通道。此时,土的渗透系数骤增,孔隙水得以顺利排出,加速饱和土体的固结。

④ 触变恢复。强夯触变恢复指的是土体结构强度在动荷载作用下会暂时降低,但随着静置时间的增加,其强度会逐渐恢复的现象。黏性土结构特征具有灵敏度和触变性,在重复夯击作用下,土体结构被破坏,土中吸附水部分变成自由水,土颗粒间的联系减弱,强度降低。强夯后经过一段时间的休止期,土颗粒间新吸附水层逐渐形成,土体结构强度恢复提高。触变恢复过程可能会延续至几个月,但在触变恢复期间,土体的沉降却是很小的,约在 1% 以下。

（3）动力置换。

强夯法适用于非饱和土地基或土体渗透性较好的地基。饱和黏性土地基采用强夯加固的效果取决于土体触变恢复情况和地基土中超孔隙水压力能否消散,土体能否产生排水固结。饱和淤泥和淤泥质土在强夯作用下,地基土体中超孔隙水压力急速增高,土体结构可能产生破坏,土体强度难以恢复。而且土体渗透系数很小 $k \approx 10^{-7} \sim 10^{-8}$ cm/s,地基土体中产生的超孔隙水压力极难消散,容易形成橡皮土,故对淤泥和淤泥质土地基不应采用强夯法加固。

对于饱和黏性土地基,往往采用在夯坑内回填碎石等粗颗粒材料,并不断夯击坑内砂石填料,使其形成连续密实的强夯置换墩,与周围混有砂石的夯间土形成复合地基的方法,此法称为强夯置换法(Dynamic Replacement Method)。强夯置换适用于软塑—流塑的黏性土地基上对变形要求不严格的工程,处理深度不宜大于 7 m。

强夯置换法加固地基的机理与强夯法截然不同,其加固机理是通过置换体和地基土构成复合地基来共同承担荷载。地基的加固作用主要有三个方面:①夯锤自高空下落,直接作用于置换体,位于锤体侧边的土受到锤底边缘的巨大冲切力而发生竖向的剪切破坏,形成一个近似直壁的圆柱形深坑;在巨大的冲击力作用下,置换体及其下土体被压缩,在夯坑底下形成一压密体,密度大为提高。②锤体下落冲压和冲切土体形成夯坑的同时,还产生强烈振动,土体受到振动液化、排水固结、振动挤密等联合作用,使置换体周围的土体也得到加固。③置换地面的隆起量可以反映置换的效果和被置换土体的挤密情况。

动力置换可分为整式置换和桩(墩)式置换。整式置换是采用强夯将碎石等整体挤入淤泥中,其加固机理类似于挤淤法和换填垫层法。桩式置换其作用机理类似于振冲法等形成的碎石桩。桩式置换即强夯置换墩,加固效果是三重的:一重是强夯夯实挤密;二重是在土体中形成连续密实的不大于 7 m 的强夯置换墩,形成散体桩,与周围混有砂石的夯间土形成复合地基;三重是通过增加特大直径砂碎石排水通道,改善软土排水固结效果。

强夯置换法包括强夯置换法和强夯半置换法,强夯置换法适用于淤泥、淤泥质土、黏性土等软塑—流塑的对变形控制要求不严的地基处理,一般应穿透软土层到达较好土层或硬质土层。强夯半置换法适用于处理厚度较大、饱和度较高的湿陷性黄土、一般黏性土和高饱和度的粉土地基。置换墩入土深度应不小于需处理土层深度的 1/3~1/2。

3)强夯加固参数

(1)加固深度。

强夯法加固深度分为强夯影响深度和有效加固深度。强夯影响深度是指强夯冲击能引起的冲击波、压缩波、剪切波传递的最大深度,可以通过实测不同埋深孔隙水压力的变化确定影响深度。有效加固深度是指强夯法影响深度范围内土层得到有效改善的深度,它小于影响深度,和设计要求有关,有效加固深度范围内土的强度和变形等指标能满足设计要求。强夯有效加固深度主要取决于单击夯击能和土的工程性质,还和锤底形状和面积、锤重与落距、夯点间距、地质条件、水文条件等因素有关,有效加固深度既是选择地基处理方案的重要依据,又是反映处理效果的重要参数。

(2)夯击能。

夯击能按统计方式和性质分为单击夯击能、单位夯击能和最佳夯击能。单击夯击能定义为夯锤锤重与夯锤落距的乘积,在一般情况下,砂土等粗粒土可取 1 000~6 000 kN·m;黏性土等细粒土可取 1 000~3 000 kN·m。单位夯击能又称平均夯击能,总夯击能与处理面积的比值,加固所需单位夯击能的大小与地基土的类别有关,在相同条件下细颗粒土

的单位夯击能要比粗颗粒土适当大些。我国单位夯击能经验取值为粗粒土 1 000～
3 000 kN·m/m²,细粒土 1 500～4 000 kN·m/m²,饱和软黏土单位夯击能应采用现场试夯
实测确定。最佳夯击能概念定义为强夯施工过程中实测超孔隙水压力达到上覆土的有效自
重应力时对应的夯击能为最佳夯击能。粗粒土和细粒土因为土类不同,强夯工艺和效果不
同,这两类土确定最佳夯击能的方法不同。细粒土如软黏土孔隙水压力消散慢,随着夯击能
增加,孔隙水压力累积叠加,因而可根据有效影响深度内孔隙水压力的累计值来确定最佳夯
击能。粗粒土由于孔隙水压力消散快,孔隙水压力增长及消散过程仅为几分钟,故孔隙水压
力不会随夯击能增加而累积叠加,当孔隙水压力增量随夯击次数的增加而趋于稳定时,可认
为粗粒土能够接受的夯击能已达饱和状态,最佳夯击能一般可通过现场试夯确定。对于强
夯置换法,尤其是对饱和黏性土,最佳夯击能的控制并不是太重要,因为其作用是利用夯击
能促使石块沉降和密实,只要能达到此目的即可。

(3) 夯锤。

夯锤一般为圆形,夯锤材质为铸铁或外包钢板的混凝土锤,锤重 10～40 t。夯锤带有气
孔,既可减少夯锤着地前的瞬时气垫的上托力,又可减小起吊夯锤时的吸力,从而减少能量
的损失。强夯锤底静接地压力可取 25～40 kPa,对细颗粒土锤底静接地压力宜取较小值。
对于粗粒土,一般锤底面积为 2～4 m²,细粒土建议用 3～4 m²;对于软黏土如淤泥质土建议
采用 4～6 m²;对于湿陷性黄土建议采用 4.5～5.5 m²。同时应控制夯锤的高宽比,以防止
产生偏锤现象,高宽比可采用 1∶2.5～1∶2.8。国内通常采用的夯锤落距是 8～25 m。对
于相同的夯击能,常选用大落距的施工方案。

强夯和强夯置换处理范围应沿建筑外轮廓适当扩出,其目的是增加地基侧向约束,增加
稳定性和减少侧向变形。对于一般建筑物或道路,每边超出基础外缘的宽度宜为设计处理
深度的 1/2～2/3,并不宜小于 3 m。

(4) 夯点间距。

夯点间距 D 的确定,一般根据建筑结构类型、地基土的性质、有效加固深度、夯锤直径
等因素综合确定。强夯第一遍主夯夯点间距易取大值,可取夯锤直径 d 的 2.5～3.5 倍,对
处理土层厚、深度较深的项目,第一遍夯点间距宜取有效加固深度的 60%～80%。合适的夯
点间距应使夯间土由于群夯效应相互叠加,其加固效果与夯点土体加固效果大体一致。对
较薄的粗粒土或回填土,第一遍夯点间距宜为 4～6 m;对较厚的细粒土第一遍夯点间距宜
为 5～7 m,第二遍插夯夯点位于第一遍夯点之间,以后各遍插夯夯点间距逐次减小。最后
一遍满夯以较低的夯击能进行夯击,锤印重叠搭接,用以加固表层扰动区。动力固结法加固
细粒土时,一般适当放宽夯点间距或采用隔行、隔行隔点方式,有助于超孔隙水压力消散,减
少扰动邻近夯坑周围所产生的径向和环向辐射裂隙以免裂隙闭合,这些裂隙有助于动力固
结的排水。

(5) 夯击击数 n 与夯击遍数 N。

对于碎石土、砂土、低饱和度的湿陷性黄土和填土等地基,夯击次数可根据现场试夯得
到的夯击击数和夯沉量关系曲线确定,且宜同时满足下列条件:

① 最后两击的平均夯沉量不宜大于下列数值:

a. 当单击夯击能小于 4 000 kN·m 时为 50 mm;b. 当单击夯击能为 4 000~6 000 kN·m 时为 100 mm;c. 当单击夯击能为 6 000~8 000 kN·m 时为 150 mm;d. 当单击夯击能为 8 000~12 000 kN·m 时为 200 mm。

② 夯坑周围地面不应发生过大的隆起。

③ 不因夯坑过深而发生提锤困难现象。

细粒土含水量高、渗透系数小,孔隙水压力消散慢,当夯击击数、夯击能逐渐增大,超孔隙水压力亦相应增大到上覆土的有效自重应力时,即达到最佳夯击能时,对应的夯击击数和夯击能为最佳,即为最佳夯击击数、最佳夯击能。若继续夯击,孔压继续升高到大于上覆土有效自重应力后,土体结构严重破坏,出现橡皮土现象,几乎丧失承载力,且短期孔压无法消散、土体强度无法恢复。故细粒土强夯,即细粒土动力固结法,宜按最佳夯击能法确定夯击击数和夯击能,当缺少可靠的孔隙水压力测试数据时,可依据观察法按下列经验判断:

① 夯坑周围地面不应发生过大的隆起,当距夯坑边 25 cm 左右地面隆起超过 5 cm 时,则应适当降低夯击能。

② 连续二次出现第 n 击夯沉量比 $n-1$ 击更大,则夯击击数定为 n 击。

③ 不因夯坑过深而发生提锤困难现象。

具体每遍的夯击能和夯击次数可根据现场夯击效果进行调整。一般情况下根据经验,粗粒土含量多、表层土较硬或使用荷载较大时,夯击击数可取 8~15 击,承载力要求较高时,夯击击数可取 15~20 击。上覆粗粒料的细粒土夯击击数可取 5~8 击。联合降排水措施动力固结法处理软土时可取 2~5 击,极软时第一遍取 1~3 击。

夯击遍数应根据地基土的性质、加固目的要求、现场试夯结合地区经验综合确定,加固目的一般为提高强度提高承载力、降低压缩性控制沉降、提高相对密度消除液化等,目的不同要求不同,地基土的性质不同、成因不同,夯击遍数不同,一般宜为 2~4 遍。粗粒土动力压密一般采用 2 遍点夯 1 遍满夯;对于细粒土,尤其是饱和软黏土采用动力固结法,需要控制孔压、少击多遍,一般采用 3~4 遍点夯 1~2 遍满夯。对于土质较软、厚度较厚、含水率高、渗透性差、沉降控制较严的强夯工程,应按设计要求适当增加夯击遍数。

需要强夯处理的场地,往往表层土质较为松软,强夯机属于大型、重型特种机械设备,履带式强夯机普遍存在整机刚度小、稳定性差等缺点,但因机动性能好、效率高等优点应用广泛。履带式强夯机在松软的场地容易陷车,超过离地间隙无法行走,不但影响机动性能、降低机械效率,还存在过大倾斜容易造成倾覆翻车等安全隐患,因此施工前一般需要铺设砂、砂砾或碎石粗粒垫层。

铺设粗粒料垫层有很多好处:

① 垫层承载力高,不容易陷车,提高效率,确保安全。

② 垫层起应力扩散作用可以均布扩散夯击能,提高加固均匀性,减少下卧土层隆起。

③ 对于地下水位高的饱和细粒土可以加大地下水位和起夯面的距离,防止夯坑出水扰动形成橡皮土。

④ 起到加快水平向排水的作用。

⑤ 便于下雨天排水,避免场地泥泞。

⑥ 上覆粗粒料的细粒土可以加大夯击能不致地基土结构破坏,提高强夯效果。

⑦ 粗粒料部分夯入下卧层,起到置换作用,形成土夹石,增加渗透性,提高土的内摩擦角,提高地基强度、地基承载力、减小压缩性,形成可靠硬壳层。

⑧ 粗粒垫层可以起到减少对下卧层扰动的作用,便于成品保护。

垫层厚度随场地的地质条件、强夯参数而定,垫层厚度一般为 0.5~2.0 m,不能含有黏性土,可以一次填筑或者每遍夯击前按夯击遍数分次填筑或补充填料。

间歇时间是指两遍夯击之间的时间间隔,又称间歇休止期。两遍夯击之间的间歇时间,取决于土中超孔隙水压力的消散程度和消散所需时间,孔隙水压力消散时间与渗透系数等土的性质、夯点间距、夯击击数等因素有关。对于粗粒土、地下水位较低、渗透性好、含水量低的回填土,超孔隙水压力消散时间只有数分钟或 2~3 h,两遍夯间的间歇时间很短,可连续夯击。对于细粒土、地下水位高、渗透性差、含水量高的回填土,超孔隙水压力消散慢,连续夯击会引起超孔隙水压力累积叠加不断增大,故需要根据土的渗透性、孔隙水压力消散情况,设置一定的间隔时间。一般渗透性、透水性略好的黏质粉土、夹砂粉质黏土、含粉砂薄层的黏土、粉质黏土与粉砂互层的间歇时间为 1~2 周。对于渗透系数低、透水性差的黏性土、淤泥质黏土时间间隔不少于 2~3 周。除了土的性质,间歇时间还和夯点间距、夯击击数等强夯参数和排水条件等因素有关。夯点间距对孔隙水压力的消散速率有较大影响。夯点间距小一些,夯击能的累积叠加使超孔隙水压力升高多一些、快一些,因此,消散所需的间歇时间更长一些。反之,夯点间距大一些,孔压消散快一些,所需的间隔时间短一些,故可根据工期适当调整夯点间距和夯击遍数,优化间歇时间。另外,间歇时间还与边界排水条件有关,在细粒土如软黏土地基中增设水平排水系统砂垫层和竖向排水系统如塑料排水板,加速超孔隙水压力消散,可提升加固效果、缩短间歇时间、减少出现橡皮土的可能性。在加固区域钻孔预埋孔隙水压力传感器,强夯施工过程中对孔隙水压力进行信息化监测,实时掌握超孔隙水压力累积叠加增大和消散降低情况,依据孔压观测数据,确定合理的间隔时间。

对于重庆、四川、福建等区域挖山填谷的项目用地,有些山谷的回填深度达到 20~30 m,为了确保强夯处理效果,对于这类场地一定不能等山谷回填到场地设计标高后才开始进行强夯处理,要在山谷回填的过程中分层强夯处理,每层的厚度可取 6~8 m。另外对于这类高边坡项目,考虑到强夯处理效果很难完全到位,在荷载作用下如此厚的回填土后期多多少少会发生一定的沉降,且当雨水渗入边坡附近的道路、绿化带下方的回填土后所引起的缓慢下沉、侧移等现象,以及因地面下沉、侧移所引起的地下给排水管线的渗漏又反过来加剧了地面下沉与侧移。设计和施工过程中应结合高边坡挡土墙的类型采取足够的措施予以防范,且在后期运营中加强道路裂缝、沉降等现象的观测。

10. 软土强夯法

强夯法不适合加固软黏土,不但与软黏土含水量高、渗透性差有关,还与强夯工艺不适合软黏土有关。强夯工艺会造成软黏土孔压高、消散慢、软黏土结构性遭受破坏,极易形成橡皮土使加固失败。适用于软黏土地基强夯的新工法,不同于强夯法,为了加以区分,称为"软土强夯法",上海市工程建设规范《地基处理技术规范》(DG/TJ 08—40—2010)中又称"低能级强夯法",理论学术上常称为"动力固结法",施工实践俗称"轻夯多遍""低能量强夯法",其加固机理及本质实为软土强夯法,其新工艺主要特点如下所述。

1)单击夯击能选取原则

单击夯击能的选取以"先轻后重、逐级加能、轻重适度"为原则。

强夯法是先用大能量加固深层土体,再用小能量加固浅层土体,软土强夯法,其单击夯击能应当是先轻后重,逐级加能,轻重适度。

因为软黏土的渗透性低、含水量高、强度低,为了减少强夯对软黏土的动力效应与土体宏观结构破坏,一开始先以较小的夯击能将浅层土率先排水固结,使其强度增长,在表层形成硬壳层。有了这个硬壳层以后,就能承受更大的夯击能,就可以分级加大夯击能量,使动能向深层传递,促使深层软黏土排水固结。就像滚雪球一样,让硬壳层逐渐加厚,加固深度逐渐增大。所谓"逐级加能,轻重适度",即每级加能,既要保证土体不被夯坏、孔压消散快,又要加大夯能,达到最佳强夯效果,因此每级加能幅度都要适度。

2)夯击方式

采用强夯法加固软黏土时,对单击夯击能的控制很重要,对单点击数的控制也同样重要。因为击数多了不仅会使土体破坏,还会使孔压消散变慢,夯成橡皮土。所以对于软黏土地基进行强夯时必须严格控制每遍的击数,采用少击多遍的夯击方式。

所谓多遍,就是软基强夯加固过程通过分遍夯击,并逐遍加大夯击能来完成。因而它与强夯工艺不同,不是一次夯到位,而是逐步加强,逐步加深,是一个逐层加固的过程,直至达到工程设计要求。

为达到强夯加固要求,应施加足够能量。所不同的是,按强夯工艺,是先重夯、后轻夯,一次夯到位;按软土强夯法,必须先轻夯、后重夯,逐级加能,逐层加固到位,因而要求多遍夯击,一般为 3~4 遍点夯或隔行隔点 6~8 遍点夯,再加 1~2 遍满夯。

不同于强夯法,强夯加固非饱和土动力压密时,一般采用连续夯击,而对于软黏土地基,两遍夯击间应设置一定的间歇时间,间歇时间取决于孔压消散情况及工序安排。软土强夯法施工,强夯间歇时间应根据软土中孔隙水压力消散 60%~80% 所需时间确定,宜取 7~14 d。

3)收锤标准

强夯法一般以最后 2 击平均夯沉量小于 5~10 cm 来控制,对软黏土地基,收锤标准的原则是既要达到充分压密,又要不破坏土体结构,依据土体即将破坏时的标志,采用如下的收锤标准:

(1)夯坑周围地面不应发生过大的隆起,当距夯坑边 25 cm 左右地面隆起超过 5 cm 时,则应适当降低夯击能。

(2)第 n 击以后连续二次夯沉量比前一击更大,则单点击数定为 n 击。

(3)不因夯坑过深而发生提锤困难现象。

4）信息化施工

软土强夯法相比于强夯法,还需要对加固软黏土进行施工监测,监测地下水位、孔隙水压力等,尤其是孔隙水压力监测至关重要,用以修正夯击能、夯击击数、间歇期等强夯参数,提升加固效果,确保不会出现橡皮土。

综上所述,软土强夯法可总结归纳为宜采用四少四多原则:"低能级、低孔压、少击数、少隆起、多排水、多遍夯、多间歇、多观测",由轻到重、由浅到深、逐级加能、逐层加固进行软土强夯法加固。

11. 轻夯多遍＋竖向排水

轻夯多遍＋竖向排水法,是一种改进型"软土强夯"施工工艺,是真空井点降水与软土强夯法的综合应用,是发挥了各自的优势并达到了较好加固效果的一种联合地基处理技术,是降水预压固结与动力固结联合的综合固结技术。

轻夯多遍＋竖向排水法的加固原理是根据土体强度的提高,逐步加能的排水动力固结。其特点是夯击前采用真空降水,来降低地下水位、减小浅层土体的含水量和饱和度,使地基受击后地下水位以上土体可产生较大的压缩变形,地下水位以下土体可减小超孔隙水压力。夯击后采用真空排水,以加速超孔隙水压力的消散和软土固结。夯击中先加固浅层软土,待浅层土体强度有所提高后,再逐渐加大能量,以加固深一层软土。

轻夯多遍＋竖向排水法主要适用于处理深度不超过 5～6 m 的砂土、粉土和粉质黏土等地基的加固,饱和夹砂黏性土亦可以采用,当用于渗透性较低的饱和软黏土时应通过现场试验判断其适用性。

当物流仓储地基地下水位较高时,若不降水单纯采用软土强夯法加固,形成的硬壳层较薄,若采用软土强夯法结合真空轻井或真空管井降低地下水位,可以避免出现橡皮土,还可以提高有效加固深度。根据降水深度和土性的不同,可以在浅层地下水位以上 2～3 m 内形成一定厚度的硬壳层,减少沉降和不均匀沉降的发生,对沉降要求不严的地基可以采用。

轻夯多遍＋竖向排水法降排水系统包括降水系统和排水系统,降水系统宜采用真空轻型井点或真空管井井点。真空井点的真空负压一般不宜小于 40～50 kPa。井点管间距和埋深根据水文、地质、井点选型和加固要求布置,加固区外围 3～4 m 设置封管不间断抽水用于截水。排水系统四周挖明沟并设置集水井。降水深度最低需满足起夯面至地下水位不小于 2～3 m,夯击能越大,地下水位应越低。降水强夯期间,需对地下水位进行动态监测。

第 12 章
井点塑排真空预压软土强夯

12.1 基本原理

强夯法适用于碎石土、砂土、低饱和度的粉土与黏性土、湿陷性黄土、素填土和杂填土等地基。而饱和软土具有天然含水量高,透水性差、渗透系数小($10^{-6} \sim 10^{-8}$ cm/s)等特点,因此软土并不适合直接采用常规的强夯法进行加固。强夯加固软土地基如果只加压而不同时改善排水条件,那么处理效果往往不明显,且容易形成橡皮土致使加固失败。

强夯法用于软土地基加固的关键是解决软土地基的排水问题。软土强夯的加固思路基于以下两点:一是消除填土及浅层沉降,二是表层形成超固结土、形成硬壳层,扩散附加应力,减少下卧层软土的工后沉降。动力固结法是通过改进常规强夯的高能级、先重后轻、先深后浅的加压方式,用适合软黏土的低能级、先轻后重、少击多遍、先浅后深的加压方式,并增加排水通道改善软黏土的排水条件,对软黏土浅层 4~6 m 地基进行有效加固,形成硬壳层,有效扩散基底附加压力,减少下卧层软土的附加应力,减少地基工后沉降。

强夯法侧重非饱和土、浅层加固、快速提高强度;真空预压法侧重饱和软黏土、深层加固、有效减少沉降。上述两种地基处理方法均可用于对地基变形要求不严格的工程,两种地基处理方法各有优缺点,具有明显的互补性,如果将二者有机结合,叠加应用,应该会取得更好的效果。再采取降水措施降低软土的饱和度,设置竖向塑料排水板改善软土的排水条件,联合堆载预压等其他软土地基处理方法,逐步形成软土地基井点塑排真空预压软土强夯工法。

通过降水使一定厚度的饱和软土变成了非饱和土,增加了非饱和土的厚度,强夯处理后超固结土厚度增加了,硬壳层加厚了,软土处理效果明显提高,工后沉降少了。

从单一的使用强夯加固软基发展到与降水、塑排、自载预压联合进行加固,还创造性地与真空预压法联合加固,从原本主要解决浅层软土地基的强度问题演变成控制深厚软土地基工后沉降的有力手段。这种综合专利工法集真空预压、自载预压、覆水预压、降水预压、渗流固结、降水联合动力排水固结等多重工法于一体,叠加了诸多工法之优点。井点塑排真空预压软土强夯工法,是各种软土压实方法的组合应用,也是诸多排水固结法的组合应用,是静力压实和动力压实的组合应用。

对于地质条件复杂、土质差、软土厚、土层均匀性差且工程对工况沉降要求很严的软土地基,采用单一软基处理方法处理后,地基变形往往达不到沉降控制标准,造成工后沉降大、差异沉降大,影响客户使用。如物流仓库室内地坪,其标高要比室外道路高出 1.3 m,软土层上的填土厚度一般在 2.5 m 左右,仓库室内地坪大面积堆载的均布荷载一般为 3 t/m^2,永久荷载和可变荷载都很大,永久荷载+可变荷载一般在 80 kPa 左右或更高,且属于大面积均布荷载,不考虑应力扩散和附加应力衰减,其作用深度很深,如果仅采用真空预压法或堆载预压法,要达到工后残余沉降小的目标,则工前完成的固结度要高,所需的施工工期、预压工期也要比普通的预压软基处理项目长得多,工期将相应延长。

井点塑排真空预压软土强夯工法,包括加载系统、排水系统、密封系统和监测系统。加压系统由真空预压、堆载(自载)预压、覆水预压、渗流固结、降水预压、动力固结组成;排水系统包括竖向排水系统和水平向真空管网系统;密封系统由浅层土体密封、覆水密封、真空管网密封系统组成;监测系统包括真空度监测、孔隙水压力监测、地表沉降监测、深层分层沉降监测、地下水位监测、周围环境监测等。

井点塑排真空预压渗流固结联合降水预压动力固结工法加固原理框图如图 12.1 所示。

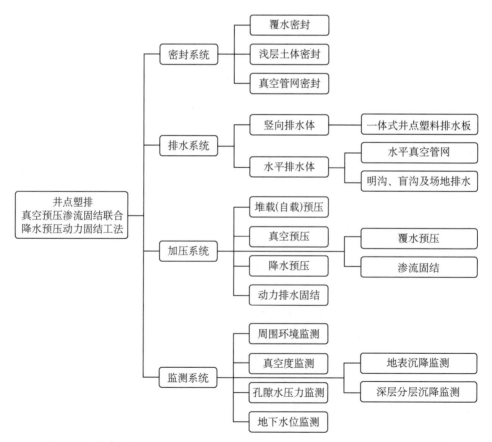

图 12.1 井点塑排真空预压渗流固结联合降水预压动力固结工法加固原理框图

将场地填土荷载作为预加堆载(俗称自载预压),通过设置水平向和竖向的排水通道,对地基进行堆载预压,加快排水固结。这种做法既巧妙地利用回填土作为联合堆载材料,在不增加太多工程费用的前提下,又起到了增加预压荷载的有利作用,加快了软土的排水固结,减小了工后沉降,提高了加固效果。

真空预压和自载预压相结合的处理方法,通常称为真空联合自载预压法。真空预压与自载预压同属于排水固结法,其加固原理基本相同,均是通过施加正压或负压形成超静孔隙水压力,孔压差引起水头差,孔隙排水土体固结。二者的加固效果可以叠加,符合有效应力原理,真空预压是逐渐降低土体的孔隙水压力,不增加总应力条件下增加土体有效应力,而自载预压是增加土体总应力和孔隙水压力,并随着孔隙水压力的逐渐消散而使有效应力逐渐增加。

物流仓库项目软土地基上的填土堆载高度一般不超过 3 m,不需要分级加载,可一次性堆载到指定高度,然后进行真空联合自载预压。

1)覆水预压法原理

在真空预压过程中,射流泵依靠高速射流产生真空负压水气流体,通过水平真空管网系统,传递给竖向排水系统塑料排水板,在土体中形成柱状负压源,真空负压与大气压形成压差,这种压差习惯上被称为真空吸力、真空抽水等。事实上,这个过程不是所谓的被真空吸力吸出水面,而是在压差作用下,地下水被大气压"压出"水面。

在加固区边缘设置一定高度的围埝,通过水平管网系统,地下水不断被"压出"水面流向加固区内,加固区表面覆水,形成一定高度的水堆载。和堆载预压加荷作用机理一样,引起地基土的总应力增大,随着软土中超孔隙水压力的不断消散,有效应力不断增大,土体固结压密强度提高。

2)渗流固结加固机理

液体如土中水从物质微孔如土体孔隙中透过的现象称为渗透。土体具有被液体如土中水透过的性质称为土的渗透性或透水性。土体骨架所受到的渗透力的大小与水力坡降成正比,通过巧妙设置将渗流作用创新用于地基加固,使渗流力方向与重力方向一致,即渗流力作用方向与土体固结作用方向一致,将渗流力由不利变为有利,并加以利用,使软土地基在渗流力的作用下发生渗流固结,提高预压加固效果,减少工后沉降。

通过渗流循环可以起到提高真空系统密封性、提升渗流力下的浅层土体渗流固结、填土湿陷等效果。将地下水排水方向指向加固区内,通过加固区四周设置围埝,表面蓄水形成水堆载进行覆水预压。同时,工法分为覆膜和不覆膜两种,当地表不覆膜时,覆水会再从加固区表面回流到地基内,形成整个加固区抽水、回灌渗流循环,实现渗流固结。

用覆水密封可以代替真空预压密封系统的密封膜,对地基进行有效的真空预压加固。根据地质条件的不同,专利工法的负压源位置设置不同。一般情况下,负压源塑排板顶埋深位于地面以下软黏土层顶面位置,同样是表面覆水密封渗流,低位真空负压加载的加固方式,侧面证明了该专利加固技术的合理性和加固机理的可靠性。

3）降水预压法加固机理

软黏土因透水性差、渗透系数低（$k \approx 10^{-6} \sim 10^{-8}$ cm/s），采用重力降水效果很差，一般均采用真空井点降水提高降水效率，软土地基加固一般采用细而密的井点降水加固布置方式。

真空预压达到一定的固结度后，即通过调整真空管网及排水方向，开始真空井点联合塑排降水，进行真空降水预压后，真空降水也属于后续加固即降水联合动力固结法的降低地下水位部分，二者都需要降水。前者通过降低地下水位，增大土体有效应力而使土体得到加固；后者通过降低地下水位，将不适宜于强夯的饱和软黏土变成了非饱和软黏土，地基浅层形成较厚的非饱和土，增加了起夯面与地下水位的距离，降低了软土强夯形成橡皮土的风险，提高了软土强夯效果，增加了有效加固深度并形成一定厚度的超固结土即硬壳层。硬壳层具有应力扩散及调节不均匀沉降的作用，减少了下卧层的附加应力，减小了总沉降，减小了不均匀沉降及差异沉降。

降低地下水位法是指利用井点抽水降低地下水位以增加土的自重应力，达到预压加固的目的，通过降低软黏土地基的地下水位，能使软黏土的性质得到改善，使地基发生预压沉降。其加固机理简单地说是降低地基中的地下水位，使地基中的软土承受了相当于地下水位下降高度水柱的重量而固结。

孔隙比的变化与有效应力的变化成正比，有效应力增加，孔隙比减小，土体释水压密固结。对于饱和软黏土地基，土体中孔隙一般非常微小且很曲折，渗透系数很小，水在土体中流动过程中黏滞阻力很大，固结排水流速十分缓慢。因此地下水位降低后软黏土排水固结需要较长时间才能完成。

排水距离平方与固结度呈反向相关关系，排水距离越短，固结完成所需的时间越短，同一时刻的固结度越高。若降水时间过短，地下水位很快恢复，则降水引起的土体总平均固结度变化不大。

只有提高渗透系数和缩短排水距离，才能在最短的时间内提高软黏土的固结度，专利工法就是据此从排水和加载两个方面对降水预压加以改进：①通过在地基竖向设置一定长度的一体式井点塑排，一般应穿过软黏土，提高了软黏土的径向渗透系数 k_h，从软黏土的 $k \approx 10^{-6} \sim 10^{-8}$ cm/s 提高到 $k_h \approx 10^{-4}$ cm/s，提高了百倍到万倍；②通过在地基竖向密集设置较小间距的一体式井点塑排，缩短了软黏土的径向固结排水距离，排水最长距离从几米、十几米缩短到不到一米，而时间因数与排水距离的平方反向相关，通过缩短排水距离提升效果更明显，固结速度更快；③增加降水预压荷载，即增加降水深度，同时延长降水荷载维持时长，从改进加载入手，提升降水预压固结效果。

4）软黏土强夯适宜性探讨

饱和软黏土具有粒径小、细粒或极细粒，比表面积大，孔隙微小且孔隙通道曲折，天然孔隙比 e 大于 1.0，孔隙率 n 可高达 $60\% \sim 70\%$，即孔隙体积比土颗粒体积大，天然含水率 ω 高于液限 ω_L，I_p 指数大于 10，压缩性高（$\alpha_{0.1-0.2}$ 大于 0.5 MPa^{-1}）、抗剪强度低（τ_f 小于 30 kPa）、渗透系数小（$k \approx 10^{-7} \sim 10^{-8}$ cm/s）、透水性差、固结时间长、显著的结构性、灵敏度

S_t 高、扰动性大、触变性等特点。土动力学研究表明,在采用强夯法加固饱和软黏土地基时,在强夯动荷载瞬时作用下,地基土体中将产生超孔隙水压力,因软黏土属于细粒或极细粒土,按粒组划分土颗粒 $d \leqslant 0.005$ mm,微小间隙小,带电,土颗粒间电场作用强烈,弱结合水形成的黏滞水膜很厚,土颗粒间排水孔隙亦很微小且很曲折,渗透系数很小($k \approx 10^{-7} \sim 10^{-8}$ cm/s),短时间内孔隙水难以及时排出。在强夯每遍连续多次(夯击击数)动荷载冲击下,超孔隙水压力不断累积升高,有效应力不断降低,高灵敏度地基土体不断受扰动,土体结构(如絮凝)逐渐破坏,原始黏聚力(库仑力和范德华力)、固化黏聚力(胶结作用)粒间作用逐渐减小,影响结构强度的有效黏聚力和有效内摩擦角不断降低,土体有效抗剪强度随之不断降低,土体天然微小且曲折的排水通道逐渐被扰动破坏,渗透系数逐渐降低,超高孔隙水压力随着渗透性的降低更来不及消散,每遍强夯完成后孔隙水压力还来不及消散,紧接着又继续下一遍的强夯(一般为 2 遍点夯 1 遍满夯)。在强夯多遍(强夯遍数)连续数次(夯击击数)动荷载冲击下,高灵敏度地基土体连续不断受扰动,原始排水通道被重塑,土颗粒的弱结合水"液化"为自由水,超孔隙水压力继续不断累积升高,黏聚力,内摩擦角、有效应力继续不断降低,土体有效抗剪强度继续不断降低,土体结构显著破坏,超孔隙水压力甚至超过其有效自重应力局部"液化",土颗粒不再互相接触,土中水变成了"水中土呈悬浮状态",直至丧失黏聚力,内摩擦角为零丧失摩擦力,失去抗剪强度,失去抵抗形变(剪应变)的能力。如同橡皮或黏滞液体一样只具有抵抗体变的能力,而失去抵抗形变的能力,渐呈橡皮土特征甚至伴有液化现象。如果继续强夯,橡皮土区域会不断扩大向周围传播,橡皮土区域不但在水平方向上逐渐扩大,在垂直方向上也逐渐扩大,直至地表非饱和填土层出现橡皮土现象,地基承载力降低或丧失,导致强夯机陷车甚至倾覆。强夯不当引起的橡皮土现象往往还有滞后性,孔隙水压力消散有滞后性、时间性,孔隙水沿裂隙及水力梯度降低方向不断汇集,局部软弱土体的含水量不断增大,逐渐出现橡皮土现象,受扰动后橡皮土现象加剧。橡皮土埋藏越深,静置后孔隙水压力消散越慢,触变恢复时间越长,往往需要几个月甚至更长。

通过上述软黏土强夯橡皮土形成机理分析可以看出,软黏土具有结构性强、灵敏度高、含水量高、渗透性差、排水慢等特征,强夯法采用高能级、多击数、先重后轻、先深后浅的加固工艺、超高孔隙水压力持续累积,来不及消散且极难消散等因素造成软黏土结构破坏失去抵抗形变的能力是出现橡皮土,导致加固失败的主要原因,也是软黏土不适合强夯的根本原因。

对于饱和度较高的黏性土地基等,通常认为强夯法只是适用于塑性指数 $I_p < 10$ 的土,对塑性指数 $I_p > 10$ 的淤泥质土和 $I_p > 17$ 的淤泥则不宜采用强夯法加固。

通过设置水平砂垫层和竖向塑料排水板,优化强夯参数,采用大直径、大底面积、扁平轻锤、降低落距等降低能级,避免对下卧软黏土的结构造成明显破坏,两遍之间设置合理的休止期消散孔隙水压力,多遍夯击在确保总夯击能的前提下由轻到重、少击多遍、从浅到深、逐层加固,可取得较好的加固效果,并有不少成功工程实例。

即使增加竖向排水通道改善排水条件,但因为软黏土渗透系数实在太低,而对强夯需要瞬时从孔隙中排出大量孔隙水的高排水要求而言改善不太大,瞬时排出的孔隙水还是很少,强夯瞬时动荷载的动附加应力主要还是由孔隙水承担了。强夯动能引起的动附加应力转化成压力水头和流速水头,而不是对土骨架做功,不是由土骨架承担动附加应力,故不能快速形成对土骨架的有效应力增加,土中孔隙未减少,土得不到有效夯实。

因为强夯加固效率及效果主要在于瞬时强夯产生的压缩变形,而非随后的孔压缓慢消散排水固结变形,孔压消散排水固结变形占比并不大,反复夯击大部分是在作横向挤出剪切破坏的形变(总体积不变),软黏土被挤来挤去,而不是有效的竖向压缩体变(总体积减小)。按时间加载比推算,预压法往往需要 6 个月以上,强夯法施工往往只有 1 个月的工期。原状土和扰动土(重塑土)的力学性质有很大的区别,土的结构形成后就获得一定的强度,且结构强度随时间而增长,对扰动比较敏感。敏感度由土的灵敏度决定,如淤泥质黏土的灵敏度一般是 4,就是说扰动后重塑土的强度为天然强度的 1/4,可见扰动影响所造成的强度损失之大。

降水联合动力排水固结法,是一种改进型强夯施工工艺,是井点降水法、塑料排水板技术与动力固结法的综合应用。真空负压和强夯正压叠加降低超孔隙水压力累计值,真空降水及塑料排水板竖向排水通道加速了强夯产生的超静孔压消散和孔隙水排出,从而可以较快地提高软土的固结度,有效避免强夯过程中容易出现的橡皮土现象,明显提升强夯法饱和土地基处理效果。夯击前先在地基内竖向密集打入一体式井点塑排板,地表设置水平真空管网排水系统,待真空预压完成后,采用降水联合动力排水固结法进行加固,可以达到以下增益目的。

(1)在降水预压增加土中有效应力的同时,使饱和软黏土含水量降低、饱和度降低,变成了非饱和软黏土,由固相、液相组成的饱和二相体变成非饱和固相、液相、气相三相体,孔隙中不再只是充满孔隙水,而是孔隙中含有气相和液相。含水量高、孔隙比大的饱和软黏土,通过降水变成了含水量不高的非饱和软黏土,因孔隙中重力水大部分已经排出,变为由气相、液相填充孔隙,而气相是可以通过动力密实瞬时压密的,通过降水强夯法加固饱和软土风险降低了,效果明显提高了。

(2)地下水位以下的饱和软黏土,因原始地下水位下降,上覆土的有效自重应力增加的同时土中静水压力也降低了。降低的静孔压叠加强夯引起的超孔压值也不会很大,不会超过增加了的上覆土有效自重应力,有效应力减小的幅度随之小了,土体强度降低的幅度也小了,软黏土土体结构不致发生明显破坏,被打烂的可能性小了,地下水位以下饱和土强夯失败风险降低了,软土结构强度控制的较低强夯能级可以适当提高,加固效果也明显提高了。

(3)强夯前降水、强夯中边强夯边降水、强夯后降水等降水措施减小了超孔压并加快了超孔压的消散,提高了土体动力压密固结效果和排水固结效率,具有多重叠加效果。

5)软土强夯法

单击夯击能的选取以"先轻后重、逐级加能、轻重适度"为原则,强夯法是先用大能量加固深层土体,再用小能量加固浅层土体,这对于含水量小、渗透性大、强度较高的土体是适合的。

先以较小的夯能将浅层土率先排水固结,使其强度增长,在表层形成硬壳层。有了这个硬壳层以后,就能承受更大的一些夯击能,就可以分级加大夯击能量,使动能向深层传递,促使深层软黏土排水固结。

采用少击多遍的夯击方式,头几遍单点击数一定不能多,一般为 1~3 击。所谓多遍,就是软基强夯加固过程通过分遍夯击,并逐遍加大夯击能来完成。一般为 3~4 遍点夯或隔行隔点 6~8 遍点夯,再加 1~2 遍满夯。

不同于强夯法,强夯加固非饱和土动力压密时,一般采用连续夯击,而对于软黏土地基,两遍夯击间应设置一定的间歇时间,间歇时间取决于孔压消散情况及工序安排。软黏土新动力固结法施工,强夯间歇时间应根据软土中孔隙水压力消散 60%~80% 所需时间确定,宜取 7~14 d。

6) 收锤标准

按强夯法,一般以最后二击平均夯沉量小于 5~10 cm 来控制,击数一般为 5~15 击之间,有时可达 20 击。

软黏土地基收锤标准的原则是既要达到充分压密,又要不破坏土体结构,即击数增到土体结构快破坏时,立即停锤,收锤标准如下:

(1) 夯坑周围地面不应发生过大的隆起,当距夯坑边 25 cm 左右地面隆起超过 5 cm 时,则应适当降低夯击能。

(2) 夯坑深度宜小于软土上覆填土厚度的 1/3~1/2。

(3) 第 n 击以后连续二次夯沉量比前一击更大,则单点击数定为 n 击。

(4) 孔隙水压力增量显著下降之后(可取)应停夯,待孔压消散后再夯。

(5) 不因夯坑过深而发生提锤困难现象。

(6) 当软土固结沉降已达到设计要求时,为强夯的最终收锤标准。

河海大学钱家欢教授等在 1986 年发表于《岩土工程学报》的"动力固结的理论与实践"一文中写道:天津新港软黏土地基并不适用于强夯法加固,但设置袋装砂井并在地表面铺设砂垫层后用强夯法处理,也可得到较好的加固效果。袋装砂井直径为 7 cm,长度为 14.5 m,间距 1.3 m,砂垫层厚 1 m,采用锤重 12 t(约 118 kN),落高 16 m,夯点间距 3.5 m 中到中,正方形布置,共夯击四遍(其中第四遍为满夯),每遍夯三下。从钱家欢教授的文章可以看出,锤重 12 t(约 118 kN),落高 16 m,即单击夯击能为 1 888 kN·m,就是现在所说的低能级,一般不大于 2 000 kN·m;每遍夯三下,就是现在所说的每遍每点的击数不能多,要击数少;共夯击四遍,就是现在所说的遍数多。这应该是国内最早的关于软土强夯的具有指导意义的专业文献。

这里要指出的是使用荷载下对应的主固结沉降,而非强夯荷载对应下的主固结沉降,并未达到设计人员的心理预期,夯后仍有大量剩余沉降,使用荷载作用下致使工后沉降过大,同时也说明单一采用动力排水固结法加固深厚软黏土,和使用荷载相比,超固结比 $OCR<1$ 可能较低。即使强夯下对应荷载的主固结沉降大部分完成,如果后期使用荷载相比强夯荷载较大的情况下,较难控制工后沉降满足要求。

对于降水强夯处理软土地基,如果是降水粗而疏的布点和短期(30 d 左右)处理方式,则只适合浅层处理。

专利工法控制沉降从多方面着手,如消除主固结沉降、形成硬壳层、利用多重加载方式超载增大超固结比、地基刚度调平减少差异沉降、工后不留排水通道等方面控制工后沉降。在控制工后总沉降满足要求的前提下,通过整体及局部的地基刚度调平和形成的硬壳层从而减小差异沉降。

7) 消除深层软黏土主固结沉降

采用真空预压、自载预压、降水预压、降水联合动力排水固结法形成超载预压消除大部分主固结沉降及一部分次固结沉降,减少工后残余主固结沉降及次固结沉降。专利工法减小工后沉降、增加承载力的机理如图 12.2 所示。

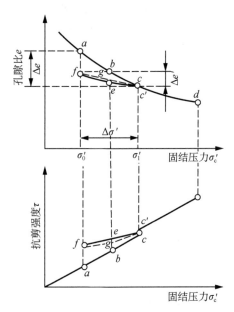

假设地基中的某一点竖向固结压力为 σ_0',天然孔隙比为 e_0,即处于 a 点状态。当压力增加 $\Delta\sigma'$,固结终了时达到 c 点状态,孔隙比相应减少量为 Δe,曲线 abc 称为压缩曲线。与此同时,抗剪强度与固结压力呈比例地由 a 点提高到 c 点。所以,土体在受压固结时,一方面孔隙比减少产生压缩,另一方面抗剪强度也得到提高。如从 c 点卸除压力 $\Delta\sigma'$,则土样沿 cef 回弹曲线回弹至 f 点状态。由于回弹曲线在压缩曲线的下方,因此卸载回弹后该位置土体虽然与初始状态具有相同的竖向固结压力为 σ_0',但孔隙比已减小。从强度曲线上可以看出,强度也有一定程度增长。

图 12.2 专利工法减小工后沉降、增加承载力的机理图

经过上述过程后,地基土处于超固结状态。如工后从 f 点施加相同的加载量 $\Delta\sigma'$,即工后荷载,地基土沿虚线 fgc' 发生再压缩至 c' 点,此间孔隙比减少值为 $\Delta e'$,$\Delta e'$ 比 Δe 小得多。因此可以看出,经过专利工法处理后,物流仓储在永久填土荷载及可变荷载(使用荷载)作用下引起的工后沉降即可大大减小。如果预压荷载大于物流仓储工后荷载,即所谓超载预压,则效果更好。

综上所述,专利工法就是通过多种不同加载方式消除大部分固结沉降,使原来欠固结土或正常固结软黏土层变为超固结土,而加固后形成的超固结土再次压缩,当载荷小于施工期间的先期固结压力时,其具有压缩性低、变形小、强度高、承载力高、稳定性好的力学特征,从而达到减小工后沉降和提高承载力的目的。

8) 浅层形成硬壳层

硬壳层具有支撑作用、扩散作用、土拱效应及对沉降的滞后作用。采用降水联合动力排水固结法,在深部土体较好固结的前提下,结合多遍的降水预压和降水强夯在浅表层形成 4~6 m 的硬壳层。

上海地区地面土层除遇人工填土或暗浜土外,普遍分布厚 1.4~1.8 m 褐黄色黏性土

层,即为硬壳层,其强度明显大于下卧淤泥质粉质黏土。当硬土层覆盖在软弱土层上时,即双层地基上硬下软,荷载作用下地基中附加应力比均质地基中小,地基将发生应力扩散现象,上覆硬土层厚度愈大,相对刚度愈大,应力扩散现象愈显著。扩散效应还与上下土层的变形模量和泊松比有关。

9) 利用多重加载方式超载增大超固结比

对于物流仓库地坪沉降控制较严的软土地基,欠载预压、等载预压往往是不够的,会形成欠固结土,故必须进行超载预压。专利工法一般不小于工后永久荷载 + 使用荷载的 $OCR = 1.2$ 倍,若工期紧造成常规加载下地基固结度达不到 80% 以上,则必须提高荷载水平,如计算固结度为 60%,则需要提高超载至 $OCR = 1.6$ 倍以上。

土体的总沉降 S 通常可分为初始沉降 S_d、固结沉降 S_c 和次固结沉降 S_s 三部分,可用式(12-1)表示:

$$S = S_d + S_c + S_s \tag{12-1}$$

初始沉降 S_d 施工期间已基本完成,工后沉降主要是尚未完成的固结沉降和次固结沉降。地基处理后工后沉降 S,根据产生机理可划分为加固区工后固结沉降 S_c,下卧层工后固结沉降 S_c',加固区和下卧层工后次固结沉降 S_s 三部分,即:

$$S = S_c + S_c' + S_s \tag{12-2}$$

要尽量减少工后残余沉降达到控制工后沉降的目的,必须做到以下两方面:

(1) 压缩层内软弱土体要全部得到有效加固,尽量增加加固区深度,从而减少非加固区,即减少下卧层厚度至沉降可控程度。

(2) 从尽量减少加固区工后沉降、下卧层工后沉降、加固层与下卧层工后次固结沉降等方面入手,专利工法是通过利用多重加载方式超载增大超固结比实现这一目标的。通过超载使得前期固结荷载比使用荷载大,超载不但具有提前消除固结沉降的作用,还具有提前减少一定次固结沉降的作用,且为了减少工后沉降,加固深度一般穿透软弱土层,即高压缩土层全部予以地基处理,也即压缩层内软土全部进行了地基处理。压缩层又包括加固区和下卧区,故不但提前消除了固结荷载下大部分加固区固结沉降,从而减少了加固区工后固结沉降和加固区次固结沉降分量。压缩层厚度内加固区下的下卧层,又不存在下卧软黏土,埋层较深、压缩性较低,相当于较好的持力层,故下卧层工后沉降及次固结沉降分量是很小的。此外,因为使用荷载小于先期固结荷载,则使用荷载对应的压缩层厚度也小于先期固结荷载对应的压缩层厚度,工后沉降更小了。

10) 地基刚度调平减少差异沉降

地基刚度是指地基破坏前抵抗变形的能力。地基刚度调平即在地基变形满足要求的前提下减少差异沉降,分为总沉降刚度调平和差异沉降优化刚度调平两个优化设计施工阶段。地基刚度调平注重的是,同一外荷载水平下,地基土层及厚度、差异、不均匀性、土层坡度等的天然地基不同造成的地基刚度调平的天然地基差异性特点。

物流仓库室内地坪区域，物流生产的核心区域，室内地坪填土永久荷载及可变堆货使用荷载均属于大面积堆载，其荷载大、作用面积大、区域内土层变化大、地基刚度变化大、大面积堆载附加应力往往作用深度深，故室内地坪沉降大、不均匀沉降即差异沉降亦大，是刚度调平优化的最复杂、最重要区域。故该区域不但要重视第一阶段总沉降刚度调平设计施工优化工作，而且要重视第二阶段差异沉降优化刚度调平设计施工优化工作。

专利工法室内地坪地基变刚度调平优化通过以下两个阶段实现。第一阶段为总沉降刚度调平优化，依据地基刚度差异，打设一体式井点塑排板，其桩端应按照勘察每个剖面图软土层深度设置，应打穿软黏土层底标高不小于 1 m，排水板间距依据地基刚度差异分别设置。当土层较弱、软土厚度较大时要设置塑排板间距密一些，当固结时间短、固结度要求高时设置塑排板间距密一些，其他按常规设置。第二阶段为差异沉降优化刚度调平，依据局部地基刚度差异，当局部土层较弱、软土厚度较大时要真空预压，降水预压固结时间长一些，降水联合动力排水固结法遍数多一些，其他按常规设置。常规真空预压每个库是在一整张密封膜下进行的，该区域真空预压周期起止时间只能一样，无法用调整预压时长来对刚度差异进行调平，因为专利工法密封方式不同，可以按照刚度差异灵活采用局部区域、不同预压方式、不同预压周期等分块进行排水固结，直至完成第一阶段总沉降刚度调平和第二阶段差异沉降优化刚度调平施工。通过地基变刚度调平，达到在控制工后发生较小的总沉降量的前提下，同时减少差异沉降。

11）工后不留排水通道

工后若留有排水通道，使用荷载相当于对地基进行堆载预压排水固结，在使用荷载作用下，软黏土因排水通道尚存，固结排水加快，几十年的沉降可能几年就完成了，对控制工后沉降非常不利。专利工法"可拔除＋降解一体式井点塑排板"解决了工后留有排水通道加快残余沉降的弊病，减少了延迟工后沉降。

12.2 珠三角跨境电商贸易港项目案例

1. 工程概况

该项目位于广东省佛山市高明区杨和镇杨西大道西侧、西江大道北侧，占地面积约为 12 万 m²，拟建 4 栋双层坡道库、一栋 5 层倒班楼，总建筑面积约 10 万 m²，PC 装配式结构体系，仓库楼板次梁为钢次梁，装卸货大平台及货车坡道为混凝土现浇框架结构体系。

园区道路设计标高为 3.5 m，库内地坪设计标高约 4.80 m（1985 国家高程），场地地貌类型为珠江三角洲冲积平原，原为鱼塘、河涌及旱地，地势较低，2019 年回填后场地地形较平坦，地面标高为 2.6～4.0 m，平均地面标高为 3.3 m。

　　2. 工程地质条件

　　1）地层结构及岩土特征

　　根据钻探揭露,场地地层为第四系人工填土层、冲积层、残积层及基岩层燕山期花岗岩组成(表 12-1,图 12.3),岩土层自上而下分述如下。

　　(1)第四系人工填土层。砂性素填土:图表上代号 1,本次钻探所有钻孔均有揭露,层厚 1.10～3.90 m,平均厚度 2.53 m。土性为灰黄色、灰色,松散,稍湿—湿,由砂土填成,含较多黏性及碎石块,填土堆积年限约 1 年内,为新近填土,主要呈松散状。其物理力学性质不均,土体本身未完成自重固结,浸水时易软化。应充分考虑填土自重固结或上部荷载作用下引起的地面沉降以及由于填土的厚度不均引起的不均匀沉降。

　　(2)第四系冲积层。

　　① 淤泥:图表上代号 2-1,本次钻探共有 101 个钻孔揭露,层厚 0.50～11.30 m,平均厚度 3.61 m。深灰色,流塑,具臭味,含少量腐殖质,具含水率大、孔隙比大、压缩性高的特性,局部为淤泥质土。本层取土试样 24 个,20 个为淤泥,4 个为淤泥质土。本层共进行标准贯入试验 48 次,经杆长修正后击数范围值为 0.9～3.7 击,平均值为 2.1 击,标准值为 1.9 击。综合土工、原位测试试验和土性特征,结合地区经验推荐本层地基承载力特征值的建议值 $f_{ak} = 40$ kPa。

　　② 粉质黏土:图表上代号 2-2,本次钻探共有 183 个钻孔揭露,层厚 0.70～8.80 m,平均厚度 4.06 m。棕黄色、灰黄色,软塑—可塑,土质不均匀,含较多砂土,局部为粉砂薄层。本层取土试样 50 个,46 个为粉质黏土,4 个为粉砂。综合土工、原位测试试验和土性特征,结合地区经验推荐本层地基承载力特征值的建议值 $f_{ak} = 160$ kPa。

　　③ 粉砂:图表上代号 2-3,本次钻探共有 105 个钻孔揭露,层厚 0.70～8.20 m,平均厚度 2.70 m。灰色、灰黄色,局部灰白色,饱和,松散,含较多粉黏粒。综合土工、原位测试试验和土性特征,结合地区经验推荐本层地基承载力特征值的建议值 $f_{ak} = 100$ kPa。

　　④ 中粗砂:图表上代号 2-4,本次钻探共有 188 个钻孔揭露,层厚 1.00～13.80 m,平均厚度 5.65 m。灰黄色、灰白色,局部灰色,饱和,中密,石英质,粒度不均匀,局部为砾砂。综合土工、原位测试试验和土性特征,结合地区经验推荐本层地基承载力特征值的建议值 $f_{ak} = 200$ kPa。

　　⑤ 粉质黏土:图表上代号 2-5,本次钻探共有 88 个钻孔揭露,层厚 0.50～7.80 m,平均厚度 3.01 m。棕黄色、灰黄色,软塑—可塑,土质不均匀,含较多砂土,局部为粉砂薄层。综合土工、原位测试试验和土性特征,结合地区经验推荐本层地基承载力特征值的建议值 $f_{ak} = 180$ kPa。

　　(3)石炭系炭质页岩、灰岩。

　　① 强风化炭质页岩:图表上代号 4-1,本次钻探 142 个钻孔有揭露,层厚 0.30～16.10 m,平均厚度 3.70 m。岩性:深灰色、棕褐色,裂隙很发育,散体状结构,岩芯呈半岩半土状,局部夹较多碎岩块,遇水易软化,局部为泥质粉砂岩。综合土工、原位测试试验和土性

特征,结合地区经验推荐本层地基承载力特征值的建议值 f_{ak} = 300 kPa。本层岩体完整程度分类为极破碎,岩石坚硬程度属极软岩,工程岩体基本质量等级为Ⅴ级。

② 中风化灰岩:图表上代号为 4-2,本次钻探共有 201 个钻孔揭露,揭露厚度 0.50～9.30 m,平均厚度 4.38 m。岩石特性:青灰色,裂隙发育,隐晶质结构,层状构造,岩芯呈块状、厚饼状,局部短柱状,敲击声脆,局部达微风化状态,RQD 指标为 50%～70%。其中 ZK131 钻孔揭示存在溶洞,视高度 0.45 m,洞内无充填物,轻微漏水。综合岩石抗压强度试验,结合地区经验,推荐本层地基承载力特征值的建议值 f_a = 3 600 kPa。

③ 微风化灰岩:图表上代号为 4-3,本次钻探共有 84 个钻孔揭露,揭露厚度 0.83～8.10 m,平均厚度 3.81 m。岩石特性:青灰色,裂隙发育,隐晶质结构,层状构造,岩芯呈短柱状、长柱状,局部厚饼状,敲击声清脆,局部夹少量中风化岩块,RQD 指标为 60%～80%。结合该地区经验值,建议饱和单轴抗压强度取值为 35.0 MPa,为较硬岩,较完整,工程岩体基本质量等级为Ⅲ级。综合岩石抗压强度试验,结合地区经验,推荐本层地基承载力特征值的建议值 f_a = 7 000 kPa。

2) 水文地质条件

(1) 地表水。本场地西侧有一河涌流经,长约 500 m,宽为 5～8 m,两岸为自然土坡,坡度 40°～60°。河涌属三角洲冲积平原的内河涌,河宽、深度不大,河涌水流缓慢,冲刷侵蚀作用微弱,岸坡处于相对稳定状态。

(2) 地下水类型、赋存与补给。

① 场地水的类型、赋存与补给。场地地下水类型主要是孔隙潜水和基岩裂隙水。孔隙潜水,主要赋存于砂土层孔隙中,地下水由大气降水入渗补给,以蒸发及渗流的方式排泄,水位受季节影响,年变化幅度为 0.5～1.5 m。岩溶水赋存在灰岩溶洞中,水量受补给排泄条件、填充物类型及溶洞规模、连通性控制,施工至溶洞时有轻微漏水现象,但短时间内充满且不漏水。溶洞洞顶岩层较薄,岩溶水主要接受上覆孔隙潜水的补给,但补给、排泄作用微弱,勘探结束后测得孔内稳定水位变化不大,岩溶水不丰富,水量较稳定。

② 地下水位及其变化。勘察期间测得钻孔地下水初见水位为 1.20～3.00 m(标高为 0.17～2.04 m),稳定水位一般埋深 1.40～3.10 m(标高 -0.03～1.85 m),初见水位略高,应为毛细作用的结果。由于勘察工期短且属于枯水季节,测得地下水位的变化幅度和最高水位,并不能代表长期地下水位。雨季水位有上升,变化幅度为 1.00～3.00 m。

(3) 地层的富水性及透水性。1 层砂性素填土、2-3 层粉砂属弱—中等透水性,2-4 层中粗砂属中等—强透水性,其余岩土层属弱—极微透水性。场地砂土层为主要含水层,分布较广、总体厚度较大、总体透水性较好,故场地地下水含量较丰富。

表 12.1 高明项目岩土层主要物理力学性质指标及标贯试验成果统计表

层号	岩土名称	统计项目	含水率 ω %	天然密度 ρ_0 g/cm³	土粒比重 G_s	孔隙比 e	液限 W_L %	塑限 W_P %	塑性指数 I_P	液性指数 I_L	压缩系数 α_{1-2} MPa⁻¹	压缩模量 E_{s1-2} MPa	粘聚力 c kPa	内摩擦角 φ °	标准贯入试验 实测击数	标准贯入试验 校正击数
1	砂性素填土	统计数													101	101
		最大值													12	12.0
		最小值													5	5.0
		平均值													9.1	9.1
		标准差													1.56	1.57
		变异系数													0.17	0.17
		修正系数													0.97	0.97
		标准值													8.9	8.8
2-1	淤泥	统计数	24	24	24	24	24	24	24	24	24	24	24	24	48	48
		最大值	88.5	1.72	2.68	2.516	71.4	47.2	37.2	1.87	2.89	2.88	9.5	6.0	4	3.7
		最小值	47.8	1.41	2.66	1.299	40.8	24.7	16.1	1.30	0.82	1.19	3.1	1.8	1	0.9
		平均值	72.7	1.52	2.67	2.040	58.7	34.9	23.8	1.59	1.91	1.74	4.8	3.0	2.3	2.1
		标准差	12.56	0.08	0.00	0.35	9.26	6.80	5.26	0.19	0.61	0.53	1.61	1.10	0.77	0.69
		变异系数	0.17	0.05	0.00	0.17	0.16	0.19	0.22	0.12	0.32	0.31	0.33	0.37	0.34	0.33
		修正系数	1.06	0.98	1.00	1.06	1.06	1.07	1.08	1.04	1.11	0.89	0.88	0.87	0.92	0.92
		标准值	77.0	1.50	2.70	2.200	62.2	37.4	25.7	1.70	2.10	1.50	4.2	2.6	2.1	1.9

（续表）

层号	岩土名称	统计项目	含水率 ω /%	天然密度 ρ_0 /(g/cm³)	土粒比重 G_s	孔隙比 e	液限 W_L /%	塑限 W_P /%	塑性指数 I_P	液性指数 I_L	压缩系数 α_{1-2} /MPa⁻¹	压缩模量 $E_{s,1-2}$ /MPa	黏聚力 c /kPa	内摩擦角 φ /°	标准贯入试验 实测击数	标准贯入试验 校正击数
2-2	粉质黏土	统计数	50	50	50	50	46	46	46	46	50	50	46	46	109	109
		最大值	40.6	1.99	2.72	1.193	42.8	29.1	16.5	0.87	0.53	18.87	28.6	15.3	12	10.6
		最小值	23.6	1.74	2.66	0.659	32.2	20.2	10.5	0.19	0.09	3.80	14.7	6.7	4	3.3
		平均值	29.3	1.89	2.71	0.854	36.1	23.3	12.7	0.49	0.33	6.28	22.0	12.1	7.2	6.3
		标准差	3.30	0.05	0.02	0.10	2.45	1.60	1.12	0.18	0.09	3.14	3.42	2.66	1.55	1.35
		变异系数	0.11	0.03	0.01	0.12	0.07	0.07	0.09	0.36	0.28	0.50	0.16	0.22	0.22	0.21
		修正系数	1.03	0.99	1.00	1.03	1.02	1.02	1.02	1.09	1.07	0.88	0.96	0.94	0.97	0.97
		标准值	30.1	1.90	2.70	0.900	36.8	23.8	13.0	0.50	0.40	5.50	21.1	11.3	6.9	6.1
2-3	粉砂	统计数	30	30	30	30	—	—	—	—	30	30	—	—	55	55
		最大值	29.9	2.04	2.66	0.825	—	—	—	—	0.20	21.20	—	—	10	8.9
		最小值	18.3	1.89	2.66	0.543	—	—	—	—	0.08	8.69	—	—	6	4.9
		平均值	23.8	1.96	2.66	0.680	—	—	—	—	0.12	14.41	—	—	8.3	7.0
		标准差	2.07	0.03	0.00	0.05	—	—	—	—	0.03	3.24	—	—	1.3	1.01
		变异系数	0.09	0.02	0.00	0.08	—	—	—	—	0.25	0.22	—	—	0.15	0.14
		修正系数	1.03	0.99	1.00	1.03	—	—	—	—	1.08	0.93	—	—	0.97	0.97
		标准值	24.5	1.90	2.70	0.700	—	—	—	—	0.10	13.40	—	—	8.0	6.7
2-4	中粗砂	统计数	70	70	—	—	—	—	—	—	—	—	—	—	162	162
		最大值	22.3	2.14	—	—	—	—	—	—	—	—	—	—	30	22.3

（续表）

层号	岩土名称	统计项目	含水率 ω %	天然密度 ρ_0 g/cm³	土粒比重 G_s	孔隙比 e	液限 W_L %	塑限 W_P %	塑性指数 I_P	液性指数 I_L	压缩系数 α_{1-2} MPa⁻¹	压缩模量 E_{s1-2} MPa	黏聚力 c kPa	内摩擦角 φ °	标准贯入试验 实测击数	校正击数
2-4	中粗砂	最小值	14.6	2.02	—	—	—	—	—	—	—	—	—	—	15	11.9
		平均值	18.1	2.08	—	—	—	—	—	—	—	—	—	—	20.7	16.1
		标准差	1.98	0.03	—	—	—	—	—	—	—	—	—	—	3.6	2.74
		变异系数	0.11	0.02	—	—	—	—	—	—	—	—	—	—	0.18	0.17
		修正系数	1.02	1.00	—	—	—	—	—	—	—	—	—	—	0.98	0.98
		标准值	18.4	2.10	—	—	—	—	—	—	—	—	—	—	20.2	15.7
2-5	粉质黏土	统计数	18	18	18	18	17	17	17	17	18	18	17	17	42	42
		最大值	37.4	1.98	2.72	1.107	40.2	26.4	15.9	0.81	0.48	16.05	35.1	20.9	16	11.8
		最小值	20.6	1.77	2.66	0.620	31.2	19.1	10.1	0.06	0.10	4.30	16.7	6.9	6	4.3
		平均值	27.8	1.91	2.71	0.816	35.5	23.2	12.3	0.40	0.30	6.62	25.9	14.6	11.5	8.7
		标准差	3.79	0.06	0.01	0.11	2.21	1.71	1.48	0.23	0.09	2.58	4.63	3.48	2.2	1.62
		变异系数	0.14	0.03	0.00	0.14	0.06	0.07	0.12	0.58	0.30	0.39	0.18	0.24	0.20	0.19
		修正系数	1.06	0.99	1.00	1.06	1.03	1.03	1.05	1.25	1.12	0.84	0.92	0.90	0.95	0.95
		标准值	29.5	1.90	2.70	0.900	36.6	23.9	13.0	0.50	0.30	5.60	23.8	13.1	10.9	8.3

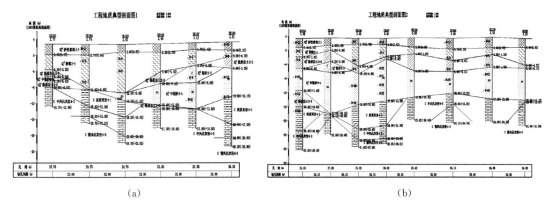

图 12.3　高明项目典型地质剖面图

3. 软土地基处理方法选择

1) 工程地基条件分析

1 层素填土，层厚 1.10～3.90 m，平均厚度 2.53 m，层顶标高 2.18～4.10 m，层底埋深 1.00～3.90 m（标高 -1.26～1.91 m）。灰黄色、灰色，松散，稍湿—湿，由砂土填成，含较多黏性及碎石块，为新近填土，欠固结，主要呈松散状，其物理力学性质不均。该场地原先有许多鱼塘，回填时大面积塘底未清淤、未排水。场地北侧、西侧有长满草的河沟及未回填的河塘，东南侧原有一片树林需清障后回填。该场区回填为一次填筑，未做分层压实，较松散，土体本身未完成自重固结，浸水时易软化。设计和施工时应充分考虑填土自重固结及上部结构及使用荷载作用下地面沉降以及由于填土的厚度不均引起的不均匀沉降等问题。

2-1 层淤泥，层厚 0.50～11.30 m，平均厚度 3.61 m，层顶埋深 1.10～3.90 m（标高 -1.26～1.75 m），层底埋深 2.20～13.70 m（标高 -11.28～1.18 m）。深灰色，流塑，具臭味，含少量腐殖质，局部为淤泥质土。实测标贯击数范围值 $N' = 1\sim4$ 击，平均值为 2.3 击，经杆长修正后击数范围值为 0.9～3.7 击，平均值为 2.1 击，标准值为 1.9 击。综合土工、原位测试试验和土性特征，结合地区经验推荐本层地基承载力特征值的建议值 $f_{ak} = 40$ kPa。

2-1 层淤泥，含水率高为 72.7%，大于液限（58.7%），流塑，孔隙比 $e = 2.04 > 1.5$，塑性指数 $I_p = 23.8 > 17$，压缩系数 $\alpha_{0.1-0.2} = 1.91 > 0.5$，压缩模量为 1.74 MPa，属于高压缩性软土。在上部结构、基础、新近填土等永久荷载及可变使用荷载作用下，软土会产生较大的地基变形，引起地面大面积沉降及差异沉降。

2) 沉降计算分析

按准永久效应组合计算荷载，永久填土荷载 3.33 m，地坪结构及碎石稳定层荷载约 0.5 m 厚，可变及使用荷载按 3 t/m² 计，计算荷载 p_0 如式(12-3)所示：

$$p_0 = 30 + 0.5 \times 20 + 1.8 \times 18 + 1.53 \times (18 - 10) = 84.64 \text{ kPa} \tag{12-3}$$

将地基按地质条件分为若干层，分别计算基础中心点下地基中各个分层土的压缩变形量 S_i，地基的沉降量 S 等于 S_i 的总和，即

$$S = \sum_{i=1}^{n} S_i \tag{12-4}$$

根据荷载和地基条件对计算沉降量进行修正,沉降计算经验修正系数按照基底附加压力 $p_0 \leqslant 0.75 f_{ak}$ 及地基受压压缩层内各土层压缩模量当量值 $\overline{E}_s$,插入法计算得 ψ_s,代入式(12-4)对计算沉降量进行修正,得到符合地区经验的最终沉降量修正值 S_∞。

$$S_\infty = \psi_s \sum_{i=1}^n S_i = \psi_s \sum_{i=1}^n \frac{p_0}{E_{si}}(z_i \bar{a}_i - z_{i-1}\bar{a}_{i-1}) \tag{12-5}$$

地基变形计算深度 Z_n,按式(12-6)的规定。当计算深度下部仍有较软土层时,应继续计算。

$$\Delta S'_n \leqslant 0.025 \sum_{i=1}^n \Delta S'_i \tag{12-6}$$

变形计算深度范围内压缩模量的当量值,应按式(12-7)计算:

$$\overline{E}_s = \frac{\sum A_i}{\sum \dfrac{A_i}{E_{si}}} \tag{12-7}$$

取 ZK155 孔进行试算,孔口标高 2.67 m,填土厚度 3.43 m、计算荷载,2-1 淤泥厚度为 10.3 m、2-4 中粗砂厚度 2 m,主要压缩层厚度为 15.73 m,下卧 4-1 层强风化炭质页岩。高明项目沉降估算表 1 如表 12.2 所列。

表 12.2　高明项目沉降估算表 1

层号	z	p_0	$\bar{a}_i$	$\bar{a}_i z_i$	$\bar{a}_i z_i - \bar{a}_{i-1}z_{i-1}$	$A_i = p_0(\bar{a}_i z_i - \bar{a}_{i-1}z_{i-1})$	$\sum A_i$	A_i/E_{si}	$\sum(A_i/E_{si})$	$E_s = \sum A_i/ \sum(A_i/E_{si})$	E_{si}	$\Delta S' = p_0/E_{si}$ $(\bar{a}_i z_i - \bar{a}_{i-1}z_{i-1})$	$S = \sum \Delta S'$
	m	kPa									MPa	mm	mm
0	0	85.44	1.000 0	0									
1 填土	3.43	85.44	1.000 0	3.43	3.43	293.06		65.12			4.5	65.12	65.12
2-1 淤泥	13.73	85.44	1.000 0	13.73	10.3	880.03		505.77			1.74	505.77	570.89
2-4 中粗砂 ΔZ	15.73	85.44	1.000 0	15.73	1	85.44		4.27			20	4.27	575.16
2-5 粉质黏土	15.73	85.44	1.000 0	15.73	0	0.00		0.00			9	0.00	575.16
4-1 页岩	16.73	85.44	1.000 0	16.73	0	0.00	1 258.53	0.00	575.16	2.19	170	0.00	575.16
$b>8,\Delta Z$ 厚度取 1 m						$\overline{E}_s$	2.19	2.5	4		$p_0<$ 0.75 f_{ak}	$\Delta S'_n \leqslant$ $0.025 \sum_{i=1}^n \Delta S'_t$	$4.27<$ 14.50
						ψ_s	1.12	1.1	1			$\psi_s S_\infty$	644.64

取 ZK156 孔进行试算,孔口标高 2.90 m,填土厚度 3.60 m、计算荷载,2-1 淤泥厚度为 4.8 m、2-4 中粗砂厚度 5.4 m,2-5 层粉质黏土厚度 0.8 m,主要压缩层厚度为 14.6 m,下卧 4-2 层中风化灰岩。高明项目沉降估算表 2 如表 12.3 所列。

表 12.3　高明项目沉降估算表 2

层号	z	p_0	$\bar{a}_i$	$\bar{a}_i z_i$	$\bar{a}_i z_i - \bar{a}_{i-1} z_{i-1}$	$A_i = p_0(\bar{a}_i z_i - \bar{a}_{i-1} z_{i-1})$	$\sum A_i$	A_i/E_{si}	$\sum (A_i/E_{si})$	$E_s = \sum A_i / \sum (A_i/E_{si})$	E_{si}	$\Delta S' = p_0/E_{si}(\bar{a}_i z_i - \bar{a}_{i-1} z_{i-1})$	$S = \sum \Delta S'$
	m	kPa									MPa	mm	mm
0	0	86.8	1.000 0	0									
1 填土	3.6	86.8	1.000 0	3.6	3.6	312.48		69.44			4.5	69.44	69.44
2-1 淤泥	8.4	86.8	1.000 0	8.4	4.8	416.64		239.45			1.74	239.45	308.89
2-4 中粗砂 ΔZ	9.4	86.8	1.000 0	9.4	1	86.80		4.34			20	4.34	313.23
2-5 粉质黏土	9.4	86.8	1.000 0	9.4	0	0.00		0.00			9	0.00	313.23
4-2 灰岩	9.4	86.8	1.000 0	9.4	0	0.00	815.92	0.00	313.23	2.60	170	0.00	313.23
$b > 8$, ΔZ 厚度取 1 m							$\bar{E}_s$	2.60	2.5	4	$p_0 < 0.75 f_{ak}$	$\Delta S'_n \leqslant 0.025 \sum\limits_{i=1}^{n} \Delta S'_i$	$4.34 < 7.83$
							ψ_s	1.09	1.1	1		$\psi_s S_\infty$	342.36

在不考虑附加应力扩散的附加应力修正系数法情况下,结合《建筑地基基础设计规范》(GB 50007—2011)及经验系数进行分层总和法沉降验算,除了附加应力系数取为 1 外,其他计算方法均按规范执行,计算时采用压缩模量当量值沿土层厚度积分,然后根据计算得到的压缩模量 ZK155 孔对应当量值 $\bar{E}_s = 2.19$,查规范表 5.3.5 沉降计算经验系数 $\psi_s = 1.12$,对中心点沉降进行修正,即得 ZK155 孔最终沉降量 $S_\infty = 644.64$ mm。ZK156 孔对应当量值 $\bar{E}_s = 2.6$,查规范表 5.3.5 沉降计算经验系数 $\psi_s = 1.09$,对中心点沉降进行修正,即得 ZK156 孔最终沉降量 $S_\infty = 342.36$ mm。详细计算过程,详见表 12.2 和表 12.3。

按照上述的天然地基分层总和法计算地基沉降,天然地基不处理,ZK155 孔在 85.44 kPa 附加应力作用下,会产生 644.64 mm 的地基工后沉降。按照黏性土地基的沉降规律,一般认为施工期间,在施工荷载作用下软黏土只发生了总沉降量的 5%～20%,至少剩余 80% 的工后沉降。ZK155 孔至少剩余 80% 的工后沉降,即 51.57 cm;ZK156 孔至少剩余 80% 的工后沉降,即 27.39 cm,均大于沉降控制标准(10 cm)。

该工程基于工程成本、软土处理工期、软土处理效果等几方面因素最终决定采用井点塑排真空预压渗流固结联合降水预压动力固结法,可同时对库内地坪和室外装卸货区域进行软土处理。因工程成本过高无法选择结构地坪(初步估算工程费用要比井点塑排真空预压渗流固结联合降水预压动力固结法方案高出 1 500 多万元),从工期角度和最终的处理效果而言放弃了真空堆载预压方案。而因淤泥层的含水率($\omega = 72.7\%$)过高,大于液限($\omega_L = 58.7\%$),流塑,孔隙比 $e = 2.04 > 1.5$,塑性指数 $I_p = 23.8 > 17$,且淤泥中有机质含量偏高,水泥搅拌桩桩身很难成型等原因,该项目也不适合选用水泥搅拌桩方案。

3) 设计计算与施工

井点塑排真空预压渗流固结联合降水预压动力固结工法,包括加载系统、排水系统、密封系统、监测系统,加压系统由真空预压、堆载(自载)预压、覆水预压、渗流固结、降水预压、动力固结组成,排水系统包括竖向排水系统和水平向真空管网系统,密封系统由浅层土体密封、覆水密封、真空管网密封系统组成,监测系统包括真空度监测、孔隙水压力监测、地表沉降监测、深层分层沉降监测、地下水位监测、周围环境监测等。

① 施工期间沉降计算。

按预压荷载采用分层总和法计算最终沉降量,预压荷载下地基的最终竖向变形量 S_f 可用式(12-8)计算:

$$S_f = \psi_s S_c = \psi_s \frac{e_{0i} - e_{1i}}{1 + e_{0i}} h_j \quad 或 \quad S_f = \xi S_c = \xi \frac{e_{0i} - e_{1i}}{1 + e_{0i}} h_i \qquad (12\text{-}8)$$

变形计算时,取附加应力与土自重应力的比值为 0.1 的深度作为压缩层的计算深度。沉降计算经验系数 ξ(上海为 ψ_s)按地区经验确定,无经验时对正常固结饱和黏性土可取 $\xi = 1.1 \sim 1.4$($\psi_s = 1.1 \sim 1.4$),荷载较大或地基软弱土层厚度较大时应取较大值。这里要注意两点,按地区经验强调了岩土工程的地域性特点,即按地区经验或地方规范确定;推荐的经验系数适用于正常固结土,欠固结土沉降经验系数要大一些,往往要到 1.6。举例说明,某一荷载较大的欠固结深厚软黏土地基,超固结比 $OCR = 0.9$,则可以按式(12-9)估算 ψ_s':

$$\psi_s' = \frac{\psi_s}{\dfrac{p_c}{p_s}} = \frac{\psi_s}{0.9} = 1.11 \psi_s \approx 1.6 \qquad (12\text{-}9)$$

② 预压期间固结度 $\overline{U}_t$。

预压期间 t 时间固结度 $\overline{U}_t$ 按式(12-10)计算:

$$\begin{cases} \overline{U}_t = \sum_{i=1}^n \frac{\dot{q}_i}{\sum \Delta p} \left[(T_i - T_{i-1}) - \frac{\alpha}{\beta} e^{-\beta \cdot t} \left(e^{\beta T_i} - e^{\beta T_{i-1}} \right) \right] \\ \alpha = \frac{8}{\pi^2} \\ \beta = \frac{8c_h}{F_n d_e^2} + \frac{\pi^2 c_v}{4H^2} \end{cases} \qquad (12\text{-}10)$$

预压期间 t 时间沉降量 S_t 按式(12-11)计算:

$$S_t = S_d + \overline{U}_t S_c = (\psi_s - 1 + \overline{U}_t) S_c \qquad (12\text{-}11)$$

③ 使用期间沉降估算。

a. 工后沉降,即使用期间的沉降,按式(12-12)估算 S_f':

$$S_f' = \psi_s S_c' - (\psi_s - 1 + \overline{U}_t) S_c = \psi_s \frac{e_{0i} - e_{1i}'}{1 + e_{0i}} h_i - (\psi_s - 1 + \overline{U}_t) S_c \qquad (12\text{-}12)$$

对于软黏土地基,初始沉降非瞬时沉降,需要一定的时间,可以简化计算,将初始沉降和主固结沉降统一合并考虑，按 t 时间下对应固结度确定沉降量，软黏土地基工后沉降按式（12-13）简化估算：

$$S_f' = \psi_s S_c' - \overline{U}_t \psi_s S_c = \psi_s \left(\frac{e_{0i} - e_{2i}'}{1 + e_{0i}} h_i - \overline{U}_t S_c \right) = \psi_s \left(\frac{e_{0i} - e_{2i}'}{1 + e_{0i}} h_i - \overline{U}_t \frac{e_{0i} - e_{1i}}{1 + e_{0i}} \right)$$

$$(12-13)$$

也可以按超固结土再压缩曲线推算工后沉降量 S_f'。

当 $\Delta p_i > p_{ci} - p_{1i}$ 时：

$$S_f' = \psi_{s2} \sum_{i=1}^{n} \frac{H_i}{1 + e_{0i}} \left[C_{si} \log \left(\frac{p_{ci}}{p_{1i}} \right) + C_{ci} \log \left(\frac{p_{1i} + \Delta p_i}{p_{ci}} \right) \right]$$

$$(12-14)$$

当 $\Delta p_i \leqslant p_{ci} - p_{1i}$ 时：

$$S_f' = \psi_{s3} \sum_{i=1}^{n} \frac{H_i}{1 + e_{0i}} \left[C_{si} \log \left(\frac{p_{1i} + \Delta p_i}{p_{ci}} \right) \right]$$

$$(12-15)$$

使用期间的使用荷载下某一时间 t 的沉降量 S_{ft}' 按式（12-16）计算：

$$S_{ft}' = \overline{U}_t S_f' = S_f' \sum_{i=1}^{n} \frac{\dot{q}_i}{\sum \Delta p} \left[(T_i - T_{i-1}) - \frac{\alpha}{\beta} e^{-\beta \cdot t \left(e^{\beta T_i} - e^{BT_{i-1}} \right)} \right]$$

$$(12-16)$$

b. 实测曲线拟合法工后沉降推算。

地基处理后的工后沉降验算和预估是一个难题，目前对这方面的研究较少，常用的工后沉降计估算方法用得最多的是实测曲线拟合法，一般情况下地基处理的工后沉降可按式（12-17）和式（12-18）结合实测数据推算。

双曲线法：

$$S_t = S_a + \frac{t - t_a}{\alpha + \beta(t - t_a)}$$

$$(12-17)$$

指数曲线法：

$$\begin{cases} S_t = S_\infty (1 - \alpha e^{-\beta t}) \\ S_\infty = \dfrac{S_3(S_2 - S_1) - S_2(S_3 - S_2)}{(S_2 - S_1) - (S_3 - S_2)} \\ \beta = \dfrac{1}{t_2 - t_1} \ln \dfrac{S_2 - S_1}{S_3 - S_2} \end{cases}$$

$$(12-18)$$

从多年实测数据反算最终沉降量的经验来看，双曲线法相对指数曲线法来说推算结果会偏大一些，指数曲线法反算结果相对要更接近真值一些。

④ 承载力计算。

天然地基承载力可由地基承载力特征值宽深修正计算，如式（12-19）所示：

$$f_a = f_{ak} + \eta_b \gamma(b - 3) + \eta_d \gamma_m (d - 0.5) \tag{12-19}$$

亦可根据抗剪强度指标确定地基承载力特征值,如式(12-20)所示:

$$f_a = M_b \gamma b + M_d \gamma_m d + M_c c_k \tag{12-20}$$

软弱下卧层地基承载力可按式(12-21)和式(12-22)验算:

$$p_z + p_{cz} \leqslant f_{az} \tag{12-21}$$

$$p_z = \frac{lb(p_k - p_{c0})}{(b + 2z\tan\theta)(l + 2z\tan\theta)} \tag{12-22}$$

地基土的抗剪强度可按式(12-23)计算:

$$\tau_f = c + \sigma\tan\varphi = c' + \sigma'\tan\varphi' = c' + (\sigma - u)\tan\varphi' \tag{12-23}$$

预压期间地基土 t 时间考虑固结抗剪强度增量的抗剪强度 τ_{ft} 可按式(12-24)计算:

$$\tau_{ft} = \tau_{f0} + \eta U_t \Delta\tau_{fc} \tag{12-24}$$

对于正常固结土可按式(12-25)计算:

$$\tau_{ft} = \tau_{f0} + \eta U_t \Delta\sigma_z \tan\varphi_{cu} \tag{12-25}$$

预压后地基承载力可依据预压后地基土的抗剪强度指标确定,如式(12-26)所示:

$$f_a = M_b \gamma b + M_d \gamma_m d + M_c c_k \tag{12-26}$$

亦可根据斯肯普顿极限荷载半经验公式推算,如式(12-27)所示:

$$f_a = \frac{1}{k} 5 \cdot \tau_{cu} \left(1 + 0.2 \frac{b}{l}\right)\left(1 + 0.2 \frac{d}{b}\right) + \gamma d \tag{12-27}$$

对于饱和软黏土可按式(12-28)计算:

$$f_a = \frac{5.14}{K}\tau_{cu} + \gamma d \tag{12-28}$$

⑤ 地基加固处理施工总纲。

井点塑排真空预压渗流固结联合降水预压动力固结工法,地基加固处理总纲按下述步骤进行:

a. 业主总包交接、大临小临、通水通电、平整场地,测量放线,引测坐标及高程控制点,划分建筑物加固区和道路加固区,场地及道路硬化(若有)。

b. 开挖排水明沟,集水井、抽表层集水。

c. 取样、塑料排水板材料进场、检验批;塑料排水板采用可降解 C 型塑料排水板。

d. 按地基条件计算不同深度一体式井点塑排板长度及数量,按尺寸切割,组装一体式井点塑排板。

e. 插板机械设备进场组装、调试、施工交底、放样。

f. 一体式井点塑排板插板施工,插板间距 1.0 m×1.0 m～2.0 m×2.0 m 不等,排水板端部入土深度应穿透 2-1 层淤泥层底,至中粗砂层顶。

g. 设置水平真空管网系统,连接总管、射流真空泵,并检查密封情况,组装调试。

h. 真空预压:四周设置围堰,开启射流泵开始抽真空,进行真空预压、自载预压,真空度严格控制在 80 kPa 以上。前几天主要检查漏气源进行再密封,随后将地下水回灌至加固区内,开始同时进行覆水预压、覆水渗流固结,可根据地基变形及孔隙水压力监测数据调整真空预压时间,一般为 30～45 d。预压期间同步每天进行真空度监测、孔隙水压力监测、地表沉降监测、深层分层沉降监测、地下水位监测、周围环境监测等。绘制真空度、孔隙水压力、地下水位、地表沉降、分层沉降历时曲线,当沉降监测数据稳定变化不大时或达到要求时,即可停止真空预压。

i. 降水预压:打开围堰,进行加固区向外排水作业,同时真空射流泵继续抽水,排水方向指向加固区外排水沟,真空度严格控制在 60～80 kPa 以上,降低地下水位 4～5 m,第一遍降水预压一般为 7～14 d。

j. 强夯设备进场,组装调试、施工交底、放样。

k. 第一遍试夯:确定夯击能及击数,每个加固区试夯点不少于三点,需技术人员在场记录并确认参数、下达指令书。

l. 第一遍动力固结施工:夯点间距 4 m×4 m～4 m×7 m,夯击能 1 000 kN·m,夯后推平,测量标高,计算夯沉量,施工期间同步降水。

m. 第二遍真空降水预压施工:真空度严格控制在 60～80 kPa,每天继续监测真空度、地下水位、孔隙水压力、分层沉降等,绘制真空度、孔压消散、地下水位、沉降历时曲线,确定消散速率,可根据孔压及沉降数据适当调整真空降水预压时间。

n. 第二遍动力固结施工:夯点间距 4 m×4 m～4 m×7 m,夯击能 2 000 kN·m,夯后推平,测量标高,计算夯沉量,施工期间同步降水。

o. 第三遍真空降水预压施工:真空度严格控制在 60～80 kPa,每天继续监测真空度、地下水位、孔隙水压力、分层沉降等,绘制真空度、孔压消散、地下水位、沉降历时曲线,确定消散速率,可根据孔压及沉降数据适当调整真空降水预压时间。

p. 第三遍试夯:确定夯击能及击数,试夯点不少于三点,需技术人员在场记录并确认参数、下达指令书。

q. 第三遍动力固结施工:夯点间距 4 m×4 m～4 m×7 m,夯击能 2 500 kN·m,夯后推平,测量标高,计算夯沉量,施工期间同步降水。

r. 拔除所有井点管,拆除水平真空管网系统。

s. 铺砖渣(若有),第四遍动力固结施工,满夯,夯击能 1 000 kN·m,锤印搭接 1/3,夯后推平,测量标高,计算夯沉量。

t. 振动压路机来回碾压不少于两遍,测量标高,计算总沉降量。

u. 检测、资料整理、工程验收移交。

高明项目井点塑排真空预压软土强夯加固原理如图 12.4 所示。

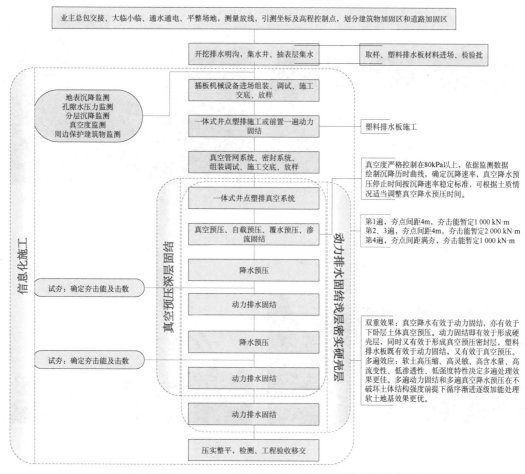

图 12.4　高明项目井点塑排真空预压软土强夯加固原理框图

⑥ 现场施工照片。

高明项目现场施工照片如图 12.5—图 12.12 所示。

图 12.5　场地原始地貌照片

图 12.6　竖向排水板插板施工照片

图 12.7　真空预压施工照片

图 12.8　降水预压施工照片

图 12.9　动力固结施工照片 1

图 12.10　动力固结施工照片 2

图 12.11　动力固结施工照片 3

图 12.12　动力固结施工照片 4

⑦ 加固效果检验。

a. 监测数据。

地表沉降监测、地下水位监测、分层沉降监测、超静孔隙水压力历时曲线分别如图 12.13—图 12.16 所示。

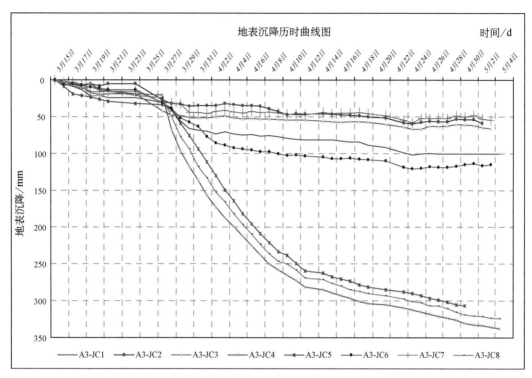

图 12.13 地表沉降监测历时曲线

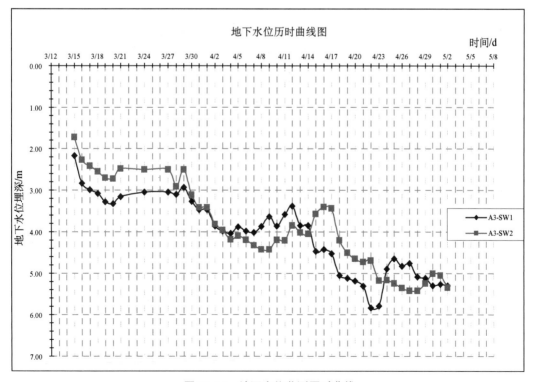

图 12.14 地下水位监测历时曲线

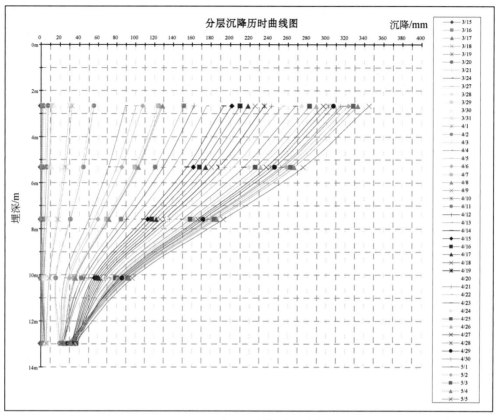

图 12.15 分层沉降监测历时曲线

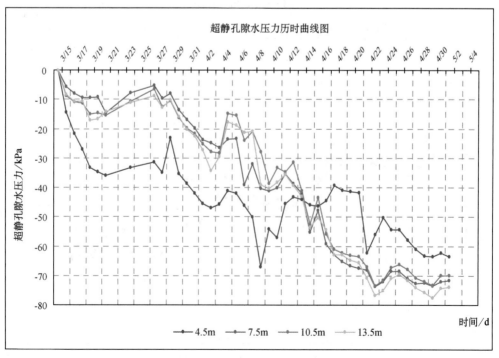

图 12.16 超静孔隙水压力历时曲线

b. 检测数据。

通过现场原位试验及取土室内土工试验对加固效果进行综合检验,共布置 66 个检测孔,其中 36 个取样测试孔、30 个圆锥动力触探试验孔,检测结果如下:

根据标准贯入试验及重型动力触探试验检测成果,按广东省标准《建筑地基基础检测规范》(DBJ/T 15—60—2019)查得,所检测的土层承载力特征值 f_{ak} 均大于 100 kPa,满足设计要求。

取土室内土工试验成果,高明项目岩土层物理力学性质指标统计表如表 12.4 所列。

表 12.4　高明项目岩土层物理力学性质指标统计表

项目名称:珠三角跨境电商贸易港项目

层号	岩土名称	含水率	天然密度	干密度	土粒比重	孔隙比	饱和度	液限	塑限	塑性指数	液性指数	压缩系数	压缩模量	黏聚力	内摩擦角
		ω	ρ_o	ρ_d	G_s	e	S_r	W_L	W_P	I_P	I_L	α_{1-2}	E_{s1-2}	c	φ
		%	g/cm³	g/cm³			%	%	%			MPa⁻¹	MPa	kPa	°
1	素填土	32.1	1.82	1.38	2.71	0.970	89.8	36.6	23.5	13.1	0.66	0.43	4.64	22.2	13.9
2-1	淤泥	72.7	1.52		2.67	2.040		58.7	34.9	23.8	1.59	1.91	1.74	4.8	3.0
2-1	淤泥	63.0	1.57	0.97	2.67	1.772	94.8	52.3	30.4	21.9	1.51	1.49	1.92	5.2	3.1
2-2	粉质黏土	29.3	1.89		2.71	0.854		36.1	23.3	12.7	0.49	0.33	6.28	22.0	12.1
2-2	粉质黏土	29.9	1.86	1.43	2.71	0.893	90.8	35.3	23.1	12.2	0.56	0.37	5.20	22.8	14.3
2-3	粉砂	23.8	1.96		2.66	0.680						0.12	14.41		
2-3	粉砂	23.7	1.95	1.57	2.66	0.689	91.6					0.15	12.53		
2-4	中粗砂														
2-4	中粗砂														
2-5	粉质黏土	27.8	1.91		2.71	0.816		35.5	23.2	12.3	0.4	0.3	6.62	25.9	14.6
2-5	粉质黏土	28.2	1.90	1.48	2.71	0.836	91.6	35.0	22.7	12.3	0.44	0.32	6.00	27.6	14.6

从表 12.4 中可以看出,2-1 层淤泥含水量 ω 从 72.7% 下降到了 63%,孔隙比 e 从 2.04下降到了 1.772,依据加固前后孔隙比数据的变化,可以推算出专利工法地基处理引起的10 m 厚淤泥的主固结沉降估算为 88.16 cm,说明效果还是非常明显的。计算过程如式(12-29)所示:

$$S_c = \sum_{i=1}^{n} \frac{e_{0i} - e_{1i}}{1 + e_{0i}} h_i = \frac{2.04 - 1.772}{1 + 2.04} \times 10 \text{ m} = 88.16 \text{ cm} \tag{12-29}$$

专利工法中降水联合动力排水固结,夯击能最大达到了 3 000 kN·m,依据动力固结法加固机理,软黏土触变恢复期较长,可能需要几个月的时间。触变恢复期间,灵敏度非常高,取样扰动会影响土的结构性,会造成数据下降,从检测数据中也可以看出这一规律,部分数据没有上升,反而下降了。

该项目混凝土柱下基础采用一柱一桩的冲孔灌注桩基础,软土地基处理采用真空预压渗流固结联合降水预压动力固结工法。软土地基处理始于 2020 年 2 月,至 2020 年 5 月底完成,在软土处理过程中发现 3 号库的第 4 分区所在区域因地下淤泥层过厚(大于 10 m),软土处理效果难以达到要求,专业公司建议考虑补强措施。

在 2021 年 5 月发现 3 号库的第四分区的素混凝土垫层开裂下沉,随即决定对该分区采用高压旋喷桩进行二次处理(高压旋喷桩的桩径 600 mm,桩间距 1.8 m,桩长约 15 m,桩端需穿透淤泥进入硬土层不小于 1 m)。整个工程于 2021 年 7 月完工,完工后客户随即满仓投入运营,客户在库内设置三层阁楼式货架,而不是常用的高位货架,阁楼式货架传至地坪的荷载约 250 kN,远大于常规高位货架柱脚传至地坪的荷载。项目运营一年半后,除了 3 号库的第四分区的建筑地坪在阁楼式货架钢柱位置有约 10 cm 的沉降外,1、2、4 号库及 3 号库的其他分区的建筑地坪的沉降均为 1~3 cm。

⑧ 竣工一年半后现场照片。

高明项目竣工一年半后现场照片如图 12.17—图 12.24 所示。

图 12.17　三层阁楼式货架照片

图 12.18　库内地坪照片

图 12.19　首层库内地坪

图 12.20　首层库内三层阁楼式货架

图 12.21　园区道路

图 12.22　装卸货大平台下路面

图 12.23　园区入口道路

图 12.24　园区道路

4）项目经验总结

（1）对于情况复杂的软土地基场地，当整个场地内淤泥土层厚度差异较大时，可以采用不同的处理方式进行加固，如本项目的 3 号库的第四分区的首层地坪可以采用结构地坪。

（2）对于软基处理后的仓库建筑地坪，在各仓库防火分区内原则上应避免设置基础连梁，从而减少可能的建筑地坪差异沉降。

（3）因高压旋喷桩的施工工期很短，施工过程中质量控制不到位，软土处理效果不理想。

（4）对于估算工后沉降比较大的建筑地坪，柱周边菱形角/圆形角的二次浇筑混凝土可以先用碎石与砂充填，待仓库地坪均匀沉降稳定后再浇筑混凝土。

（5）对于货架柱脚集中荷载远大于普通高位货架的阁楼式货架，在仓库地坪设计与软基处理时应充分考虑差异性。

12.3　江阴某物流园项目案例

1. 工程概况

该项目位于江阴市临港开发区，场地面积约为 18.7 万 m^2，总建筑面积约为 10.7 万 m^2，共

5 栋单层物流仓库。场地地貌类型为长江三角洲冲积平原,原场地主要为农田,分布有明塘、小型河道,地势较低,需要抽水、清淤、大面积回填,原场地平均标高为 2.1 m,设计库内地坪标高为 5.4 m,园区道路标高为 4.1 m。

该项目仓库柱下基础采用 PHC 管桩基础,软土地基处理采用真空预压渗流固结联合降水预压动力固结工法。软土地基处理于 2015 年 8 月中旬开始,至 2016 年 5 月底完成一期软土地基处理施工,于 2016 年 9 月底完成二期软土地基处理施工。仓库内采用高位货架堆放货物,完工后 7 年,地坪沉降无论是总沉降还是差异沉降都很小,为 2～3 cm,总体满足工后沉降控制设计要求。

2. 工程地质条件

1) 场地土层组成及其工程地质特征

场地勘察深度内土层属长江三角洲冲积平原,自地表 45.0 m 以内浅土层主要由各种状态的黏性土、砂土构成,按其成因、沉积环境及土层的工程地质性质,自上而下共分为七大工程地质层。江阴项目场地各土层特征详见表 12.5。

①₁ 层耕土:普遍分布,土质松散,稍湿,主要以粉质黏土为主,含较多植物根茎,局部含建筑垃圾及生活垃圾,堆积年限较短,力学性质差,不可直接利用。

①₂ 层淤泥:明塘区域分布,软塑—流塑状,腐臭味,含腐殖质及贝类,力学性质差,不可直接利用,需进行挖除处理。

② 层粉质黏土:灰色,可塑,切面稍有光泽,局部夹粉土,无摇振反应,干强度、韧性低,中等压缩性,土质较均匀,强度较高,局部分布。

③A 层粉土:灰色,稍密,很湿,摇振反应迅速,含石英、云母碎屑,局部夹少量粉质黏土,中等压缩性,干强度、韧性低。

③ 层淤泥质粉质黏土:灰色,流塑,高缩性,局部夹粉土,土质欠均匀,无摇振反应,有腐臭味,干强度、韧性低,强度低,均有分布,为主要压缩层。

④ 层粉质黏土:黄灰色,可塑,无摇振反应,切面稍光滑,干强度、韧性中等,中等压缩性,土质较均匀,强度尚可,可作为桩基持力层,局部缺失。

⑤ 层粉砂:灰色,中密,饱和,摇振反应迅速,主要成分为石英和长石,含云母碎屑,干强度、韧性低,中高等压缩性,土质较均匀,夹少量粉土,强度中等,是良好的桩基持力层及下卧层,局部缺失。

表 12.5　江阴项目场地各土层特征一览表

层号	地层名称	颜色	状态	分布情况	层厚/m	层底埋深/m
①₁	耕土	灰色、灰褐色	松散	局部分布	0.30～4.1	0.30～4.1
①₂	淤泥	灰黑色	软塑—流塑	明塘分布	0～1.7	0.60～5.6
②	粉质黏土	灰色	软塑	局部分布	0～6	1.20～7
③A	粉土	灰色	稍密	局部分布	0～13	3.20～19.5

（续表）

层号	地层名称	颜色	状态	分布情况	层厚/m	层底埋深/m
③	淤泥质粉质黏土	灰色	流塑	均有分布	1.20～27.3	4.10～33.2
④	粉质黏土	黄灰色	可塑	局部分布	0～11.8	8.40～33.1
⑤	粉砂	灰色	中密	局部缺失	0～16.9	22.10～33.9
⑥	粉土夹粉质黏土	灰色	稍密	局部缺失	0～12.9	21.70～31
⑦	粉质黏土	灰黄色	可塑	局部分布	未揭穿	

2）水文地质条件

（1）上层滞水：本场地的上层滞水主要赋存于第①₁耕土中及③_A 粉土层中，勘察期间，在 19 个钻孔中测得初见水位标高 0.20～0.50 m，采用挖坑法测得稳定水位标高 1.52～1.92 m，量测地下水位的土坑共 20 个（在静探孔旁）。本场地主要受大气降水和地表水体的补给，其水位受季节、降雨量和附近地表水水位变化的影响，年变化幅度约 1.50 m。3～5 年最高水位为 2.00 m，历史最高地下水位 2.00 m。

（2）微承压水：微承压水主要赋存于⑤粉砂、⑥层粉土夹粉质黏土层中，其富水性较好，透水性较好。其主要补给来源为中地下水的垂直入渗及地下水侧向径流，以民井抽取及侧向径流为主要排泄方式。由于③层淤泥质粉质黏土影响，微承压含水层与上层滞水相通，存在水力联系，与上层滞水地下水位相同，相互补排。上层滞水和微承压水位接近地表，造成软土含水率高，影响地基处理方案的确定。

江阴项目物理力学性质指标统计如表 12.6 所列，典型地质剖面图如图 12.25 所示。

3. 江阴项目地基处理方法选择

1）工程地质条件分析

该场地的软弱土层主要有表层填土、①₁层耕土、塘底①₂层淤泥和③层淤泥质粉质黏土，其中影响沉降最大的、最主要的软弱土层为第③层淤泥质粉质黏土及表层填土。③层淤泥质粉质黏土普遍分布，且厚度较厚，整理 149 个勘察孔③层淤泥质粉质黏土土层顶及层底标高数据，各孔孔口标高平均值为 2.23 m，③层淤泥质粉质黏土顶标高平均值为 1.22 m，层底标高平均值为 −11.96 m，层底标高最小值为 −25.05 m，在原地面以下 27.28 m。③层土最大厚度达 26.5 m，最小厚度 2.5 m，整个场地软土③层淤泥质粉质黏土平均厚度为 13.18 m。

就一般淤泥质土而言，其含水率 ω 在 36%～55% 之间，淤泥的含水率 ω 在 55%～85% 之间，③层淤泥质粉质黏土含水率 $\omega = 36.8\%$，大于液限 $\omega_L = 34.4\%$，呈流塑状。③层淤泥质粉质黏土孔隙比 $e = 1.061$，大于 1.0。凡淤泥性土，无论是淤泥质粉质黏土、淤泥质黏土或者是淤泥，其 $\alpha_{0.1-0.2}$ 均大于 0.5，均属于高压缩性软土。③层淤泥质粉质黏土压缩模量平均值为 4.21 MPa，压缩系数平均值为 0.54 MPa^{-1}，且 $\alpha_{0.1-0.2} \geqslant 0.5$，属于高压缩性软土。

表 12.6 江阴项目物理力学性质指标统计表

工程名称：江阴物流园项目

层号	岩土名称		层底标高 /m	层厚 /m	含水率 w /%	比重 G_s /—	重度 γ /(kN/m³)	干重度 γ_d /(kN/m³)	孔隙比 e_0 /—	饱和度 S_r /%	液限 W_L /%	塑限 W_P /%	塑性指数 I_P /—	液性指数 I_L /—	剪切试验 q c /kPa	剪切试验 q φ /(°)	压缩试验 $a_{0.1-0.2}$ /MPa⁻¹	压缩试验 $E_{s0.1-0.2}$ /MPa	标贯实测数 N击	标贯修正击数 N'击
②	粉质黏土	最小值~最大值	-4.67~1.08	0.50~6.00	28.7~35.0	2.72~2.72	18.1~18.8	13.4~14.6	0.823~0.996	93~96	30.7~33.2	20.1~22.4	10.4~11.2	0.81~1.16	16~21	9.5~14.0	0.24~0.38	5.05~7.60		
		数据个数	51	51	9	9	9	9	9	9	9	9	9	9	9	9	9	9		
		平均值	-0.57	1.87	32.8	2.72	18.2	13.7	0.943	95	32.3	21.5	10.8	1.05	18	12.3	0.32	6.26		
③	淤泥质粉质黏土	最小值~最大值	-31.48~-2.00	1.20~27.30	26.5~52.4	2.71~2.74	16.3~18.9	10.8~14.9	0.786~1.479	88~100	28.9~41.3	17.7~27.0	8.9~17.1	0.73~1.85	7~24	4.7~27.9	0.25~1.32	1.83~7.85	2.0~6.0	1.4~5.1
		数据个数	231	231	252	252	252	252	252	252	252	252	252	252	251	251	252	252	41	41
		平均值	-14.73	13.13	36.8	2.72	17.7	13.0	1.061	94	34.4	22.2	12.3	1.19	16	9.5	0.54	4.21	3.2	2.6
		标准差			4.4	0.00	0.5	0.7	0.120	3	2.3	1.5	1.5	0.16	3	3.2	0.20	1.25	1.0	0.9
		变异系数			0.12	0.00	0.03	0.05	0.11	0.03	0.07	0.07	0.12	0.14	0.21	0.33	0.37	0.30	0.33	0.34
		标准值													15.4	9.2			2.9	2.4
③A	粉土	最小值~最大值	-17.37~-0.96	1.50~13.00	26.2~36.8	2.70~2.71	17.7~19.2	13.2~15.2	0.745~1.016	88~100	28.0~33.2	19.6~24.6	6.6~9.5	0.74~14.3	13~20	21.5~29.5	0.19~0.32	5.81~9.58	5.0~6.0	4.5~5.3
		数据个数	100	100	49	54	48	48	48	48	54	54	54	49	47	47	48	48	10	10
		平均值	-8.62	5.65	31.4	2.71	18.3	13.9	0.912	93	31.2	22.8	8.5	1.01	17	25.4	0.25	7.87	5.7	4.9
④	粉质黏土	最小值~最大值	-30.70~-6.39	1.00~11.80	20.1~26.4	2.72~2.73	19.1~20.8	15.2~17.3	0.541~0.754	90~100	27.6~34.1	16.8~19.6	10.2~15.0	0.15~0.68	29~75	12.1~23.6	0.15~0.33	5.00~10.27	6.0~8.0	4.3~6.3
		数据个数	187	187	69	69	69	69	69	69	69	69	69	69	69	69	69	69	9	9
		平均值	-17.38	4.72	22.8	2.72	19.9	16.2	0.646	96	31.0	18.3	12.6	0.36	51	15.1	0.22	7.79	7.3	5.6

（续表）

层号	岩土名称		层底标高 /m	层厚 /m	含水率 w /%	比重 G_s /-	重度 γ /kN/m³	干重度 γ_d /kN/m³	孔隙比 e_0 /-	饱和度 S_r /%	液限 W_L /%	塑限 W_P /%	塑性指数 I_P /-	液性指数 I_L /-	剪切试验 q c /kPa	剪切试验 q φ /(°)	压缩试验天然 $a_{0.1-0.2}$ /MPa⁻¹	压缩试验天然 $E_{s0.1-0.2}$ /MPa	标贯实测击数 N击	标贯修正击数 N'击
⑤	粉砂	最小值~最大值	-31.77~ -19.98	0.90~ 16.90	18.7~ 29.0	2.69~ 2.71	18.3~ 20.8	14.3~ 17.4	0.515~ 0.847	86~ 100					2~ 3	30.1~ 33.6	0.11~ 0.27	6.48~ 14.89	10.0~ 24.0	6.4~ 15.8
		数据个数	188	188	58	125	57	57	57	57					57	57	57	57	89	89
		平均值	-24.48	7.30	22.3	2.69	19.7	16.1	0.640	93					2	31.7	0.16	10.66	19.2	12.8

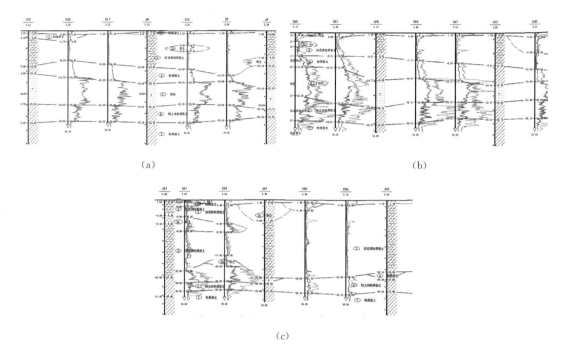

图 12.25　江阴项目典型地质剖面图

③层淤泥质粉质黏土含水率 $\omega = 36.8\%$，接近液限含水率 $\omega_L = 34.4\%$，该层土塑性指数为 $I_p = 12.3$，根据土的分类定义：粉性土按粒径大小及颗粒含量、塑性指数分为砂质粉土和黏质粉土（$I_p \leqslant 10$）。黏性土按塑性指数大小分为粉质黏土 $10 < I_p \leqslant 17$ 和黏土 $I_p > 17$，说明③层淤泥质粉质黏土含粉量较高，透水性较好，渗透系数明显高于一般的软黏土，便于静力（真空预压）和动力（动力固结）排水固结（强夯适用处理土层指标范围要求 $I_p \leqslant 10$）。

有较厚的表层填土，该场区大面积回填前，大面积明塘水未抽，塘底未清淤，为 3.3 m 一次随意填筑，未作分层压实，且回填土性不好为夹杂淤泥的黏土，含水率高。

2）理论计算分析

按准永久效应组合计算荷载，永久填土荷载 2.56 m，地坪结构及碎石稳定层荷载约 0.5 m 厚，可变及使用荷载按 3 t/m² 计，计算荷载 p_0 如式（12-30）所示：

$$p_0 = 30 + 0.5 \times 20 + 1.8 \times 18 + 0.76 \times (18 - 10) = 78.48 \text{ kPa} \qquad (12\text{-}30)$$

取 C9 孔进行试算，孔口标高 2.34 m，计算荷载 $p_0 = 78.48$ kPa，①₁ 层耕土厚度 1.0 m，③层淤泥质粉质黏土厚度为 14.9 m，④层粉质黏土厚度 2.1 m，⑤层粉砂厚度 8.3 m。

常规计算时一般采用程序计算，对于大面积堆载沉降计算方法，可以不考虑附加应力扩散的附加应力修正系数法，结合国家现行规范《建筑地基基础设计规范》（GB 50007—2011）及经验系数进行分层总和法沉降验算，除了附加应力系数取为 1 外，其他计算方法均按规范执行，计算时采用压缩模量当量值沿土层厚度积分，然后根据计算得到的压缩模量当量值，查规范表

5.3.5 沉降计算经验系数 $\psi_s=0.94$，对中心点沉降进行修正，即得出最终沉降量 354.79 mm。

将地基按地质条件分为若干层，分别计算基础中心点下地基中各个分层土的压缩变形量 S_i，地基的沉降量 S 等于 S_i 的总和，如式（12-4）所示。

根据荷载和地基条件对计算沉降量进行修正，沉降计算经验修正系数按照基底附加压力 $p_0 \leqslant 0.75 f_{ak}$ 及地基受压压缩层内各土层压缩模量当量值 $\overline{E}_s$，插入法计算得 ψ_s，代入式（12-5）对计算沉降量进行修正，得到符合地区经验的最终沉降量修正值 S_{∞}。

地基变形计算深度 z_n，按式（12-6）的规定。当计算深度下部仍有较软土层时，应继续计算。

变形计算深度范围内压缩模量的当量值，应按式（12-7）计算。

江阴项目沉降估算如表 12.7 所列。

表 12.7　江阴项目沉降估算表

层号	z	P_0	$\bar{a}_i$	$\bar{a}_i z_i$	$\bar{a}_i z_i - \bar{a}_{i-1} z_{i-1}$	$A_i = P_0(\bar{a}_i z_i - \bar{a}_{i-1} z_{i-1})$	$\sum A_i$	A_i/E_{si}	$\sum (A_i/E_{si})$	$E_s = \dfrac{\sum A_i}{\sum (A_i/E_{si})}$	E_{si}	$\Delta S' = p_0/E_{si}(\bar{a}_i z_i - \bar{a}_{i-1} z_{i-1})$	$S = \sum \Delta S'$
	m	kPa									MPa	mm	mm
0	0	78.48	1.0000	0									
填土 1	3.06	78.48	1.0000	3.06	3.06	240.15		53.37			4.5	53.37	53.37
①耕植土	4.06	78.48	1.0000	4.06	1	78.48		17.44			4.5	17.44	70.81
③淤泥质粉质黏土	18.96	78.48	1.0000	18.96	14.9	1 169.35		277.76			4.21	277.76	348.56
④粉质黏土	21.06	78.48	1.0000	21.06	2.1	164.81		21.16			7.79	21.16	369.72
⑤粉砂 ΔZ	22.06	78.48	1.0000	22.06	1	78.48	1 731.27	7.36	377.08	4.59	10.66	7.36	377.08
$b>8,\Delta Z$ 厚度取 1 m							$\overline{E}_s$：4.59	4	7		$P_0 < 0.75 f_{ak}$	$\Delta S'_n \leqslant 0.025 \sum\limits_{i=1}^{n} \Delta S'_t$	$8.31 < 10.64$
							ψ_s：0.94	1	0.7			$\psi_s S_{\infty}$	354.79

按照上述的天然地基分层总和法计算地基沉降，天然地基不处理，在 78.48 kPa 附加应力作用下，会产生 354.79 mm 的地基工后沉降。按照黏性土地基的沉降规律，一般认为施工期间，在施工荷载作用下软黏土只发生了总沉降量的 5%～20%，至少剩余 80% 的工后沉降，即 283.8 mm，远大于沉降控制标准（10 cm）。

该项目经多方论证、综合考虑，结合地质条件，最终决定采用井点塑排真空预压渗流固结联合降水预压动力固结法对软土地基进行加固。该工法综合应用程度高，相当于好几种处理方法同时对库内地坪区域和室外装卸货道路区域进行加固，地基固结度可到 80% 以上，预先消除 80% 固结沉降，即 354×80% = 283.2 mm，工后剩余 20% 残余沉降 354 - 283.2 = 70.8 mm，即工后沉降小于 10 cm。造价具有一定优势，一般随地质条件、加固面积大小及加固深度不同为 160～180 元/m²。工期一般随地质条件、加固面积大小、加固深度、工后沉降要求不同,分别为4～7个月不等。土层较好的情况下,可以优化施工步骤加快施工进程,从而缩短工期,最快为3个月左右。该项目基于井点塑排真空预压渗流固结联合降水预压动力固结工法的软基加固处理总纲和软基处理的施工程序框图类同于案例1珠三角跨境电商贸易港项目,在此不再赘述。

3) 施工过程

江阴项目施工过程照片及测试结果如图12.26—图12.32所示。

图 12.26   2.5 m 深回填土施工照片

图 12.27   竖向排水板插板施工照片

图 12.28   真空预压施工照片

图 12.29   降水预压施工照片

图 12.30   动力固结施工照片 1

图 12.31   动力固结施工照片 2

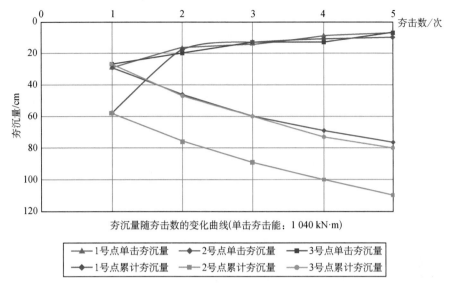

图 12.32　动力固结试夯试验

表 12.8　江阴项目施工过程记录

工程名称	江阴物流园地基处理项目						施工单位	上海建研地基基础工程有限公司					
巡查日期	2016.1.18—2016.1.20			天气情况	晴		分部分项	B3 库第一遍真空降水预压					
真空泵编号	巡查时间	真空表压力/kPa	巡查时间	真空表压力/kPa	巡查时间	真空表压力/kPa	巡查时间	真空表压力/kPa	巡查时间	真空表压力/kPa	巡查时间	真空表压力/kPa
1	6:10	100	18:50	100	1:25	100	5:40	100	20:10	100	4:35	100
2	6:10	96	18:50	96	1:25	96	5:40	96	20:10	96	4:35	96
3	6:10	98	18:50	98	1:25	96	5:40	98	20:10	94	4:35	96
4	6:10	100	18:50	100	1:25	100	5:40	100	20:10	100	4:35	100
5	6:10	100	18:50	100	1:25	96	5:40	100	20:10	98	4:35	98
6	6:10	98	18:50	98	1:25	100	5:40	96	20:10	96	4:35	98
7	6:10	96	18:50	100	1:25	100	5:40	100	20:10	100	4:35	100
8	6:10	98	18:50	98	1:25	100	5:40	100	20:10	100	4:35	98
9	6:10	100	18:50	100	1:25	98	5:40	98	20:10	98	4:35	100
10	6:10	100	18:50	96	1:25	98	5:40	98	20:10	98	4:35	98
11	6:10	96	18:50	98	1:25	98	5:40	98	20:10	98	4:35	98
12	6:10	100	18:50	100	1:25	100	5:40	100	20:10	100	4:35	100
13	6:10	98	18:50	100	1:25	100	5:40	100	20:10	98	4:35	100

（续表）

真空泵编号	巡查时间	真空表压力/kPa	巡查时间	真空表压力/kPa	巡查时间	真空表压力/kPa	巡查时间	真空表压力/kPa	巡查时间	真空表压力/kPa	巡查时间	真空表压力/kPa	巡查时间	真空表压力/kPa
14	6:10	90	18:50	90	1:25	90	5:40	90	20:10	88	4:35	90
15	6:10	98	18:50	98	1:25	96	5:40	90	20:10	96	4:35	94
16	6:10	96	18:50	98	1:25	96	5:40	96	20:10	96	4:35	96
17	6:10	100	18:50	100	1:25	100	5:40	100	20:10	100	4:35	100
18	6:10	96	18:50	98	1:25	98	5:40	98	20:10	98	4:35	100
19	6:10	100	18:50	98	1:25	96	5:40	96	20:10	96	4:35	96
20	6:10	100	18:50	100	1:25	100	5:40	100	20:10	100	4:35	100
21	6:10	100	18:50	100	1:25	100	5:40	100	20:10	100	4:35	100

4. 加固效果检验

1）监测数据

仓库 2 的 8 个地表沉降观测点的监测历时曲线如图 12.33 所示，仓库 2 三个水位孔的地下水位监测历时曲线如图 12.34 所示，分层沉降监测历时曲线如图 12.35 所示，超静孔隙水压力历时曲线如图 12.36 所示。

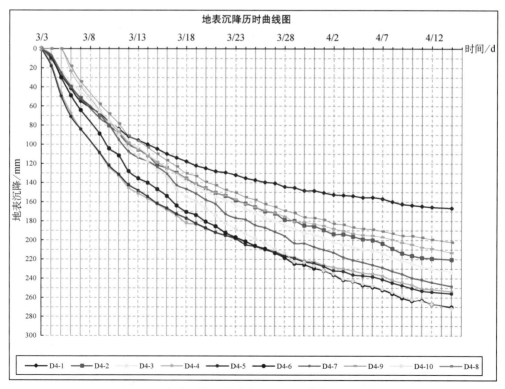

图 12.33　仓库 2 的 8 个地表沉降观测点的监测历时曲线

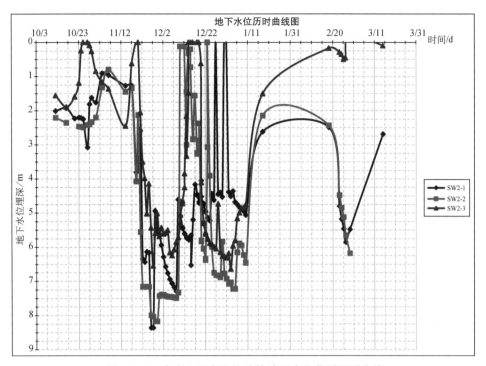

图 12.34　仓库 2 三个水位孔的地下水位监测历时曲线

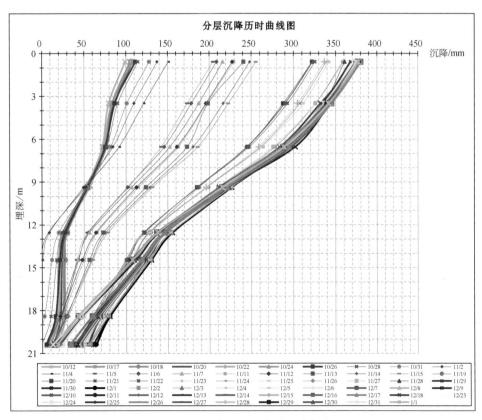

图 12.35　分层沉降监测历时曲线

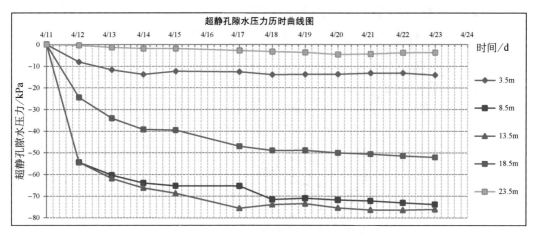

图 12.36　超静孔隙水压力历时曲线

2）检测数据

江阴项目检测数据如图 12.37 和图 12.38 所示。

复 合 地 基 载 荷 试 验 曲 线 图

工程名称: 江阴仓储设施有限公司仓储设施建设项目		试点编号: 3
设计荷载: 240 kPa	压板面积: 1 m²	开始检测日期: 2016-5-2

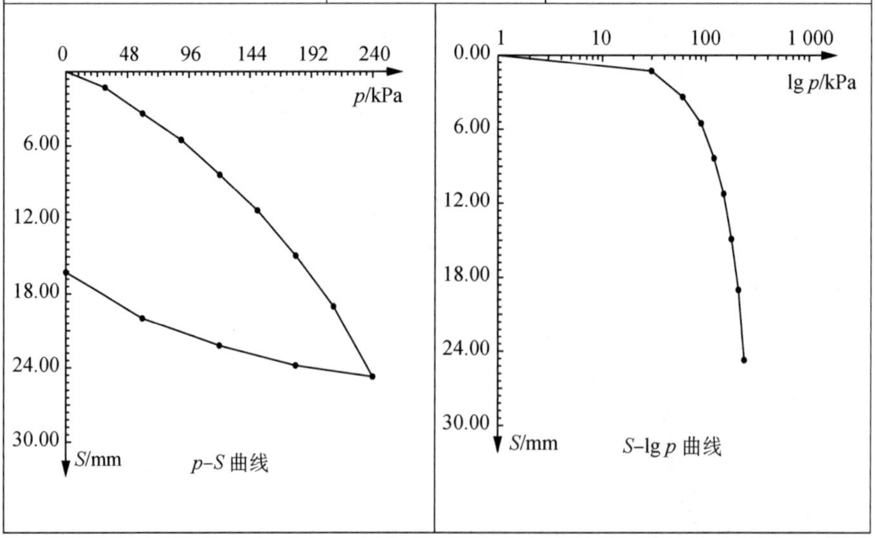

图 12.37　平板载荷试验 240 kPa

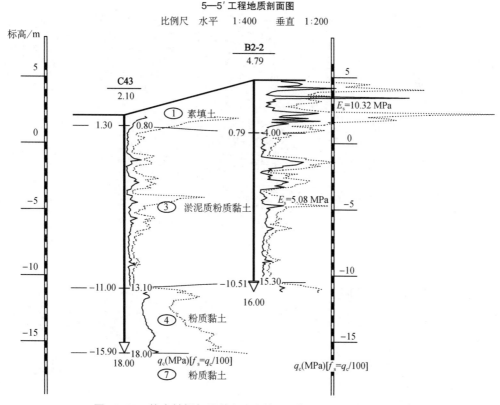

图 12.38　静力触探加固前(C43)/加固后(B2-2)P-S 曲线比对

3) 开挖验证

B1 库内开挖 6 m 照片和 B2 库内开挖 6 m 照片分别如图 12.39 和图 12.40 所示。

图 12.39　B1 库内开挖 6 m 照片

图 12.40　B2 库内开挖 6 m 照片

4) 竣工 3 年后现场照片

江阴项目竣工 3 年后现场照片如图 12.41—图 12.46 所示。

图 12.41　库区地坪 1

图 12.42　库区高位货架

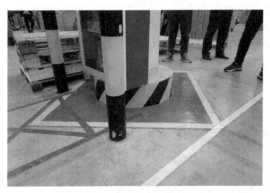

图 12.43　库区钢柱菱形角

图 12.44　库区地坪 2

图 12.45　室外装卸货区道路

图 12.46　室外装卸货道路

第13章
仓库建筑构件的耐火极限和防火涂料

仓库的防火是头等大事,除了确保消防喷淋/消防水炮、消火栓、消防水池等整个消防系统的功能正常以及日常的安全操作管理外,各类承重构件的耐火时限也非常关键。基于设计规范和所选择的建筑物防火等级可以明确柱、梁、墙等不同功能结构构件的耐火时限,对于全钢结构和PC结构中的钢次梁和屋面钢梁,选择何种防火涂料是开发商、设计单位和承包商都要从安全度、成本、施工便利性等角度综合评估的。

在《建筑设计防火规范》(2018年版)(GB 50016—2014)中,明确给出了不同耐火等级下仓库防火墙、柱、梁、屋顶承重构件的耐火极限(表13.1)。

表13.1 不同耐火等级厂房和仓库建筑构件的燃烧性能和耐火极限(h)

构件名称		耐火等级			
		一级	二级	三级	四级
墙	防火墙	不燃性 3.00	不燃性 3.00	不燃性 3.00	不燃性 3.00
	承重墙	不燃性 3.00	不燃性 2.50	不燃性 2.00	难燃性 0.50
	楼梯间和前室的墙 电梯井的墙	不燃性 2.00	不燃性 2.00	不燃性 1.50	难燃性 0.50
	疏散走道两侧的隔墙	不燃性 1.00	不燃性 1.00	不燃性 0.50	难燃性 0.25
	非承重外墙 房间隔墙	不燃性 0.75	不燃性 0.50	难燃性 0.50	难燃性 0.25
柱		不燃性 3.00	不燃性 2.50	不燃性 2.00	难燃性 0.50
梁		不燃性 2.00	不燃性 1.50	不燃性 1.00	难燃性 0.50

（续表）

构件名称	耐火等级			
	一级	二级	三级	四级
楼板	不燃性 1.50	不燃性 1.00	不燃性 0.75	难燃性 0.50
屋顶承重构件	不燃性 1.50	不燃性 1.00	难燃性 0.50	可燃性
疏散楼梯	不燃性 1.50	不燃性 1.00	不燃性 0.75	可燃性
吊顶（包括吊顶搁栅）	不燃性 0.25	难燃性 0.25	难燃性 0.15	可燃性

规范第3.2.9条明确说明甲、乙类厂房和甲、乙、丙类仓库内的防火墙，其耐火极限不应低于4.00 h；第3.2.10条明确了一、二级耐火等级单层厂房（仓库）的柱，其耐火极限分别不应低于2.50 h和2.00 h；第3.2.11条明确说明采用自动喷水灭火系统全保护的一级耐火等级单、多层厂房（仓库）的屋顶承重构件，其耐火极限不应低于1.00 h。

在仓库建筑设计过程中，对于防火墙、柱、楼层梁的耐火极限大家都理解得很透彻，但对轻钢结构的屋面钢梁的耐火极限则理解不一，不少设计师将轻钢结构屋面钢梁理解为"梁"而不是屋面承重构件，其设计图纸中注明的耐火时限一般都是屋面钢梁为2 h，屋面檩条为1 h，这种观点是不准确的。因为屋面檩条通过隅撑对屋面钢梁起到侧向支撑作用，屋面檩条和屋面钢梁都属于屋面承重构件，二者的耐火时限应该是一样的，当檩条因火灾破坏后屋面钢梁也将失稳倾覆。规范第3.2.11条明确了单层和多层仓库的屋面承重构件在自动喷水灭火系统全保护下耐火极限不应低于1.00 h，也就是屋面钢梁和檩条的耐火极限都不应低于1.00 h。

《建筑钢结构防火技术规范》（GB 51249—2017）中第3.1.1条指出：柱间支撑的设计耐火极限应与柱相同，楼盖支撑的设计耐火极限应与梁相同，屋盖支撑和系杆的设计耐火极限应与屋顶承重构件相同，基于以上说明，应该清楚仓库的轻钢结构屋面钢梁和檩条都归类为屋顶承重构件。

仓库轻钢结构屋面檩条是否属于屋顶承重构件则基于受力性质和作用而定，基于《建筑钢结构防火技术规范》（GB 51249—2017）的条文说明，屋盖结构中的檩条可分为两类。第一类檩条：檩条仅对屋面板起支撑作用，此类檩条破坏仅影响局部屋面板，对屋盖结构整体受力性能影响很小，即使在火灾中出现破坏，也不会造成结构整体失效，因此不应视为屋盖主要结构体系的一个组成部分。对于这类檩条，其耐火极限可不作要求。第二类檩条：檩条除支承屋面板外，还兼作纵向系杆，对主结构（如屋架）起到侧向支撑作用，或者作为横向水平支撑开间的腹杆。此类檩条破坏可能导致主体结构失去整体稳定性，造成整体倾覆。因此，此类檩条应视为屋盖主要结构体系的一个组成部分，其设计耐火极限应与对屋盖支撑、系杆的要求一样取值。仓库轻钢结构屋面檩条属于第二类檩条，其耐火极限应与屋面钢梁的耐火极限一样,设计中将屋面钢梁的耐火极限取值大于檩条的耐火极限没有实际意义。

对于高层仓库的轻钢结构屋面在自动喷水灭火系统全保护下屋面承重构件的耐火极限,规范中没有像多层库那样给予明确说明耐火极限不应低于 1.00 h,只能按规范中的通常要求取其耐火极限不应低于 1.5 h,但屋面檩条要达到 1.5 h 的耐火极限在目前的实际施工中难度很大,基本上是无法满足的。

屋面檩条的布置密集且展开面积很大,檩条表面喷涂防火涂料工作量大且通常无法满足厚度要求,那对仓库的轻钢结构屋面是否可以通过在钢梁间增设系杆来替代檩条对钢梁的侧向支撑作用呢?轻钢结构屋面的整体稳定主要依赖侧向支撑减少计算长度(长细比)来实现,因为轻钢结构(门钢)构件钢板厚度小,且屋面采用排架(梁端是铰接),跨中弯矩大(边跨和单跨),较大程度上依赖于隅撑,仅仅靠 6 m 设置一道系杆是解决不了稳定问题的。在普钢(重钢)结构里面,屋面是框架梁,刚接,自身有反弯点,且构件断面尺寸大容易满足整体稳定,可能增加 6 m 一道系杆或者主钢梁受压翼缘加厚或加宽一点就够了。所以在重钢结构的屋面中可以取消隅撑,将屋面檩条归类为一类檩条,而在轻钢屋面中则无法实现这一点。

在火灾引起的高温环境下,不喷刷防火涂料的普通钢结构构件的耐火时限通常在 15 min 左右,因此钢结构构件需要防火涂料保护。钢结构构件的消防涂料分为膨胀型和非膨胀型两大类(表 13.2),按涂层厚薄、成分、施工方法及性能特征不同可进一步分成不同类别。根据涂层使用厚度将防火涂料分为超薄型(小于或等于 3 mm)、薄型(大于 3 mm,且小于或等于 7 mm)和厚型(大于 7 mm)防火涂料三种。

表 13.2 防火涂料的分类

类别	涂层特性	主要成分	说明
膨胀型	遇火膨胀,形成多孔碳化层,涂层厚度一般小于 7 mm	有机树脂为基料,还有发泡剂、阻燃剂、成碳剂等	又称超薄型、薄型防火涂料
非膨胀型	遇火不膨胀,自身有良好的隔热性,涂层厚度 7～50 mm	无机绝热材料为主(如膨胀蛭石、珍珠岩、矿物纤维),还有无机黏结剂	又称厚型防火涂料

非膨胀型防火涂料也就是厚型防火涂料,其主要成分为无机绝热材料,遇火不膨胀,其防火机理是利用涂层固有的良好的绝热性以及高温下部分成分的蒸发和分解等烧蚀反应而产生的吸热作用,来隔阻和消耗火灾热量向基材的传递,延缓钢构件升温。非膨胀型防火涂料一般不燃、无毒、耐老化、耐久性较可靠,适用于永久性建筑中钢结构防火保护。非膨胀型防火涂料涂层厚度一般为 7～50 mm,对应的构件耐火极限可以达到 0.5～3.0 h。

非膨胀型防火涂料可以分为两类:一类是以矿物纤维为主要绝热材料,掺加水泥和少量添加剂,预先在工厂混合而成的防火材料,需采用专用喷涂机械按干法喷涂工艺施工;另一类是以膨胀蛭石、膨胀珍珠岩等颗粒材料为主要绝热骨料的防火涂料,可采用喷涂、抹涂等湿法施工。矿物纤维类防火涂料的隔热性能良好,但表面疏松,只适合于完全封闭的隐蔽工程,另外干式喷涂时容易产生细微纤维粉尘,对施工人员和环境的保护不利。目前国内大量推广应用非膨胀型防火涂料主要为湿法施工:一种是以珍珠岩为骨料,水玻璃(或硅溶胶)为黏结剂,属双组分包装涂料,采用喷涂施工;另一种是以膨胀蛭石、珍珠岩为骨料,水泥为黏结剂的单组分包装涂料,到现场只需加水拌匀即可使用,能喷也能抹,手工涂抹施工时涂层表面能达到光滑平整。水泥系防火涂料中,密度较高的品种具有优良的耐水性和抗冻融性。

非膨胀型的防火涂料的耐火时限一般不存在随时间衰减的问题,非膨胀型防火涂料的施工厚度以涂料厚度平均值为试验标准值的±10%内为合格,过厚则容易开裂和脱落。

膨胀型防火涂料即超薄型、薄型防火涂料,其基料为有机树脂,配方中还含有发泡剂、阻燃剂、成碳剂等成分,遇火后自身会发泡膨胀,形成比原涂层厚度大数倍到数十倍的多孔碳质层。多孔碳质层可阻挡外部热源对基材的传热,如同绝热屏障。当膨胀型防火涂料在设计耐火极限不高于 1.5 h 时,具有较好的经济性。

膨胀型防火涂料观感比较好,但要达到规定的耐火时限要求往往要涂刷很多遍,需要较高的人工费用和台班费用。膨胀型钢结构防火涂料含有的黏结剂、催化剂、发泡剂、成炭剂多为有机物质,涂层遇火后涂料中的有机物质发生一系列的物理化学反应,迅速膨胀,形成致密的蜂窝状碳质泡沫组成隔热层。但膨胀型防火涂料随着时间的延长,部分有机物质存在发生分解、降解、溶出等不可逆过程,使涂料"老化"失效,出现粉化、脱落,涂层耐久性能较差,性能衰减明显。试验表明,5 年内耐火极限衰减 21.7%,对耐火性能要求较高的场所和构件,不宜选用非环氧类膨胀型钢结构防火涂料。

防锈层与防火层是否兼容是钢结构防火保护的技术难题之一。钢结构涂装构造包括防锈漆涂装、防火涂层涂装及防火涂料面漆涂装,防锈漆涂装一般在钢结构制作企业车间内完成。实际工程中,为了节约成本,大量钢结构企业选用调和漆作为防锈漆,工程实践表明,调和漆漆膜附着力差,容易引起防火涂层的空鼓、脱落,国家技术规程建议采用环氧类涂料作为防锈漆。实践表明,膨胀型防火涂料宜选用双组分环氧类防锈漆,非膨胀型防火涂料宜选用磷酸锌环氧类防锈漆。

防火涂料的实际施工中,对于钢柱一般都采用非膨胀型防火涂料,防火涂料的实际喷涂厚度大多也与设计图纸要求相差不大。而对于钢梁和屋面檩条,开发商和承包商往往从美观、便于施工、节省费用等角度出发,大多选择非环氧类的膨胀型超薄防火涂料。从许多案例的实测结果来看,钢梁的膨胀型防火涂料实际完成厚度距国家规范要求相差还是比较大的,对于耐火时限 1.5 h 的膨胀型防火涂料来说其厚度要求大约是 1.8 mm,而膨胀型防火涂料喷涂一次的厚度大概为 0.2 mm,也就是要喷刷 9 遍才能满足规范要求。

仓库运营的日常防火非常重要,一旦失火,全钢结构、PC 结构楼层钢次梁、轻钢结构屋面承重体系,特别是喷涂了超薄型防火涂料的结构构件在熊熊烈火之中容易失强、失稳、倒塌。南京某仓库火灾后相关照片如图 13.1—图 13.3 所示。

图 13. 1　南京某仓库火灾后外墙与雨篷

图 13. 2　南京某仓库钢结构屋面火灾后倒塌情形　　　　图 13. 3　南京某仓库火灾后废墟

第14章
极端气候条件下仓库建筑的受灾状况分析

工程设计经验一定是在不断总结失败和遇灾工程案例的基础上归纳出来的,中国地域辽阔,南北方的气候状况相差很大,在极端恶劣气候条件下(强台风、暴雪、暴雨),物流仓库的钢结构屋面会遭遇什么状况呢?

1. 强台风情况下受灾状况

以一个华南地区的两层电梯库遭遇龙卷风后的破坏情况为例,2015年国庆期间广州遭遇强台风,广州保税区某两层物流电梯仓库受灾严重,仓库周边的工厂、高压电线、道路绿化等均遭受不同程度的损失,应是危害程度远大于强台风的龙卷风灾害,瞬间风力超过15级,而该两层物流电梯仓库正好位于龙卷风的行径上。

整个仓库二层部分受到严重破坏,约2/3的屋面彩钢板被龙卷风卷走,屋面风机也大多坠落。屋面钢梁与混凝土柱的节点螺栓断裂或混凝土柱头破损,部分屋面承重系统倒塌,二层山墙位置处的混凝土抗风柱根部断裂,约1/4的二层ALC板外墙倒塌,二层仓库防火分区隔墙倒塌,整个二层机电和消防系统全部损坏。受灾现场照片如图14.1—图14.12所示。

此次龙卷风灾害给我们的启示是,对于经常发生强台风区域的物流仓库,其钢结构设计施工应该注意以下方面。

图 14.1　仓库周边树木被连根拔起

图 14.2　卡车被掀翻

图 14.3　屋面承重系统坍塌

图 14.4　彩钢板被卷走、风机坠落

图 14.5　树干撞击十几米高的 ALC 板外墙

图 14.6　树干撞墙后砸坏雨篷

图 14.7　侧墙梁柱节点螺栓断裂/混凝土柱头破损

图 14.8　中柱梁柱节点破坏

图 14.9　顶层办公区混凝土角柱断裂

图 14.10　山墙倒塌

图 14.11　仓库二层山墙混凝土柱根部断裂

图 14.12　二层防火墙倒塌

（1）台风高发区域的仓库轻钢结构屋面檩条应适当加密，且应采用 C 型钢檩间支撑；应有效控制屋面彩钢板的板肋高度，板肋高度应不小于 75。屋面彩钢板的有效厚度应不小于 0.6 mm，台风高发区域的钢结构屋面应采用抗风夹。

（2）台风高发区域的仓库轻钢结构屋面应优先考虑采用桁架檩条。

（3）仓库内办公区钢结构体系宜结构独立，保证人员安全。

（4）台风高发区域的物流仓库应尽可能少用大尺寸卷帘门。

（5）仓库轻钢结构屋面钢梁和混凝土柱顶的连接方式应加强，且轻钢结构屋面宜设置纵向水平支撑，这样即使在梁柱节点破坏的情况下，不会立即导致钢梁垮塌，另外刚性系杆也建议加强。

2. 超厚积雪状况下的轻钢结构屋面受损状况

北方地区的物流仓库因冬季积雪堆载较大，屋面檩条应适当加密，且应优先采用 C 型钢檩间支撑。300 mm 高的 Z 型檩条对应的柱距一般以 9 m 为宜，12 m 柱距已是上限，对于柱距大于 12 m 的轻钢结构屋面应采用桁架式檩条。

沿仓库长度方向应避免设置女儿墙，从而减少可能的屋面积雪厚度，同时避免春季屋面积雪融化过程中的反复结冰、融化所导致的内天沟屋面渗水隐患。北方地区的屋面内天沟往往还需要设置电伴热,设置电伴热化冰效果未必理想且不符合 ESG 要求。

　　同样是冬季积雪化冰原因,北方寒冷地区仓库的雨篷坡度方向应有别于其他地区的仓库雨篷,应朝向外坡而不是朝向内坡。北方地区仓库的屋面雨水管材料应选用彩钢板,不宜选用 PVC 管材,因为 PVC 管材冬季结冰易破损。

　　超厚积雪受损现场照片如图 14.13—图 14.18 所示。

图 14.13　女儿墙内天沟冰冻雪水倒灌进库房

图 14.14　内坡雨篷积雪严重

图 14.15　女儿墙屋面积雪严重

图 14.16　PVC 雨水管易冻裂

图 14.17　檩条弯扭失稳

图 14.18　屋面承重体系坍塌

图 14.17 显示某项目轻钢结构屋面承受雪荷载后,导致檩条侧向失稳。分析檩条失稳的原因除了屋面积雪荷载可能过大外,檩间支撑选型不当、檩间拉杆没有正确施工应该是主要原因,另外檩条自身的强度、刚度也需复核。

图 14.18 是 2007 年初春某北方项目轻钢结构屋面承重体系在积雪作用下的失稳坍塌状况,其屋面体系失稳坍塌的演变过程应该是随着屋面积雪荷载的累积增加导致檩条侧向变形,檩间支撑未发挥其应有的功能,导致檩条失稳、屋面钢梁失稳、整个轻钢结构屋面体系坍塌。

图 14.19—图 14.21 是 2008 年初春某知名钢结构公司承建的北方某项目在暴雪作用下屋面坍塌后的状况。该项目为了降低工程成本,檩间支撑选用了拉杆支撑,因积雪荷载的作用和施工不当等因素导致檩条侧向失稳、钢梁失稳、梁柱节点破坏、结构垮塌。

图 14.19 檩间支撑不力、屋面体系倒塌   图 14.20 失稳、梁柱节点破坏、垮塌

图 14.21 失稳、梁柱节点破坏   图 14.22 施工过程檩条旁弯

在轻钢结构屋面的施工过程中,图 14.22 显示的施工过程檩条旁弯现象也是比较常见的。作为保障轻钢结构屋面体系整体性的重要构件的檩间支撑选用何种型式是非常关键的

因素,从保证轻钢结构屋面承重体系的整体稳定性来讲,檩间支撑的型式应优先选用图 14.23 的 C 型钢型式的檩间支撑(C 型檩间支撑应与喷淋头相互错开)或图 14.24 的角钢型式的檩间支撑,千万不能为了节省工程费用而选用拉杆式檩间支撑。

图 14.23　C 型钢型式的檩间支撑　　　　　　图 14.24　角钢型式的檩间支撑

需要补充一点的是本书第 10 章中的案例 1 肇庆大旺单层钢结构屋面所选用的檩间支撑型式幸好是 C 型钢檩间支撑,否则当柱下基础因喀斯特地貌地下溶洞发育而下沉约 40 cm 时,如果选用拉杆式檩间支撑,估计整个屋面结构体系早垮塌了。

目前,大多数项目的轻钢结构屋面设计所选用的应力比为 0.93～0.98,考虑到轻钢结构体系最重要的安全问题是结构失稳,因此在工程总成本不变的情况下,建议钢结构构件的应力比取值尽可能选高值,节省下来的费用可以用于支撑构件从而提升轻钢结构体系的整体稳定性。

在物流仓库的轻钢结构屋面体系中,屋面上可能堆放着太阳能板,许多项目的消防喷淋主管、支管大多是吊挂在檩条上的。如果檩间支撑效果不理想,那么在积雪荷载、喷淋主管中水流冲击作用下,可能会导致檩条失稳等一系列连锁反应。

3. 暴雨所导致的钢结构屋面受损

对于年度降雨量比较大的地区,因常年以来的气候反常,遭遇 50 年一遇或百年一遇特大暴雨的情况时常发生。早期的物流仓库为了建筑立面效果,往往沿屋面周边设置 1 m 多高的女儿墙,屋面的排水天沟基本上都是内天沟,在暴雨作用下屋面内天沟排水不畅会导致雨水倒灌、屋面保温棉受潮、库内雨水管溢水等问题。另外,如果内天沟的排水口被树叶等垃圾堵塞,也可能引起屋面承重体系坍塌的次生灾害。

轻钢结构屋面设计除山墙外应避免设置女儿墙,屋面排水应优先设置外天沟而不是内天沟。同时,在园区的日常运营中,物业管理人员应定期特别是雨季来临前检查钢结构屋面、雨篷排水口处是否被树叶等垃圾堵住了,并及时清除所有排水口处的垃圾。

第 15 章
钢结构安装质量控制

主结构和次结构的工厂化制作质量只能保证钢结构工程品质的一部分,钢结构的现场安装才是质量控制的关键。钢结构安装就像搭积木一样,前道工序的质量是后面工序的基础和保证,否则会在不断的纠偏、纠错过程中失去初心,钢结构安装质量控制的难点主要体现在以下方面。

（1）高空、露天作业的环境,高温酷暑、天寒地冻的天气,是钢结构安装工人无法回避的工作环境,影响安装质量的环境因素很多。

（2）钢结构安装实际上是门手艺活,安装工人的技术水准参差不齐,且在项目施工过程中安装工人流动性偏大。

（3）外墙板彩钢板厚度偏薄,得板率高的板型偏柔,墙板打钉处很容易凹陷。门窗收边件的板厚如果与墙板厚度一样则成品观感不佳。

（4）物流仓库项目的工期都很短,抢工时常发生。

（5）在项目中标至安装完成的过程中,钢材料价格浮动比较大,材料价格上涨对不调价项目的负面影响比较大。

（6）钢结构安装从早期的专业团队泛化到目前只要找到一个安装队伍就可以接工程了。

钢结构安装质量控制要点如下。

（1）钢结构安装过程中安全是第一位的,需确保安装场地条件符合质量控制要求,并高度关注主结构安装过程中的稳定性,柱间支撑、临时支撑系杆、部分檩条及隅撑需同步跟进,底座灌浆是重中之重。钢柱基础需保证二次灌浆的高度及清洁,如图 15.1 所示。安装过程的安全性和稳定性如图 15.2 所示。

（2）钢结构夹层主梁与柱刚接节点安装必须严格按照图 15.3 实施,现场经常发生以下质量缺陷:如夹层主梁偏心、腹板连接板装反或未焊接、主梁翼缘全熔透焊缝未设引弧板、主梁与牛腿翼缘错开或焊缝夹钢筋等。

图 15.1　钢柱基础需保证二次灌浆的高度及清洁

图 15.2　安装过程的安全性和稳定性

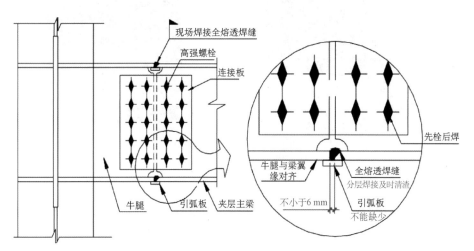

图 15.3　梁柱刚接节点示意图

（3）屋面檩条和檩间支撑的安装质量关系到整个屋面承重体系的稳定性,屋面檩条安装过程中经常会发生檩条旁弯缺陷(图 15.4),这与檩间支撑的型式有很大的关系。C 型钢檩间支撑一般能保证檩条的平直,而拉杆式檩间支撑则经常会发生檩条旁弯现象。当 C 型檩间支撑不能和另一个支撑通过销钉连接时,需将其末端向腹板折弯并打钉紧固(图 15.5)。销钉未穿下部末端孔如图 15.6 所示,末端未打钉如图 15.7 所示。

图 15.4　檩条旁弯缺陷

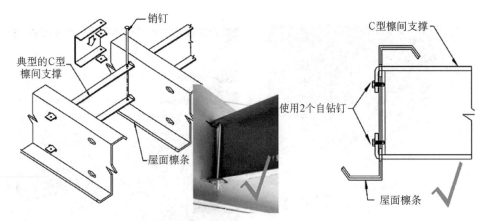

图 15.5　C 型檩间支撑安装要求

图 15.6　销钉未穿下部末端孔

图 15.7　末端未打钉

（4）应确保屋面檩条搭接长度及螺栓安装位置准确,有效搭接长度为两侧檩条搭接螺栓距离,应符合设计要求。檩条搭接及螺栓安装示意如图 15.8 所示,檩条搭接及螺栓安装位置错误如图 15.9 所示。

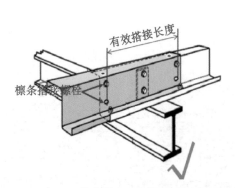

图 15.8　檩条搭接及螺栓安装示意

图 15.9　檩条搭接及螺栓安装位置错误

（5）冷弯薄壁镀锌构件只能用连接件加螺栓连接,严禁薄壁镀锌构件焊接,薄壁镀锌门柱柱脚必须通过连接件与地面可靠连接,不能靠焊接钢筋生根(图 15.10)。

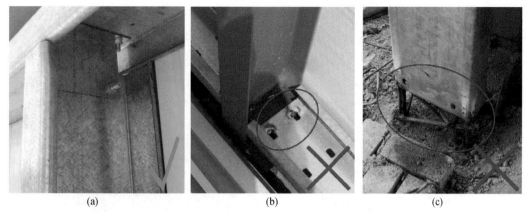

图 15.10　冷弯薄壁镀锌件严禁现场焊接

（6）钢柱隅撑必须与墙面檩条采用螺栓连接（图 15.11），内墙板安装完毕后必须全数检查柱隅撑安装情况，符合要求以后才能允许开始外墙板安装。柱隅撑与墙面檩条不连接或使用自钻钉连接均错误（图 15.12）。

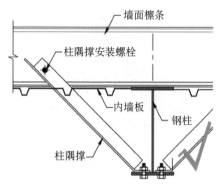

图 15.11　柱隅撑安装示意图

图 15.12　柱隅撑与增面檩条使用自钻钉连接

（7）内天沟的防水和溢水口的设置非常重要，内天沟两端必须做密封处理，图 15.13 是天沟端部密封良好的正确做法，而图 15.14 则是天沟端部未做密封处理的情况。

图 15.13　天沟端部密封良好

图 15.14　天沟端部未做密封处理

（8）不锈钢内天沟的焊接必须采用氩弧焊焊接，天沟搭接部位应在屋面板安装前完成焊接。焊缝处严禁打胶，严禁用焊条焊接，不宜在天沟背面焊接。

（9）檐口钉在内天沟位置应同时穿过压条、屋面板、胶泥、天沟翼缘及屋面檩条翼缘（图15.15）。堵头位置应准确、堵头与胶泥及暗胶应连续形成完全檐口密封（图15.16）。檐口钉未打在屋面檩条上如图15.17所示。堵头安装注意事项如图15.18所示。

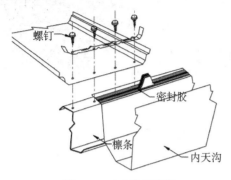

图 15.15　安装示意图

图 15.16　安装正确檐口可实现完全密封

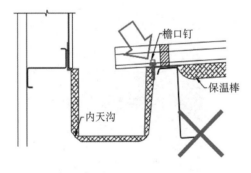

图 15.17　檐口钉未打在屋面檩条上

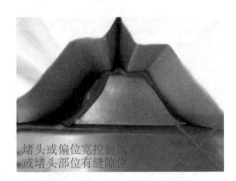

图 15.18　堵头安装注意事项

（10）外天沟部位相对应的檐口角钢或支撑件与檐口檩条应可靠固接，屋面板檐口支撑件与檐口檩条的紧固件间距不能大于要求，应确保檐口钉相对檐口角钢及檐口檩条位置正确（图15.19）。

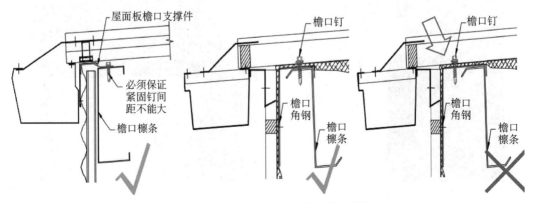

图 15.19　外天沟与檐口处支撑件的安装做法

（11）屋面板或采光板搭接需满足图 15.20 所示要求，上下板在宽度方向上应一致，避免错开导致台肩一侧缝隙很大（图 15.21）。

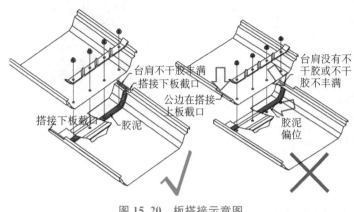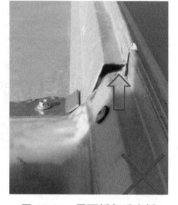

图 15.20　板搭接示意图　　　　　　　　　　图 15.21　屋面板与采光板
　　　　　　　　　　　　　　　　　　　　　　　接口处缝隙很大

（12）屋面板连接件的安装不能损伤滑片限位，保证滑片居中，每个连接件打两颗紧固钉（图 15.22）；应避免滑片限位损坏，滑片不居中，只打一颗紧固钉（图 15.23）。

图 15.22　屋面板与连接件的正确安装方式　　　　图 15.23　屋面板与连接件安装不到位

（13）出屋面板结构的防水处理：若有设备支撑结构出屋面，建议采用圆管作为结构柱，配合相应规格的开口圆形德泰盖片密封（图 15.24）。出屋面结构尽量避免采用 H 型钢柱，需焊接钢板加条形德泰密封，安装很复杂，防水性不易保证（图 15.25）。

（14）需重点关注横波纹板墙面与高窗接合处是否有渗漏隐患，若窗两侧下角如不做特殊处理肯定会渗漏（图 15.26），下角窗侧饰边做导水处理或竖向通长打胶封闭（图 15.27）。

（15）墙面保温棉的安装应确保平整、拼接无缝隙，并应设压条固定（图 15.28）；如果不设压条固定保温棉则很难平整（图 15.29）。

图 15.24　钢管出屋面防水施工简单

图 15.25　H 型钢出屋面防水施工复杂

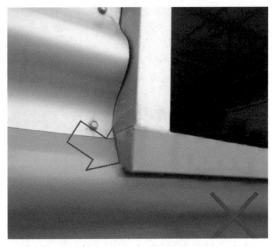

图 15.26　横波纹板与窗下角接口的错误做法

图 15.27　横波纹板与窗下角接口的正确做法

图 15.28　墙面保温棉正确的安装方式

图 15.29　墙面保温棉错误的安装方式

（16）三明治板次结构与紧固件要求：①三明治板与竖向檩条的每一个连接部位均不少于 2 颗紧固钉，建议增加紧固钉垫片提高强度［图 15.30（a）］；②三明治板端部对接位置相应的竖向檩条翼缘应加宽［图 15.30（b）］；③三明治板端部必须有竖向檩条支撑，不能悬挑［图 15.30（c）］。

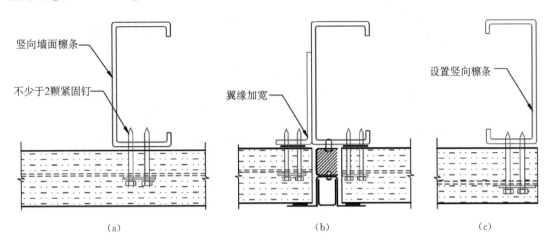

图 15.30　三明治板次结构与紧固件要求

（17）三明治板窗口防渗漏注意事项一：三明治板窗上口应有可靠的排水构造措施，当窗上口饰边在结构线处分成 2 片时窗框与封口胶必须位于结构线以内（图 15.31），如上口为整片饰边，需注意保证饰边下口斜度或槽口高度，并打孔排水（图 15.32），如窗框与封口胶遮住结构线会导致难以修复的渗漏（图 15.33）。

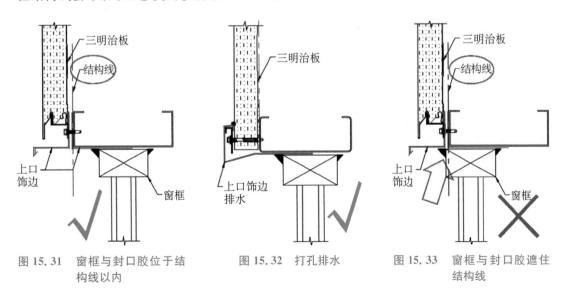

图 15.31　窗框与封口胶位于结构线以内　　图 15.32　打孔排水　　图 15.33　窗框与封口胶遮住结构线

（18）三明治板窗口防渗漏注意事项二：三明治板竖向镶缝饰边理论上无法做到完全防水（图 15.34），应尽量避免将镶缝饰边对在窗上角，否则易导致雨水沿窗竖向饰边内侧流淌（图 15.35）。

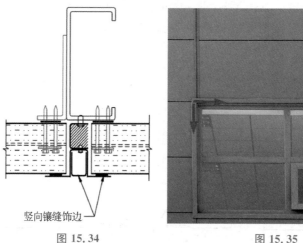

图 15.34   图 15.35

（19）由于施工图纸中一般不注明岩棉夹芯板的启口做法，而岩棉夹芯板要便宜一些，缺乏经验的承包商往往会采购拼接企口偏软的岩棉板（图 15.36）；但实际上物流仓库外墙岩棉夹芯板的企口节点做法对岩棉夹芯板的表面平整度安装质量影响很大，图 15.36 所示的岩棉夹芯板因启口未充填聚氨酯来提升启口的刚度，在岩棉夹芯板的运输和吊装过程中很容易导致启口变形，安装后外墙夹芯板也容易出现凹陷不平等质量缺陷。图 15.37 所示的双边启口充填发泡聚氨酯的岩棉夹芯板则质量稳定，在运输和吊装过程中不易变形，并且能保护岩棉不受雨水侵蚀而延长板材寿命。

图 15.36 拼接企口偏软的岩棉板   图 15.37 硬化处理后的拼接企口

（20）屋面女儿墙的压顶应朝内坡，且压顶板应避免中间凹陷，因为凹陷处积水容易在板搭接位置渗水。

第 16 章
钢纤维建筑地坪的施工质量控制

　　仓库的钢纤维建筑地坪施工通常在首层库内的机电消防安装完成后开始,目前常用的施工设备是大型伸缩臂激光整平机、全自动耐磨骨料撒料机(图 16.1)。施工前需清理基层垃圾和积水,对破损的素混凝土垫层进行修复平整,垫层标高不能超出规范要求,否则会影响建筑地坪的厚度,基于国家相关验收规范建筑地坪的厚度不能比设计厚度值小 5 mm 以上。冬季及风速偏大时需对仓库周边门洞进行围挡,并对立柱和墙面的底部 1.5 m 范围进行薄膜保护。对于四季分明的地区,冬春季节浇筑的建筑地坪,所有与混凝土接触的墙边贴 1～2 cm 厚挤塑板(图 16.2);6～10 月高温天气期间浇筑的钢纤维建筑地坪,墙边不需要贴挤塑板。

图 16.1　激光整平机和自动撒料机

　　放置水平标高线后,通常选用 0.3 mm 厚的优质塑料 PE 膜,搭接 100 mm,并用胶带粘牢(图 16.3),沿当日混凝土计划浇筑区域弹出边线,钢模沿边线垂直竖立,用水平尺校正侧模板顶水平后,再用斜撑和平撑加固。如果柱周边混凝土二次浇筑,则需在柱周边设置铠甲缝或安装菱形模板。

图 16.2　墙面保护、底部贴挤塑板

图 16.3　铺设 0.3 mm 厚 PE 膜

模板支设应垂直、水平、牢固,顶面标高控制在 +0～ -2 mm 以内,模板与混凝土接触的模板面涂刷脱模剂,传力杆固定牢靠,以防混凝土振捣时发生偏移。

施工缝必须设置暗榫(即传力杆),作为地坪各部分之间的荷载传递装置(图 16.4)。传统的暗榫设置方式无法经受叉车的频繁碾压,使地坪切缝处容易出现损坏并需要大修,修复费用是一次性投入的数倍。对于高端定制库,叉车使用频繁及预估后期沉降偏大的建筑地坪建议使用高质量的铠甲缝作为荷载传递装置(图 16.5),金属铠甲缝可替代模板,施工时保证安装牢固,控制垂直度及顶面标高,安装配套金属传力板及塑料套筒。施工缝位置是混凝土地坪最薄弱的区域,金属铠甲缝可以有效保护施工缝部位地面不破损,特别是在滑升门和防火卷帘门下方叉车出入频繁处,更需要安装金属铠甲缝。

图 16.4　传力杆安装

图 16.5　铠甲缝

架设激光发射器,具体位置根据当天铺设浇筑范围设在最佳位置,若立柱上无法架设,则应架设在专用三脚架上;根据原始水准点引地坪标高到激光整平机。

混凝土材料要求如下:

(1)混凝土强度达 C30 的纯水泥的商品混凝土。

(2)混凝土石子采用 0.5～2.5 cm 的级配碎石。

(3)混凝土入模坍落度应控制在(140±20)mm。

(4)水灰比不大于 0.45。

（5）砂子优先选用水洗中砂，且含泥量不大于 1%。如果只有机制砂可用，则必须将机制砂清洗干净。

（6）严禁掺入石粉等不良添加物，泵送混凝土中可适当添加粉煤灰，掺量控制在 8% 以内，直接投料的混凝土中不允许添加粉煤灰。

钢纤维材料要求如下：

（1）对于 80/60 型的钢纤维，建筑地坪面层混凝土内掺量为 $18\sim22\ kg/m^3$，最低掺量不小于 $15\ kg/m^3$，具体掺量基于钢纤维品牌、散装/成排产品、地基软硬情况而定，散装钢纤维因容易起球建议尽量不用，当地基偏软时钢纤维掺量应适当增加。

（2）钢纤维宜用水溶性胶水黏结成排（散装钢纤维容易在混凝土搅拌中结团），应两端带勾。

（3）最小抗拉强度为 1 100 MPa。

钢纤维混凝土由输送车直接送到地台上，以提高卸料速度。为保证混凝土地坪铺注的质量，安排 2～3 名以上混凝土浇筑工人配合，将摊铺在地面上的混凝土表面扒平，使堆料比设计标高略高（20～30 mm）。同时，对靠墙边、露头管线、立柱及模板周边的部分，离墙、立柱（模板）边 20～50 cm 的混凝土料用人工振捣棒和水平刮尺对地面做振捣和整平工作（用刮杠配合塑料抹子）。每次铺到地面上的混凝土料宽度不大于 5 m，长度以模板边界为准。施工方向为从左至右（沿短边方向）、从前往后（沿长边方向）进行。每天浇筑量建议为 1 500～2 000 m^2，以每天 8 h 工作时间计算，这样要求供料速度每小时为 45～60 m^3。混凝土铺筑初平后，用大型激光整平机从左至右进行振捣、整平，从前至后，每走一遍应振捣密实，下一遍应与上一遍相交 1 m，如有需要再用精平大镘对局部相交部分不平整处进一步修平。

采用耐磨骨料撒料机随激光整平机整平混凝土后立即进行撒布耐磨硬化剂作业，按照规定的使用要求，每平方米地面需撒 5 kg 的非金属耐磨骨料。基于工程经验，非金属耐磨骨料的布料宜分两次完成，第一遍机械布料 2/3，混凝土初凝打磨提浆后，再人工布料 1/3，这样可以有效改善建筑地坪地面色差问题，施工方向从左至右、从前往后。与纯手工布料相比，机械布料可以大幅提高施工效率及非金属耐磨骨料材料覆盖的均匀程度，避免因人工撒料作业留下的脚印痕迹和撒料不均匀、不及时造成的耐磨度不均、起皮、脱壳、色彩发花等弊病。为避免建筑地坪表面发白、色差，建议选用深灰色的非金属耐磨骨料以提升地坪的美观度。对于部分客户外月台磨损大的区域，可以考虑采用金属耐磨骨料。

待混凝土初凝阶段，先用 436 型手扶式抹光机对地面硬化剂进行提浆打磨作业。地面硬化剂达到一定强度后，再用驾驶型双盘抹光机进行纵横交错方式对地面整体打磨。墙边、柱脚及模板边缘用机械收边机或手工塑料抹板处理。视地面的硬化程度，将抹光机的圆盘卸下进行机械镘刀收光作业（收光过程中对露头的钢纤维应及时手工清理掉），调整抹光机刀片的运转速度和角度，采取精细收光施工，直至地坪表面无机械刀片抹痕，平整光亮为止。抹光机打磨、收光遍数及间隔时间应视现场的温度及混凝土硬化情况而定。

一般在耐磨骨料地面完工 24 h 内，为防止混凝土地面因收缩等原因开裂，于按设计要求的地面伸缩缝位置处，在地面上放出垂直线并弹线，使用混凝土切割机切割地面伸缩缝，钢纤维建筑地坪切缝如图 16.6 所示,切割缝间距宜为 4.5～6 m(一般根据仓库立柱间距确定)。切割应统一弹线,以确保切割缝整齐,横平顺直。切割深度为地坪面层厚度的 1/3,太浅则起不到引导微裂缝的效果。切缝产生的灰浆及时用吸尘器清理干净(注意:灰浆清理需全面彻底,地坪切缝清洗如图 16.7 所示)。

图 16.6　钢纤维建筑地坪切缝　　　　　图 16.7　地坪切缝清洗

　　库区与工具间(办公区)之间的隔墙基部地坪处宜沿墙设置离墙 500 mm 的地坪切缝,外装卸货平台处按照仓库地坪设缝,液压升降调节平台基坑处周边地坪应离开基坑边 200 mm 设置一圈切缝,所有阳角处的 45°切缝应确保有一定的长度才能避免不规则裂缝的产生。

图 16.8　土工布铺盖地坪浇水养护

钢纤维建筑地坪的养护通常采用浇水养护,养护时间不低于 7 d,应覆盖土工布浇水养护(图 16.8),不建议覆盖塑料薄膜,因塑料薄膜会在地面留下痕迹不易处理掉且易产生色差。另外对于洒水养护的建筑地坪,建议及时用布擦净混凝土凝结过程的碱性泛水,可减少色差。有些工法建议在成本允许时可在地坪收光完毕 5～6 h 内,涂刷一道液体地坪养护剂,这样可有效防止耐磨硬化地坪表面水分的蒸发,增强耐磨硬化地坪的抗磨强度及抗划伤性。但也有专家不建议涂刷养护剂,主要原因是现阶段的混凝土水胶比大都比较小,在混凝土早期水化热过程中需要大量的水来养护,在这个过程中如果涂刷了养护剂,将在混凝土表面形成一道封闭层,仅依靠混凝土自身的水分来养护是远远不够的。

对处于养护期间的耐磨硬化地坪应加强成品保护工作,在其周围搭设简易防护栏,并且以醒目标志标识,以防人及机械等碰坏耐磨地坪面层。耐磨硬化地坪完工 3～7 d 后可行人通行,10～15 d 后可轻型车辆通行(视温度确定),28 d 后达到最佳强度。在 28 d 以内,应避免金属物体直接撞击地面,也不可以在地面上拖移重物,避免刮出划痕。

拆除边模板时注意不要损坏地坪边缘,轻轻振动模板,使模板与混凝土表面脱离,禁止"猛砸狠敲"。拆除的模板需及时清理干净,涂刷脱模剂。拆除模板后如有地坪边损坏或边缘线处不顺直情况时,可以对地面边缘放线用切割机进行切割处理,剔除掉切割部分,以保证与相邻混凝土地台的纵向接缝处顺直,有利于接茬处伸缩缝的切割。边缘回切剔除清理干净后再插入传力杆。

首层仓库建筑地坪常见的质量缺陷是地坪裂缝、沉降,导致地坪产生裂缝的原因很多,最主要的是混凝土热胀冷缩过程中的温度应力,以及建筑地坪的差异沉降。地坪差异沉降的位置往往是柱下桩基承台边、地梁处,以及因软基处理方式差异、回填材料(比如大石块、局部软土等)、压实程度等原因所导致的相邻地基存在明显"刚度"差的区域。为减少建筑地坪裂缝所采取的措施,诸如切割伸缩缝、在液压平台基坑角部切缝、在办公区外墙体阳角处切缝、在柱周边等易产生裂缝位置设置抗裂钢筋等。

混凝土柱和钢柱对建筑地坪的约束作用极易在柱边产生裂缝,目前柱脚周边混凝土的浇筑方式常见的有两种:一种是在柱脚边设置金属铠甲缝然后与整个地坪一次性浇筑混凝土(图 16.9、图 16.10),建筑地坪的整体观感较好;另一种是在柱脚设置菱形模板然后二次浇筑菱形角内的混凝土(图 16.11),菱形角的角部对准地坪的切割伸缩缝,并在菱形角周边位置设置抗裂钢筋(图 16.12)。二次浇筑菱形角的方式比较费时费工,且菱形角内混凝土面与整个地坪相比往往存在色差。在单层库情况下因钢柱跨度比较大,设置二次浇筑混凝土菱形角的建筑地坪的整体观感还不错,但对于多高层仓库而言因柱距不大则显得库内地坪

图 16.9　圆弧角铠甲缝

图 16.10　圆形铠甲缝

菱形角太多而不够美观。如果软土地基上的建筑地坪发生较大的工况沉降,那么柱脚周边的菱形角混凝土会因差异沉降而凸出地面从而影响客户运营。以上两种处理方式虽然对柱脚周边裂缝有引导作用,但实际上并不能缓解热胀冷缩情形下柱对板的约束作用。

图 16.11　菱形角二次浇筑混凝土

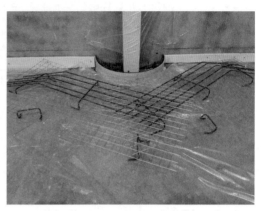
图 16.12　柱脚边防裂钢筋

　　图 16.13 的柱脚做法是既能节省工程成本又能有效控制地坪微裂缝的做法,约 4 cm 厚的挤塑板应在素混凝土垫层浇筑前就包裹好,挤塑板可以弱化混凝土柱/钢柱对建筑地坪热胀冷缩情况下的刚性约束作用从而减少微裂缝的产生,柱脚周边的抗裂钢筋以及延伸到柱边的地坪切缝的引导作用也对不规则裂缝起到良好的控制效果。一次性浇筑地坪混凝土后,对于混凝土方柱可以沿柱边用聚氨酯胶在挤塑板上方收边美化,而对于钢柱,为保护防火涂料可在柱脚设置防撞墩可同时盖住挤塑板(类似于图 16.14 所示)。即使后期建筑地坪沉降了,柱脚周边也只会有很小一部分地坪凸起或者只是产生一定的坡度,对运营的不利影响也会降到最低。

图 16.13　厚约 4 cm 的挤塑板包裹柱脚

图 16.14　钢柱柱脚防护墩

　　对于一些下方软土地基偏厚的建筑地坪,即使采取了某种软基处理方式对软土地基进行了有效处理,但建筑地坪在仓库使用过程中多少会发生一些沉降。当处理后的软土地基后期工况沉降的估算值仍有 5～10 cm 时,建议采用褥垫法对柱下桩基承台/库内地梁表面进行处理,比如在桩基承台/地梁表面先铺贴 6～10 cm 厚的挤塑板,然后再进行常规的回填压实,这样可以减小建筑地坪在柱下桩基平台周边、库内地梁处的差异沉降。

地坪切缝处需要填充聚氨酯嵌缝胶(图 16.15),千万不要为了省钱在切缝处填充沥青。将切缝内泥浆灰层用钢丝刷、吸尘器等工具清理干净(需确保切缝侧壁不得有浮灰),干燥后缝内塞入 PE 胶条,缝隙两侧粘贴美纹纸。在完成这些准备工作后,安排专业人士打胶,灌入的专用嵌缝胶不宜高出地坪切缝,避免在地坪清洗过程中将其卷出切缝。

一般而言基于有效隔断、防裂钢筋到位、及时切缝等原则施工的库区内钢纤维建筑地坪很少产生微裂缝,容易产生微裂缝的区域反而是外月台部位。外月台的混凝土要以分区防火墙位置为界分段、分次浇筑,不能一次浇筑过长。该切缝的位置要确保切缝的长度和深度(图 16.16)。

图 16.15　切缝打聚氨酯胶

图 16.16　外月台切缝

最后讲一下园区道路的防滑,目前常用的防滑措施是路面刻槽,刻槽应与车辆行驶方向垂直才能起到防滑效果,装卸货大平台下方雨水淋不到的路面不需要刻槽。刻槽防滑的不利影响是路面容易起灰,特别是水泥掺量偏少、面层质量观感不佳的道路更容易起灰,北方道路刻槽防滑后在冬季更容易发生冻融损坏,可以在一些道路关键位置安装减速带防滑。

参考文献

［1］梁发云，曾朝杰，袁聚云，等.高层建筑基础分析与设计[M].2版.北京:机械工业出版社,2021.

［2］周克荣，顾祥林，苏小卒.混凝土结构设计[M].上海:同济大学出版社,2001.

［3］王铁梦.工程结构裂缝控制[M].北京:中国建筑工业出版社,1997.

［4］中华人民共和国住房和城乡建设部.工程结构通用规范:GB 55001—2021[S].北京:中国建筑工业出版社,2021.

［5］中华人民共和国住房和城乡建设部.建筑与市政工程抗震通用规范:GB 55002—2021[S].北京:中国建筑工业出版社,2021.

［6］中华人民共和国住房和城乡建设部.钢结构通用规范:GB 55006—2021[S].北京:中国建筑工业出版社,2021.

［7］中华人民共和国住房和城乡建设部.钢结构设计标准(附条文说明[另册]):GB 50017—2017[S].北京:中国建筑工业出版社,2017.

［8］中华人民共和国住房和城乡建设部,中华人民共和国国家质量监督检验检疫总局.建筑抗震设计规范(附条文说明)(2016年版):GB 50011—2010[S].北京:中国建筑工业出版社,2016.

［9］《工程地质手册》编委会.工程地质手册[M].5版.北京:中国建筑工业出版社,2018.

［10］龚晓南.地基处理手册[M].3版.北京:中国建筑工业出版社,2008.

［11］李广信,张丙印,于玉贞.土力学[M].3版.北京:清华大学出版社,2022.

［12］李广信.高等土力学[M].2版.北京:清华大学出版社,2016.

［13］龚晓南.复合地基设计和施工指南[M].北京:人民交通出版社,2003.

［14］叶观宝.地基处理[M].4版.北京:中国建筑工业出版社,2020.

［15］中华人民共和国住房和城乡建设部.建筑地基基础设计规范:GB 50007—2011[S].北京:中国建筑工业出版社,2011.

［16］中华人民共和国住房和城乡建设部.建筑地基处理技术规范:JGJ 79—2012[S].北京:中国建筑工业出版社,2013.

［17］上海市住房和城乡建设管理委员会.地基基础设计标准:DGJ 08—11—2018[S].上海:同济大学出版社,2019.

［18］上海市城乡建设和交通委员会.地基处理技术规范:DG/TJ 08—40—2010[S].上海:同济大学出版社,2010.

［19］钱家欢,钱学德,赵维炳,等.动力固结的理论与实践[J].岩土工程学报,1986,8(6):1-17.

［20］郑颖人,李学志.强夯加固软粘土地基的理论与工艺研究[J].岩土工程学报,2000,22(1):21-25.

［21］张禹.井点塑排真空预压渗流固结联合降水预压动力固结法:CN201610379646.4[P].CN105970909A[2023-12-22].